Oracle Primavera P6 工程项目管理应用指导书

齐国友 主编

中国建筑工业出版社

图书在版编目（CIP）数据

Oracle Primavera P6 工程项目管理应用指导书/
齐国友主编. —北京：中国建筑工业出版社，2021.8（2023.4重印）
ISBN 978-7-112-26305-9

Ⅰ.①O… Ⅱ.①齐… Ⅲ.①建筑工程-工程项目管理-应用软件 Ⅳ.①TU71-39

中国版本图书馆 CIP 数据核字（2021）第 134879 号

本书作为《Oracle Primavera P6 工程项目管理应用》教材的配套实验教材，以一个案例项目数据为基础，介绍基于 Oracle Primavera P6 Professional 20（本书简称 P6）的安装与界面认识、无资源约束的项目工期计划、无资源约束的项目工期管理、资源约束下的项目计划、资源约束下的项目控制等内容，每部分内容分解成不同的小实验。读者按照实验指导书的要求进行操作，可以快速地掌握 Oracle Primavera P6 Professional 20 在项目计划与项目控制中的应用。

本书可以作为工程管理专业本科生以及相关专业研究生学习《项目管理》和《项目管理软件应用》知识的实验教材，也可以作为从事项目计划与项目管理工作相关专业人员的参考书。

策划编辑：徐仲莉
责任编辑：曹丹丹
责任校对：张　颖

Oracle Primavera P6
工程项目管理应用指导书
齐国友　主编

*

中国建筑工业出版社出版、发行（北京海淀三里河路 9 号）
各地新华书店、建筑书店经销
霸州市顺浩图文科技发展有限公司制版
北京建筑工业印刷厂印刷

*

开本：787 毫米×1092 毫米　1/16　印张：10¾　字数：262 千字
2021 年 8 月第一版　2023 年 4 月第二次印刷
定价：**48.00** 元
ISBN 978-7-112-26305-9
（37821）

本书编委会

主　编：齐国友　华东理工大学商学院

副主编：孙正伟　华东理工大学商学院

艾　伟　友勤（北京）科技发展有限公司

前　言

Oracle Primavera P6 项目管理系列软件在国际企业项目管理软件市场中处于领导地位，其用户遍布全世界范围内的建设、咨询、制造、设计、金融服务、政府部门、高科技/通信、石化、软件开发和公共设施等行业。

在我国，自福建水口电站引入 P3 软件用于工程项目建设管理以来，该软件经过多年升级，已经形成了以 Oracle Primavera P6 Professional（以下简称 P6）为核心的软件组合包。用户广泛分布在水电、石化、交通、天然气、火电以及民用建筑等行业工程项目的建设过程中。

本书作为《Oracle Primavera P6 工程项目管理软件应用》的配套教材，主要介绍基于 Oracle Primavera P6 Professional 20 在项目计划与项目控制中的应用。本书将相关内容分解为不同的实验，供读者在上机操作中使用。本书也可以独立使用，作为学习 Oracle Primavera P6 Professional 的参考教材。

本书第 1 章由孙正伟编写，第 2 章由艾伟编写，第 3 章、第 4 章和第 5 章由齐国友编写，全书由齐国友统稿。本书在编写过程中得到肖和平先生以及王春雨先生的支持，在本书编写过程中，我的学生李云中参与了稿件的文字校对工作，在此对以上各位的支持表示诚挚的感谢！

中国建筑工业出版社编辑徐仲莉在编书的过程中给了我很大的支持，在此对徐编辑的支持表示感谢！

由于编者水平有限，加之时间仓促，书中不足之处在所难免，敬请各位读者批评指正，我的电子邮箱：qiguoyou2003@163. com。

目　　录

第1章

P6安装与界面认识

1.1　P6 安装过程

实验目的

- ➢ 熟悉 P6 单机版的安装过程；
- ➢ 了解 P6 网络版的安装过程；
- ➢ 了解 P6 窗口、界面及视图。

实验内容

- ➢ P6 单机版的安装过程；
- ➢ P6 网络版的安装过程；
- ➢ P6 窗口、界面及视图的认识。

1. 单机版安装

（1）启动安装文件

找到如图 1-1 所示的程序文件目录中的 setup. exe 程序文件。单击鼠标右键，点选“以管理员身份运行”。

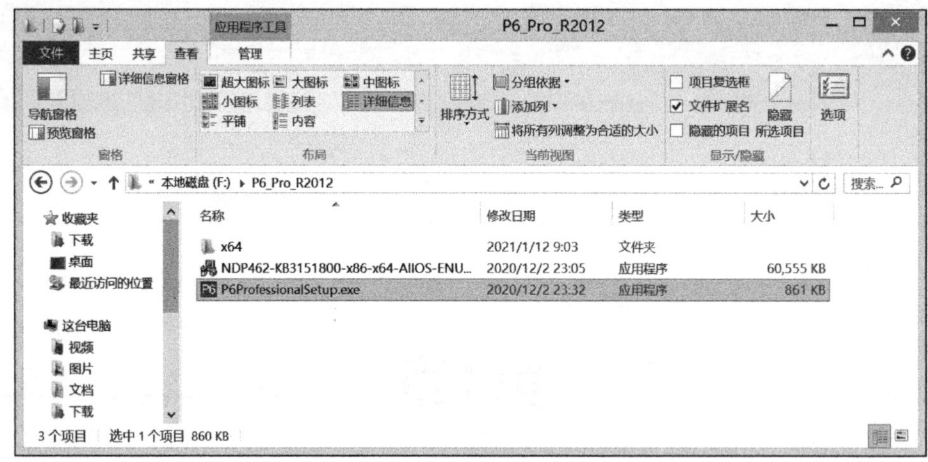

图 1-1　启动安装文件

软件会自动检测系统中是否已安装 . net framework：如果已经安装，会跳过此步骤；如果未安装，在提示窗口中选择“Accept”，以继续安装 . net framework。软件会自动检测系统中是否已安装 JRE：如果已经安装，会跳过此步骤；如果未安装，在提示窗口中选择“Install”，以继续安装 JRE；如出现错误，请彻底清除电脑中的 Java 程序后重新安装。在 Java 安装程序欢迎界面中，选择“安装”；等待 Java 安装完成，选择“关闭”。

（2）选择安装类型

在软件安装欢迎向导页面中，勾选“Typical”选项，点击“OK”，见图 1-2。

(3) 开始安装

在准备安装向导页面中，点击“Install”，见图 1-3。

(4) 安装 P6 专业版

进入安装界面，等待安装进程，见图 1-4。

(5) 数据库设置

在下一步向导页面中，勾选“Run Database Configuration”并点击“OK”，见图 1-5。

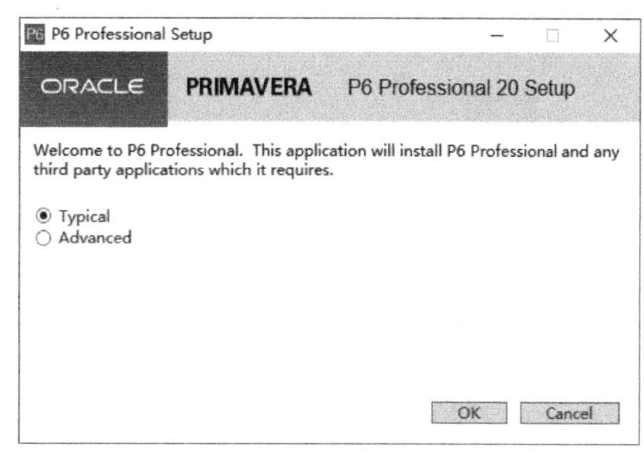

图 1-2　选择安装类型

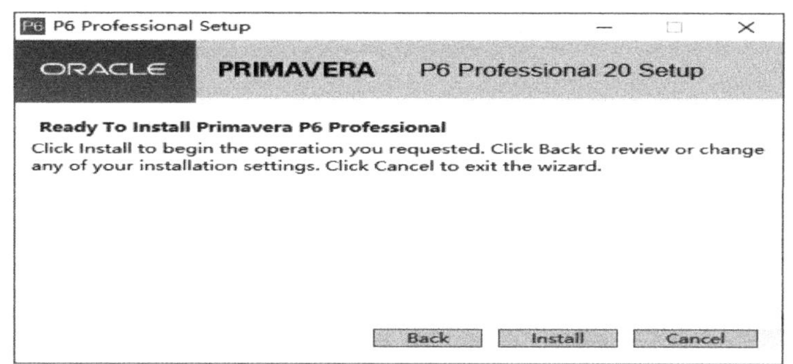

图 1-3　开始安装

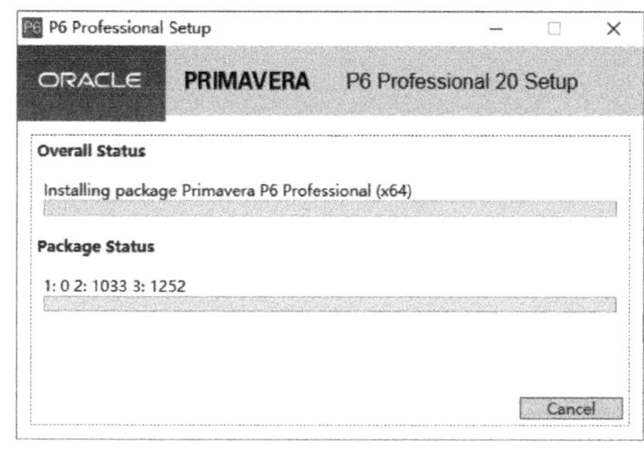

图 1-4　安装进程

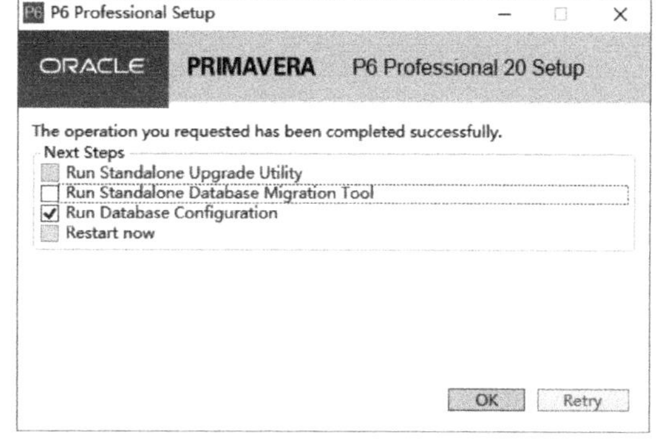

图 1-5　运行数据库设置

(6) 选择数据库

在弹出的“数据库配置”对话框中，下拉选择数据库类型为“P6 Pro Standalone (SQLite)”，并点击“下一步”。如果需要连接已有的独立数据库，可以在配置单机数据库连接选项中勾选“将连接增加至现有的独立数据库”，同时在左侧的数据库表中点选需要连接的独立数据库。一般情况下，可以在配置单机数据库连接选项中，勾选“增加新的独立数据库和连接”并点击“下一步”，从而创建新的独立数据库并使 P6 与之连接，见图 1-6。

(7) 选择货币等默认设置

在更新后的“数据库配置”对话框中设置基本货币属性，并输入两次登录的用户名

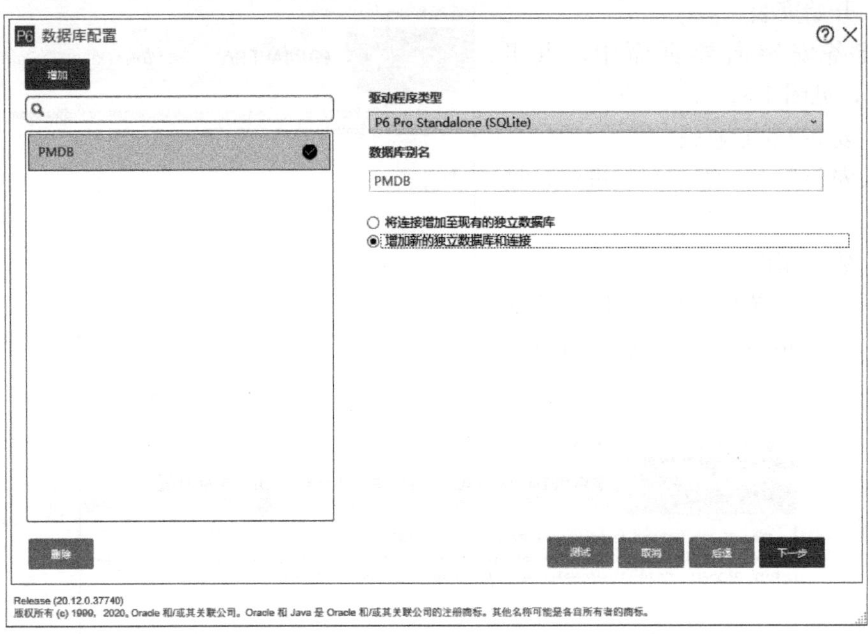

图 1-6　选择数据库

“admin”及密码，例如设置为“admin”，点击“下一步”，见图 1-7。

图 1-7　选择默认设置

（8）选择数据库存储路径

在更新后的“数据库配置”对话框中设置数据库的存储路径及是否加载样例数据，可以保持默认选项。如不需要英文实例，可以取消勾选，点击“保存”。这里的数据库文件“PPMDBSQLite”可以备份，也可以更改名称。如果更改名称或者存储地址，需要通过选择登录窗口的“数据库”页面，点击“增加”，通过创建新的数据库名称建立和数据库文件的连接，见图 1-8。

图 1-8　选择数据库存储路径

(9) 安装完成

提示“已成功保存别名”。点击“确定”后完成安装，见图 1-9。

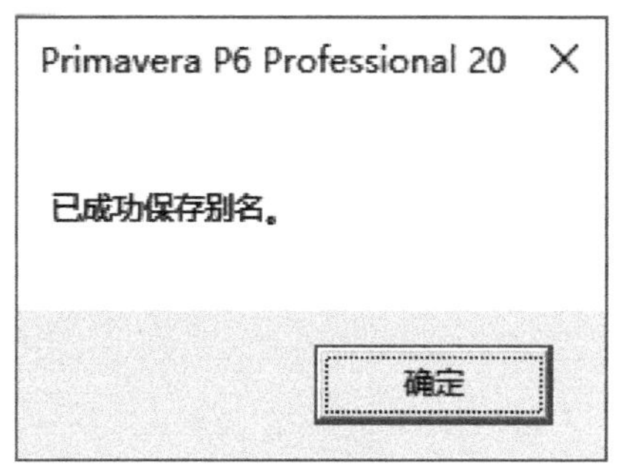

图 1-9　安装完成对话框

2. 网络应用模式安装

P6 软件在网络化应用模式下，需要依托大型的关系型数据库。P6 软件同时支持 Oracle Database 及 Microsoft SQL Server 两种关系型数据库。本部分将重点讲解 P6 软件基于 Microsoft SQL Server 数据库的网络应用模式的安装过程。

(1) 准备工作

在启动 P6 软件数据库安装工作之前，用户可以参考表 1-1 中的准备事项，在服务器环境下完成准备工作。

网络应用模式安装准备表　　**表 1-1**

序号	准备事项	是否准备完毕
1	在服务器端安装 Microsoft SQL Server 2017 或 2019 版本，并启用 TCP/IP 侦听协议	
2	在服务器端安装 Oracle JDK 1.8.0_271(64 bit)，并配置 Java Home 系统环境变量	

(2) 启动 P6 数据库安装文件

运行如图 1-10 所示的数据库安装程序目录中的 dbsetup. bat 文件。

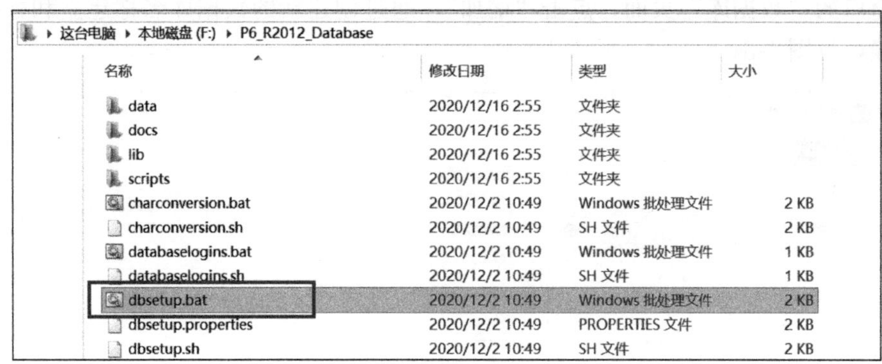

图 1-10　启动 P6 数据库安装文件

软件会自动检测系统中是否已安装 JRE：如果已经安装，会跳过此步骤；如果未安装，在提示窗口中选择“Install”，以继续安装 JRE；如出现错误，请彻底清除电脑中的 Java 程序后重新安装。在 Java 安装程序欢迎界面中，选择“安装”。等待 Java 安装完成，选择“关闭”。

（3）选择数据库安装类型

Database options 选择“Install a new database”，Server type 选择“Microsoft SQL Server”，点击“Next”，见图 1-11。

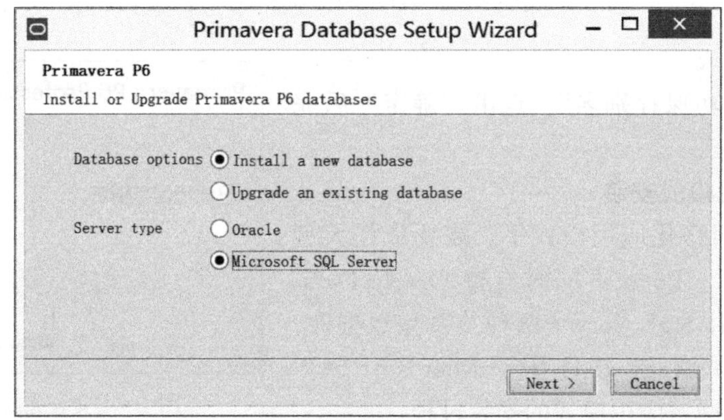

图 1-11　选择数据库安装类型

（4）连接 Microsoft SQL Server 数据库

输入 SQL Server 中 DBA 用户（如 sa 账户）的密码，点击“Next”，见图 1-12。

（5）配置数据库名称

输入 Database name，确认或修改 P6 数据库的部署路径，点击“Next”，见图 1-13。

（6）创建 SQL Server 用户

创建 SQL Server 中“privuser”和“pubuser”的用户名及密码，点击“Next”，见图 1-14。

（7）配置 P6 管理员用户信息

设置 P6 软件管理员账户的用户名及密码，根据需要勾选“Load sample data”选项加载样本数据，设置货币，点击“Install”开始安装，见图 1-15。

图 1-12　连接 Microsoft SQL Server 数据库

图 1-13　配置数据库名称

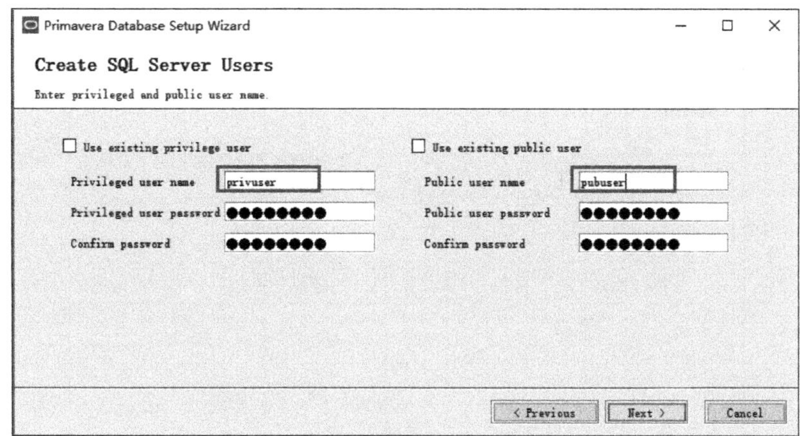

图 1-14　创建 SQL Server 用户

图 1-15　配置 P6 管理员用户信息

（8）数据库安装进程

进入安装界面，等待安装进程，完成后点击“Next”，见图 1-16。

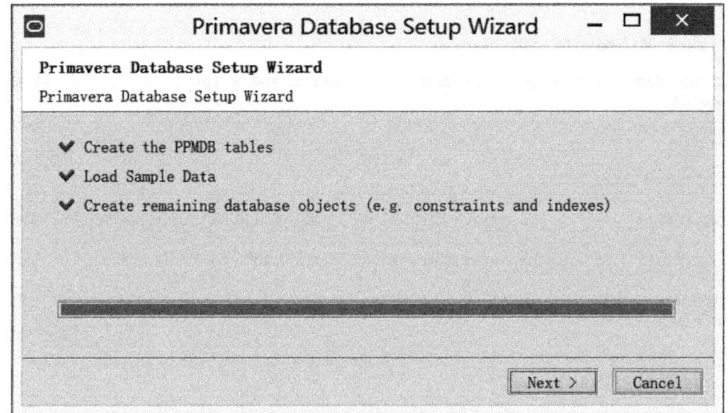

图 1-16　数据库安装进程

（9）数据库安装完成

在完成页面点击“Finish”，完成 P6 软件数据库的安装工作，见图 1-17。

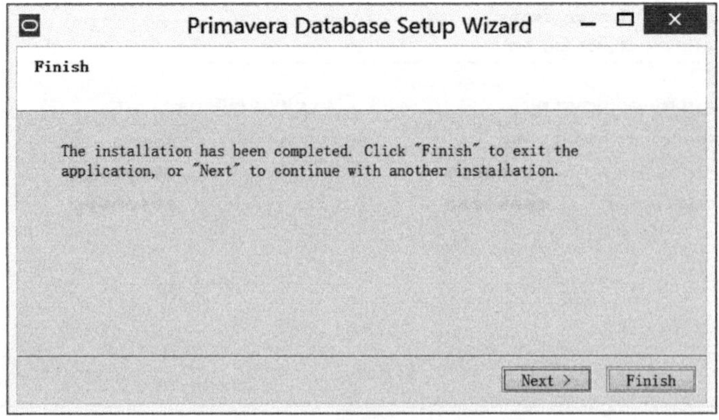

图 1-17　数据库安装完成

（10）P6 客户端安装

客户端软件-Oracle Primavera P6 Professional 的安装操作步骤在配置数据库之前是相同的，从图 1-18 开始有所差异。

（11）选择数据库连接

在弹出的“数据库配置”对话框中，下拉选择数据库类型为“Microsoft SQL Server/SQL Express”，在“Database Alias”中自定义 SQL Server 数据库在 P6 中的别称（例如 PMDB），在“Connection String”中填写连接 SQL Server 数据库的 IP 地址及名称，格式为<host/database>，例如“127.0.0.1/P6DB”。点击“Next”，见图 1-18。

图 1-18　选择数据库连接

（12）填写公众登录信息

输入公众用户名及密码，点击“Test”，如图 1-19 所示。

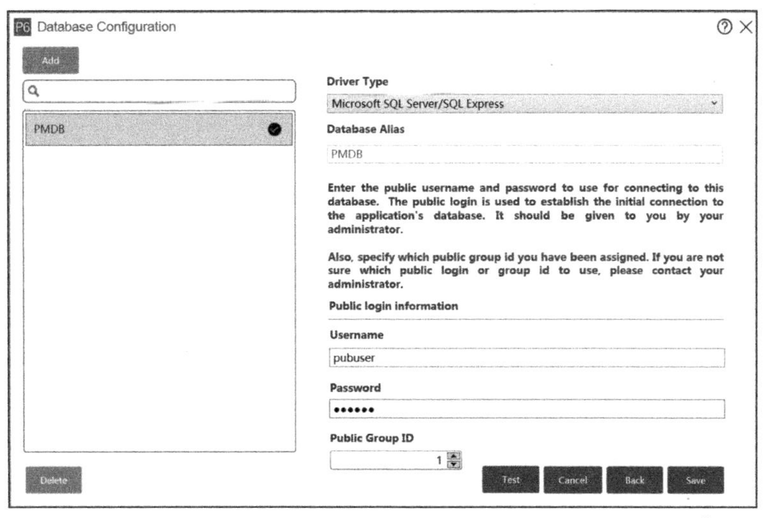

图 1-19　填写公众登录信息

（13）测试数据库连接

提示连接成功“Test connection is successful”，点击“确定”，见图 1-20。

（14）安装完成

点击“Save”，提示已成功保存别名“Alias is saved successfully”，点击“确定”安装完成，见图 1-21。

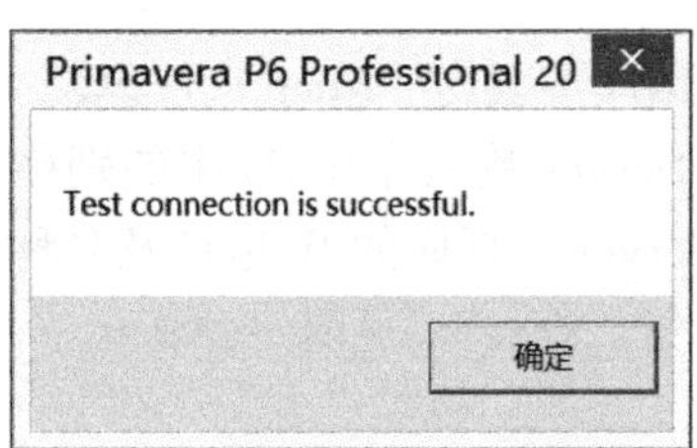

图 1-20 测试数据库连接

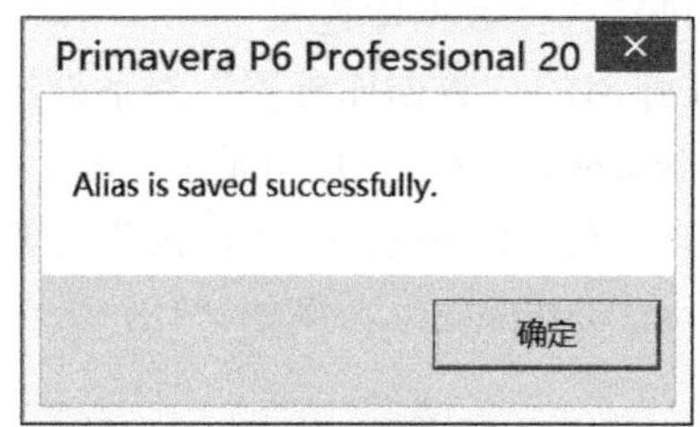

图 1-21 保存数据库连接信息

1.2 P6 界面认识

实验目的

- 熟悉不同的窗口的启动以及基本操作；
- 熟悉不同的窗口的功能。

实验内容

- 启动 P6；
- 认识 P6 的初始界面；
- 窗口的切换和窗口的基本操作；
- 窗口的主要功能。

实验步骤

1. 启动 P6 专业版

在 Windows 界面开始程序中，找到 P6 Professional 20（x64）登录的快捷方式，见图 1-22。

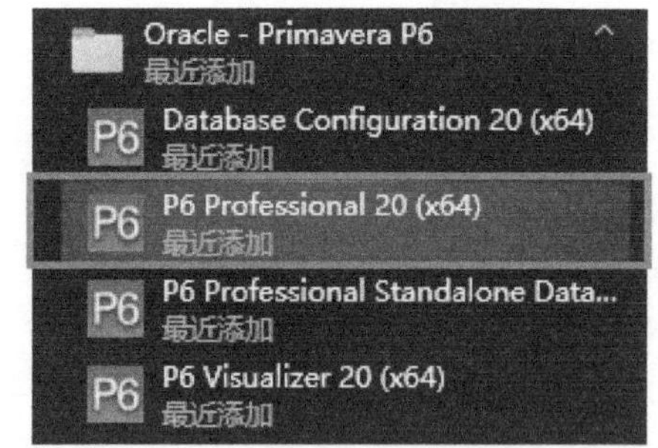

图 1-22 启动 P6 专业版

进入登录对话框，见图 1-23。

输入前面安装设置的登录名（Login Name）与密码（Password）。点击下方的“Connect”，登录 P6 软件。点击“Edit database configuration?”，可以在弹出的“数据库配置”对话框中进行数据库配置。

如果需要配置高级选项，可以点击“Advance”左侧的三角箭头，展示登录 P6 专业版的高级设置，主要包括所需登录的数据库和软件语言的设置。P6 专业版的默认官方语言为英语，可以通过点击“language”下方的下拉菜单，选择“中文（中国）”，使用简体中文作为 P6 专业版的官方语言，见图 1-24。

首次登录过程中将弹出对话框，提示“尚未在‘管理设置’中为您的组织选择适当行业”，点击“确定”进入 P6 专业版。依次点击“管理员”“管理设置”，在弹出的“管理设置”对话框的“行业”页面，点选默认的行业，见图 1-25。

图 1-23　登录 P6 专业版

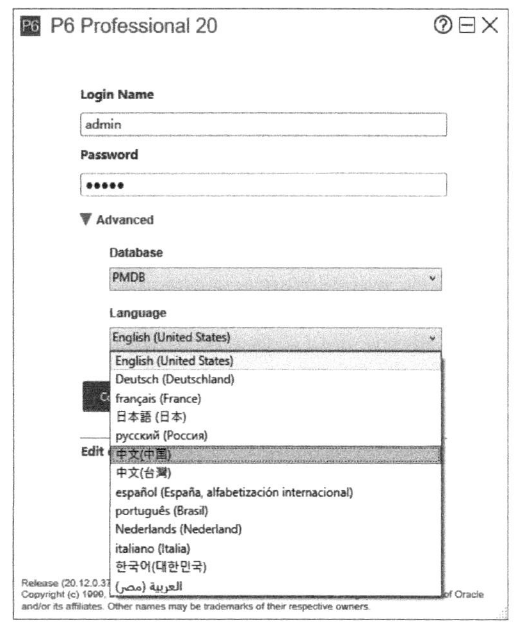

图 1-24　设置 P6 专业版的界面语言

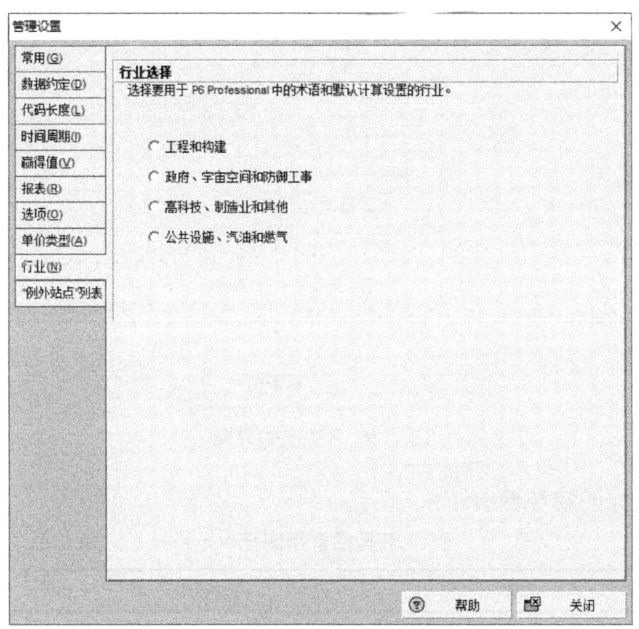

图 1-25　设置 P6 专业版的默认行业

2. 认识初始界面

登录后，进入 P6 的初始界面，默认窗口为项目窗口。P6 初始界面主要包括标题栏、菜单栏、工具栏、窗口和状态栏。其中，菜单栏包括文件、编辑、显示、项目、企业、工具、管理员和帮助等。工具栏是分布在窗口左侧、上侧、右侧的一些快捷命令，包括放大、缩小、过滤、进度计算等。窗口包括顶部区域和底部区域，其中顶部区域通常分割为左侧区域与右侧区域，可以通过“显示”菜单中的“显示于顶部”和“显示于底部”这两个下拉菜单控制不同区域的显示状态。

多数窗口在屏幕顶部包括“视图选项”栏，此栏显示当前视图或过滤器名称，鼠标左键单击此栏可显示该窗口或对话框的可用命令菜单。“状态”栏是窗口底部的消息栏，此栏显示的信息可包括当前组合的名称、存取模式、数据日期、当前基线、最后一个任务请求的任务状态、当前用户名，以及在登录时选择的数据库别名的名称及数据库类型，当连接到 P6 Professional 数据库时数据库类型将显示为（Professional），见图 1-26。当光标置于窗口顶部区域的左侧和右侧的分割线上时，光标将变为调整分割线的图标样式，此时点击并拖曳光标可以调整两侧区域的大小。同理，可以将光标置于窗口底部区域上方的分割线上，并通过拖曳光标调整窗口顶部区域和底部区域的大小。

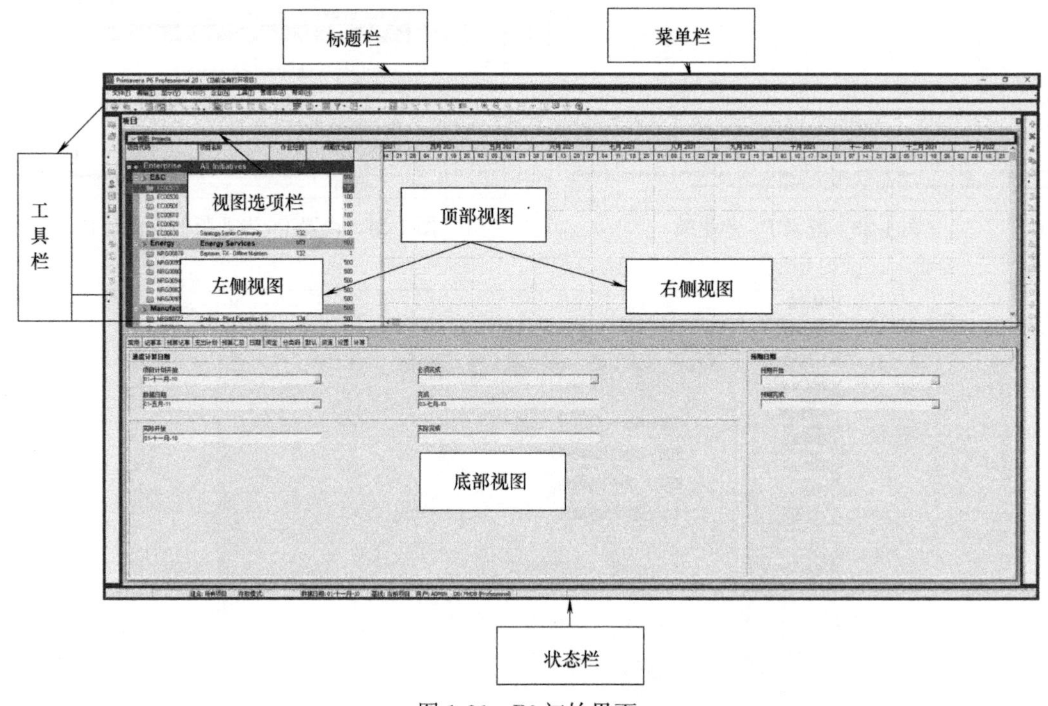

图 1-26　P6 初始界面

工具栏常用图标的解释见表 1-2。

工具栏常用图标　　表 1-2

图标	功能	快捷键	对应菜单命令
✚	在目前激活的窗口中增加数据条目。例如在“项目”窗口中增加项目;在“WBS”窗口中增加 WBS;在“作业”窗口中,点击该图标增加一个作业	Ins 或 Insert 键	编辑-增加
✖	删除选中的数据对象	Del 或 Delete 键	编辑-删除
	剪切选中的数据对象	Ctrl+X	编辑-剪切

续表

图标	功能	快捷键	对应菜单命令
	复制选中的数据对象	Ctrl+C	编辑-复制
	粘贴复制或剪切的数据对象； 复制或剪切数据对象后启用该图标	Ctrl+V	编辑-粘贴
	将选中的对象在层次中上移一行	—	—
	将选中的对象在层次中下移一行	—	—
	将选中的对象在层次中左移。左移对象时会将其在层次中上移一层	—	—
	将选中的对象在层次中右移。右移对象时会将其在层次中下移一层	—	—
	EPS 节点(EPS-项目数据库的分层结构)	—	企业-EPS
	打开"工作分解结构"窗口。使用该窗口创建、查看和编辑已打开项目的工作分解结构(WBS)	—	项目-WBS
	打开"作业"窗口。使用该窗口创建、查看和编辑已打开项目的作业	—	项目>作业
	创建新项目	Ctrl+N	文件-新建
	启动"打开项目"对话框，选择要打开的项目	Ctrl+O	文件-打开
	关闭所有打开的项目； 单击该图标时，所有显示项目数据的已打开窗口(例如"作业"和"WBS"窗口)都会自动关闭	Ctrl+W	文件-全部关闭
	在顶部视图中显示或隐藏表视图	—	显示-显示于顶部-表视图
	在顶部视图中显示或隐藏横道图	—	显示-显示于顶部-横道图
	在顶部视图中显示或隐藏作业网络图。要设置作业网络图选项，请打开一个作业网络图视图或保存作业网络图视图，点击该图标，然后选择适当选项	—	显示-显示于顶部-作业网络图
	在横道图中显示或隐藏逻辑关系线	—	—
	在底部视图中显示或隐藏窗口详情。使用窗口详情查看或编辑所选条目的信息	—	显示-显示于底部-详情
	显示或隐藏底部视图。当隐藏底部视图时，顶部视图会扩大并充满整个工作区域	—	显示-显示于底部-无底端视图
	打开"进度计算"对话框；在该对话框中，您可以计算已打开项目的进度并设置进度计算选项	F9	工具-进度计算

初学者对于工具栏命令的图标可能不是特别熟悉，将鼠标悬停于工具栏命令处即可显示该命令对应的工具名称与快捷键。

3. 界面与窗口的选择

登录后的初始窗口可以由用户自定义。依次选择“编辑”“用户设置”，鼠标左键单击“应用程序”页面，在“启动窗口”部分的下拉菜单中选择每次启动模块时要显示的窗口。在该选项的下拉菜单中包括 P6 所有的 12 种窗口：WBS、报表、风险、跟踪、工作产品及文档、项目、项目临界值、项目问题、项目其他费用、资源、资源分配和作业。其中，WBS、作业、工作产品及文档、项目临界值、资源分配、风险、项目问题和项目其他费用属于项目级别的数据窗口，除非上次登录退出程序时有打开的项目，否则即使被选为启动窗口，也无法在此次登录程序时启动该窗口作为初始窗口。在“分组和排序”部分中，可以选择分组所带的标签显示为代码/分类码或者名称/说明。在“栏位”部分中，可以选择要在栏位中显示的默认统计周期，见图 1-27。

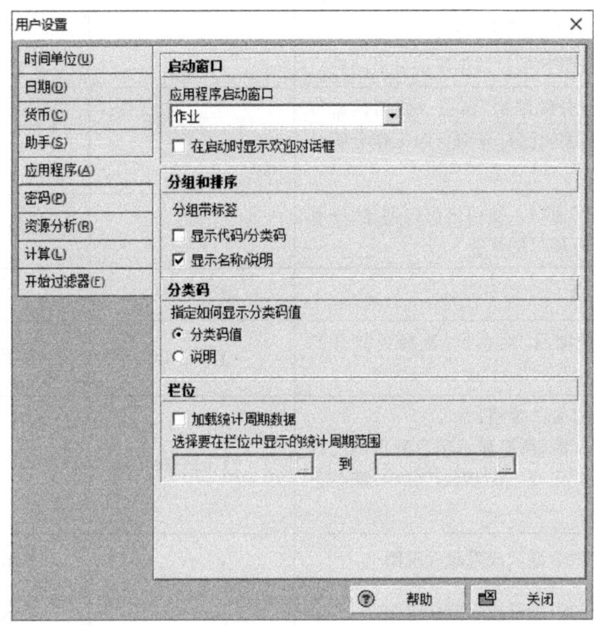

图 1-27 “用户设置”对话框“应用程序”页面

(1) 界面设置

在菜单栏或者工具栏区域单击鼠标右键，可以在弹出的下拉菜单中选择是否在工具栏中显示相应的命令组合，主要包括项目、分配、编辑、视图、企业、打印、action、管理员、底部视图、字典、显示、查找、发布、报表、标准、工具、顶部视图、移动。例如，如果取消下拉菜单中“编辑”选项的勾选，那么在右侧工具栏上方对应的编辑命令组合的所有命令，包括增加、删除、剪切、复制、粘贴将全部消失。

工具栏中不同的命令组合由灰色点状虚线分隔，在每个命令组合的最右侧或者最下方是向下或者向左的黑色三角箭头。点击此黑色三角箭头，将弹出“增加或删除命令(A)”，点击此命令可以在弹出的下拉菜单中自定义需要显示的此命令组合中的命令。此外，点击此菜单（在菜单栏或者工具栏区域单击鼠标右键弹出的下拉菜单）中的“自定义”选项，在弹出的“自定义”对话框默认的“工具栏”页面也可以编辑状态栏中显示的命令组合。在“自定义”对话框中“选项”页面，可以个性化菜单和工具栏，并选择是否使用大图标，是否在工具栏上显示工具提示或快捷键，是否使用特定的菜单动画，见图1-28。

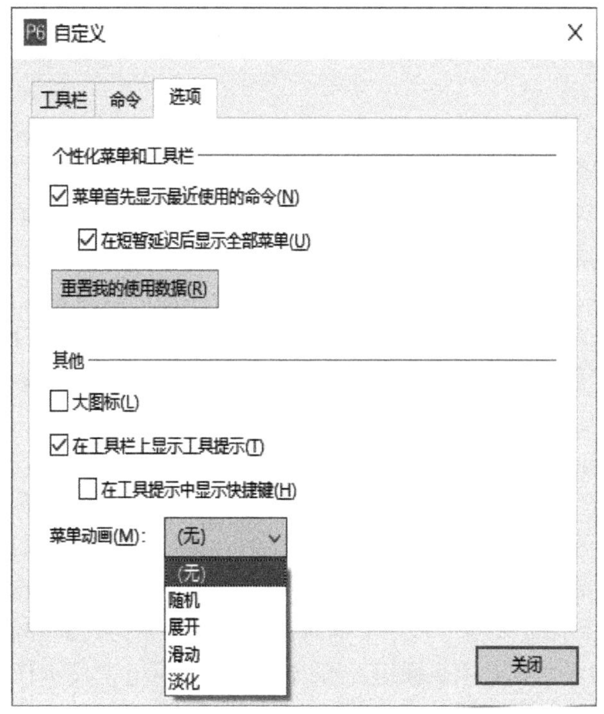

图1-28 “自定义”对话框“选项”页面

此外，P6菜单栏和工具栏的位置并不是固定不变的。例如，鼠标左键点击菜单栏右侧空白处不放，可以将菜单栏拖曳至上方工具栏的下方、左侧或者右侧工具栏边，或者作为独立的下拉菜单悬浮显示在桌面的任何位置。同理，也可以对工具栏中的命令组合做类似的操作，只需鼠标左键点击其对应的灰色点状虚线分割线进行相应的拖曳即可。

（2）P6菜单

P6菜单栏包括文件、编辑、显示、项目、企业、工具、管理员和帮助等下拉菜单命令。其中，文件的下拉菜单主要是对项目文件的基本操作，包括项目的新建、打开和关闭，页面和打印设置，导入、导出、发送项目，选择项目组合，提交修改和刷新数据、最新使用的项目以及退出P6程序。编辑下拉菜单包括对项目数据的基本操作，包括撤销操作、剪切、复制和粘贴、增加、删除、分解作业和重新编号作业代码、为作业分配各种数据、连接作业（增加作业间的逻辑关系）、向下填充和选择全部、查找、替换、拼写检查和用户设置。显示下拉菜单主要包括对视图文件的基本操作以及P6界面的基本显示设定。项目下拉菜单主要包括与项目相关的窗口，包括作业、资源分配、WBS、项目其他费用、工作产品及文档、项目临界值、项目问题、风险窗口的打开。企业下拉菜单主要包括与企业相关的数据窗口与对话框，例如项目、EPS、跟踪、项目组合、资源、角色、OBS、资源分类码、项目分类码、作业分类码、角色分类码、分配分类码、用户定义字段、存储的图像、日历、资源班次、作业步骤模板、费用科目、资金来源、资源曲线和外部应用程序等。工具下拉菜单主要包括P6的各种计算工具，例如进度计算、资源平衡、本期进度更新、更新进展、重新计算分配费用、汇总、保存本期完成值、监控临界值和报表等。管理员下拉菜单主要包括各种管理设置，例如管理设置、管理类别、货币和统计周期日历。帮助下拉菜单主要包括各种帮助文件的链接以及 P6 的基本信息。

（3）窗口选择

P6 软件有 WBS、报表、风险、跟踪、工作产品及文档、项目、项目临界值、项目问题、项目其他费用、资源、资源分配和作业 12 个窗口。其中，WBS 窗口、作业窗口、工作产品及文档窗口、项目临界值窗口、资源分配窗口、风险窗口、项目问题窗口、项目其他费用属于项目级别的数据，所以只有存在打开项目的情况下才可以使用该窗口。但是，资源窗口、报表窗口、项目窗口、跟踪窗口属于企业层面的数据，可以在关闭所有项目的情况下使用。通过选择菜单栏中的“项目”“企业”或者“工具”下拉菜单中对应的窗口启动图标或者工具栏中对应的命令，可以打开该窗口。当多个窗口被打开时，可以点击窗口左上方相应的页面切换当前窗口。要显示窗口（例如项目或作业）的详情，请依次选择“显示/显示于底部/详情”。要关闭窗口，可以单击活动页面标题栏右侧的“×”。

此外，可以通过“显示”菜单的“页面组”命令，创建多个水平排列的窗口，也可以创建多个垂直排列的窗口。当需要操作多个窗口时，平铺这些窗口可以避免在窗口页面间来回切换，有效地提高操作效率。例如，可以平铺 WBS 窗口和作业窗口，从而同时操作已打开项目的 WBS 和作业表格。水平平铺时，工作中心分为顶部和底部页面组；垂直平铺时，工作中心分为左侧和右侧页面组。可以在每个页面组中显示任意数量的窗口页面，但无法在多个页面组中显示相同的窗口页面。比如，要平铺窗口：

1）打开要使用的每个窗口；

2）在屏幕底部创建新页面组，应确保要移动的页面是当前激活的页面，然后依次选择“显示/页面组/新建水平页面组”。对于每一个平铺的窗口都可以通过鼠标对窗口大小的位置进行设置。见图 1-29。

如果有多个窗口页面需要平铺时，可以利用上述步骤将一部分窗口水平平铺，再将另外的窗口垂直平铺。如果需要取消平铺窗口，可以依次选择“显示/页面组/合并所有页面组”。

（4）窗口基本操作

1）复制项目“EC00515”。

在“项目”窗口，选择项目“EC00515”，单击鼠标右键，在弹出的快捷菜单中选择“复制”，或者选择快捷命令“”，复制该项目。点击粘贴命令“”，在弹出的对话框中勾选“复制项目选项”中的“风险”“问题和临界值”“报表”“文档”“资金来源”和“基线”，见图 1-30。

点击“确定”，打开“复制基线”对话框，见图 1-31。

点击“确定”，打开“复制 WBS 选项”对话框，勾选“复制 WBS 选项”中的“记事本”“WBS 里程碑”“工作产品及文档”和“作业”，见图 1-32。

点击“确定”，打开“复制作业选项”对话框，勾选“复制作业选项”中的“资源和角色分配”“分配分类码”“逻辑关系”“仅限于复制的作业之间”“其他费用”“作业分类码”“记事本”“步骤”“统计周期数值”“工作产品及文档”和“风险”，见图 1-33。

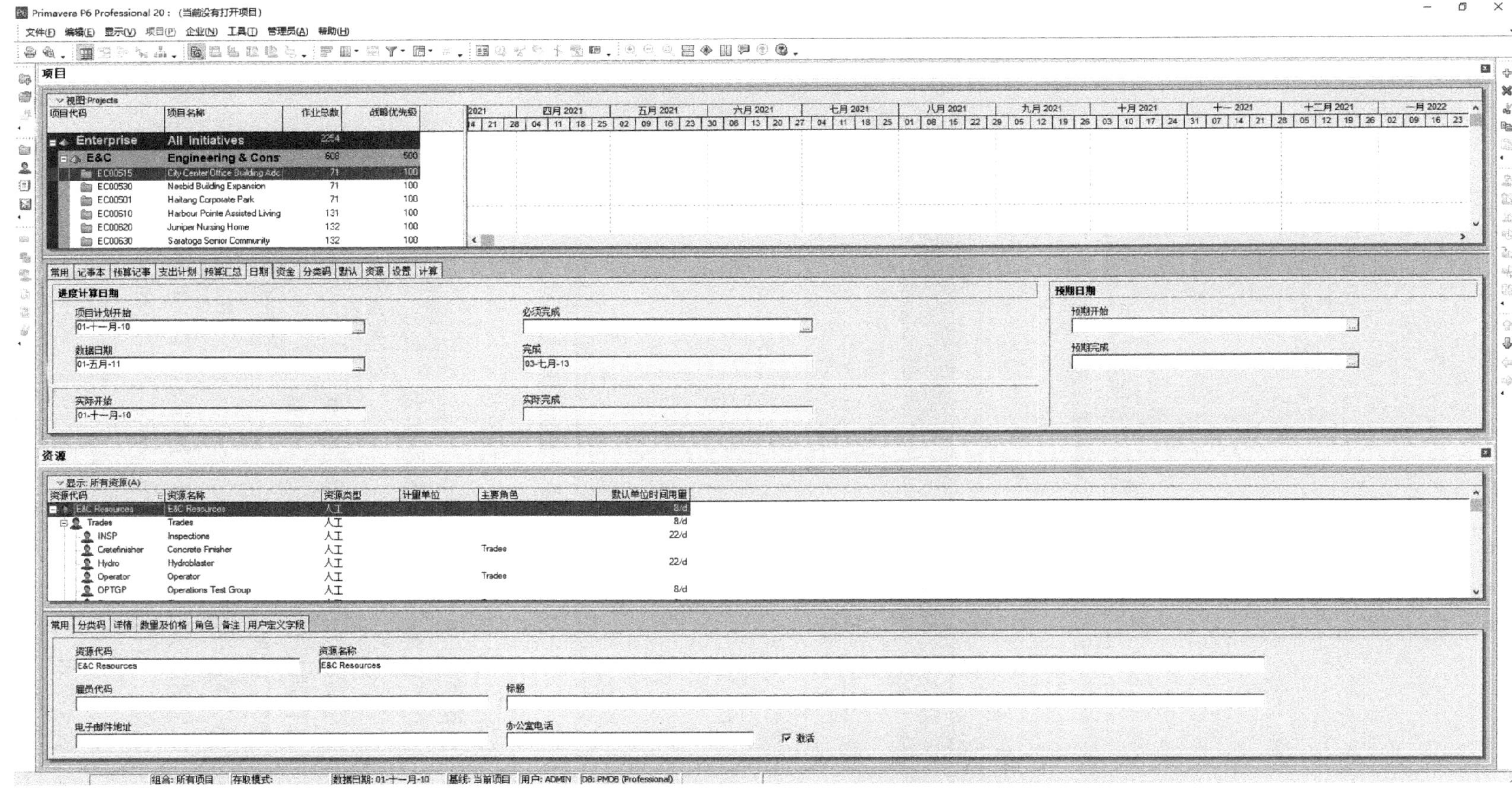

图 1-29　水平平铺窗口（"资源" 窗口和 "项目" 窗口）

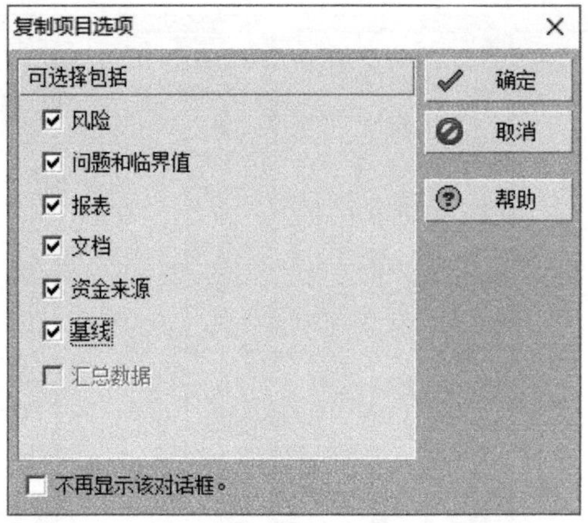

图 1-30 “复制项目选项”对话框

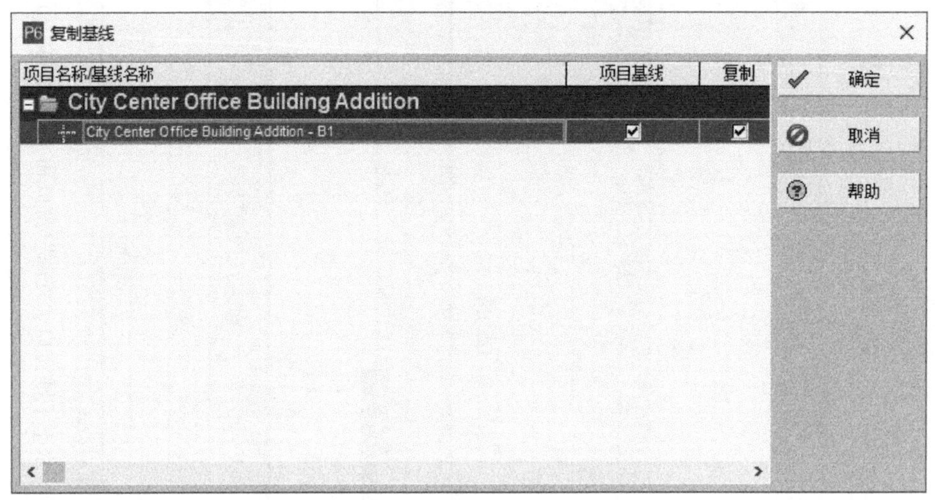

图 1-31 “复制基线”对话框

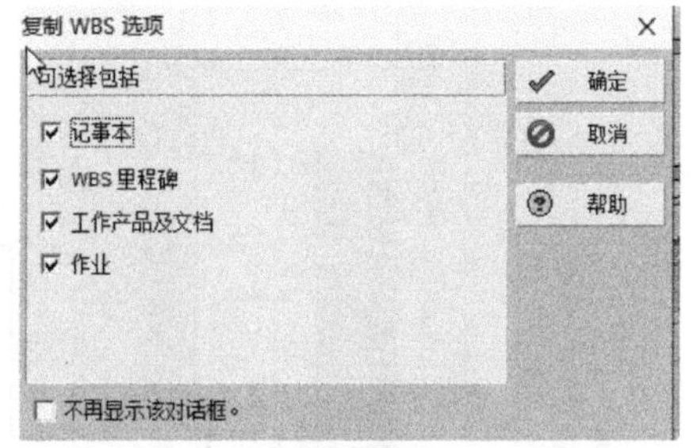

图 1-32 “复制 WBS 选项”对话框

点击“确定”，生成默认项目代码为“EC00515-1”的新项目。

2）将复制的“EC00515”项目代码改为“EC00515C”。

在项目窗口左侧的项目列表中点击新生成项目的默认项目代码栏位“EC00515-1”并修改为“EC00515C”，见图 1-34。

3）打开项目“EC00515C”。

在项目窗口左侧的项目列表中选择“EC00515C”，单击鼠标右键，在弹出的下拉菜单中点选“打开项目”，可以打开项目“EC00515C”，并同时打开且跳转至“作业”窗口，见图 1-35。

4）增加 WBS 节点。

点选菜单栏中的“项目”，在弹出的下拉菜单中点击“WBS”，打开 WBS 窗口。在 WBS

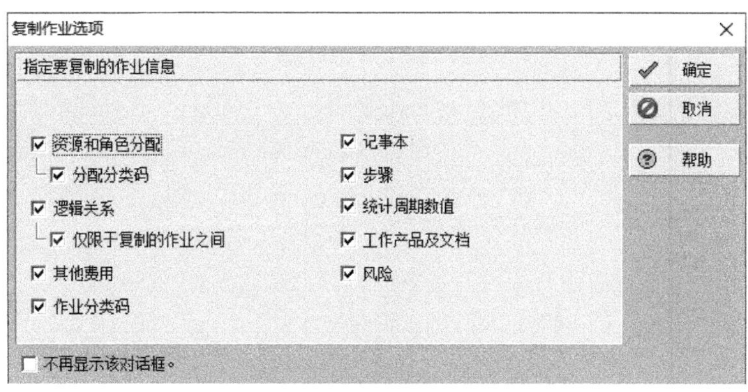

图 1-33　“复制作业选项”对话框

项目

视图:Projects

项目代码	项目名称	作业总数	战略优先级
Enterprise	All Initiatives	2325	
E&C	Engineering & Cons	679	500
EC00515	City Center Office Building Adc	71	100
EC00530	Nesbid Building Expansion	71	100
EC00501	Haitang Corporate Park	71	100
EC00610	Harbour Pointe Assisted Livinc	131	100
EC00620	Juniper Nursing Home	132	100
EC00630	Saratoga Senior Community	132	100
EC00515-1	City Center Office Building Adc	71	100
Energy	Energy Services	689	500
NRG00870	Baytown, TX - Offline Mainten.	132	1
NRG00950	Red River - Refuel Outage	98	500
NRG00800	Sunset Gorge - Routine Mainte	132	500
NRG00940	Sillersville - Refuel Outage	98	500
NRG00820	Johnstown - Routine Maintena	131	500
NRG00910	Driftwood - Refuel Outage	98	500
Manufacturing	Manufacturing	537	500

图 1-34　重命名项目代码

窗口左侧视图的 WBS 列表中，鼠标右键点击根节点“EC00515C”，在弹出的下拉菜单中点选“增加”，见图 1-36。

依次点击新增加的 WBS 节点的“WBS 分类码”和“WBS 名称”，将其修改为“PM”和“Project Management”，见图 1-37。

5）增加新的作业。

在作业窗口左侧视图的作业列表中，鼠标右键点击新建的 WBS 节点“EC00515C. PM”。在弹出的下拉菜单中点选“增加”。在作业窗口底部视图的作业详情表的“常用”页面中，将作业名称改为“Project Management”，作业类型改选为“配合作业”，见图 1-38。

点选作业详情表的“紧前作业”标签页，并点击“分配”，在弹出的“分配紧前作业”对话框中，点选作业代码为“EC1000”的“Design Building Addition”作业，并点击对

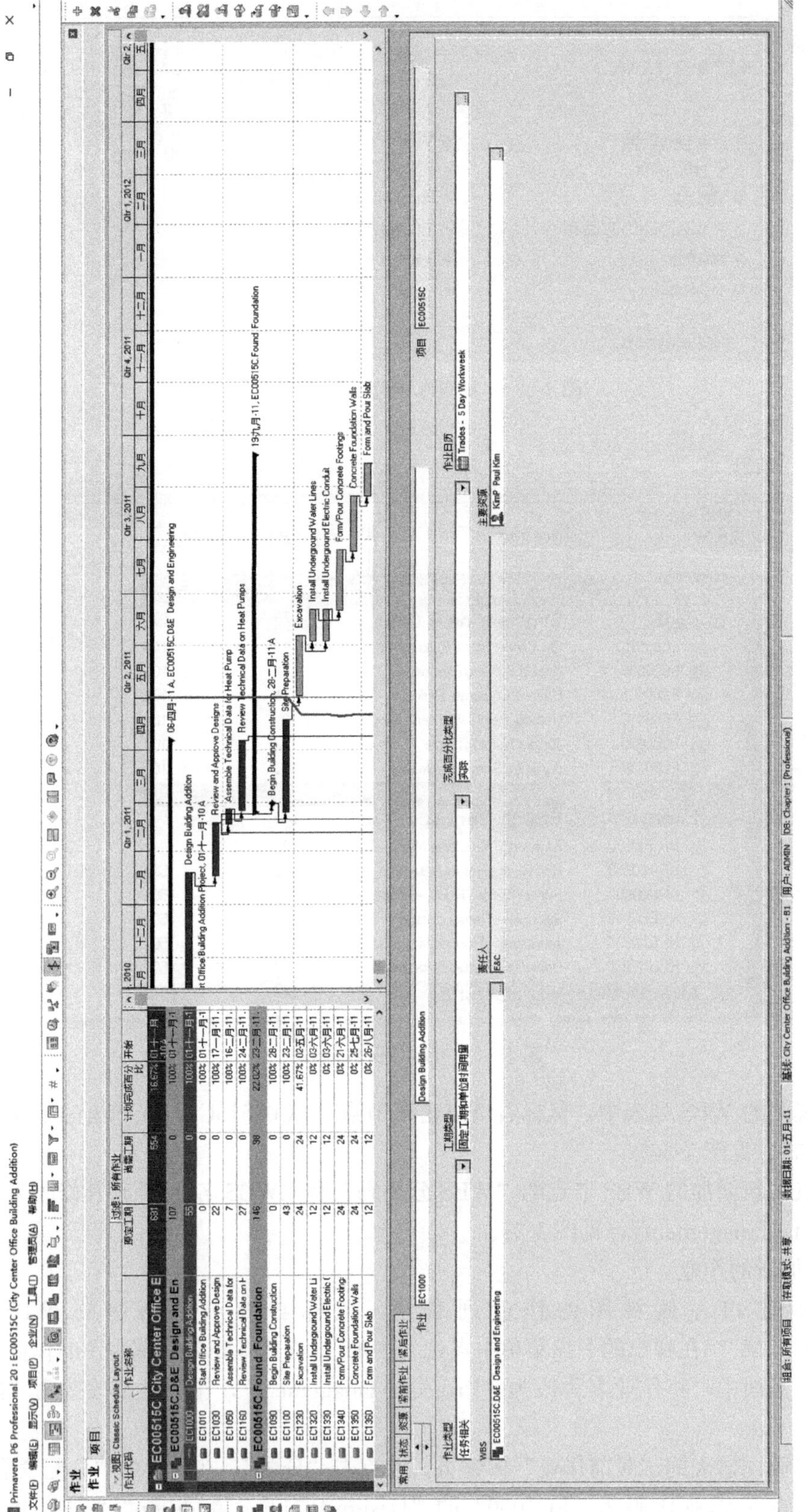

图 1-35 打开项目“EC00515C”

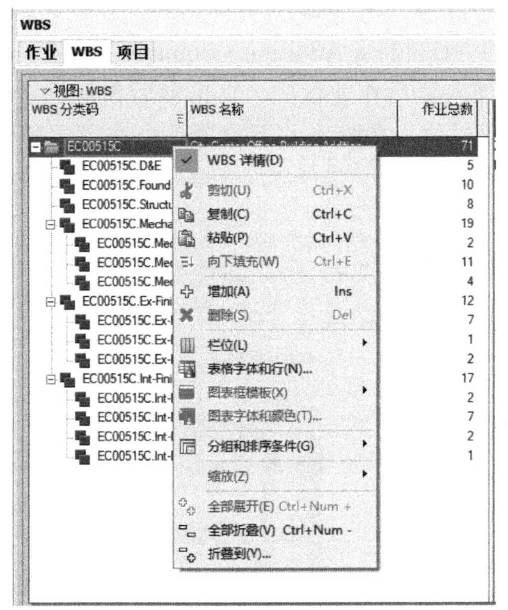

图 1-36　增加 WBS 节点

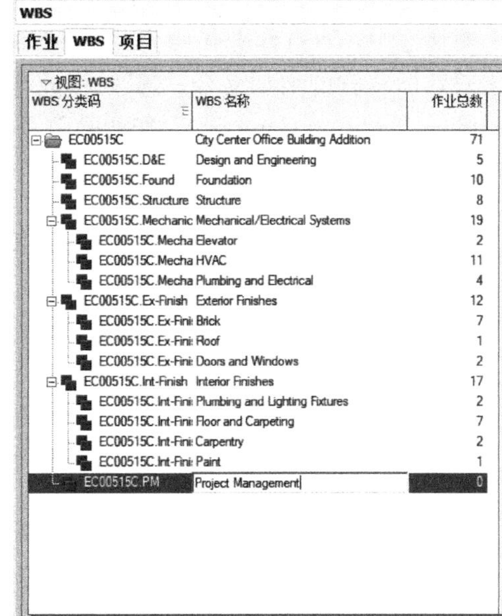

图 1-37　编辑 WBS 节点

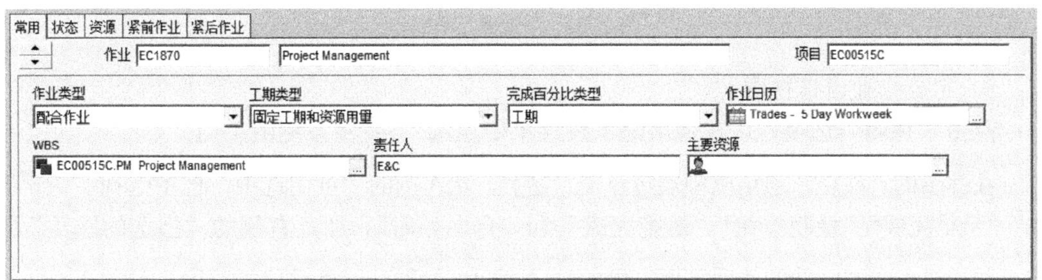

图 1-38　编辑作业详情表的“常用”页面

话框右侧的“增加”，将此作业加入紧前作业框中。点击紧前作业框中的“Design Building Addition”作业的关系类型栏位，在弹出的下拉菜单中选择“SS”，见图 1-39。

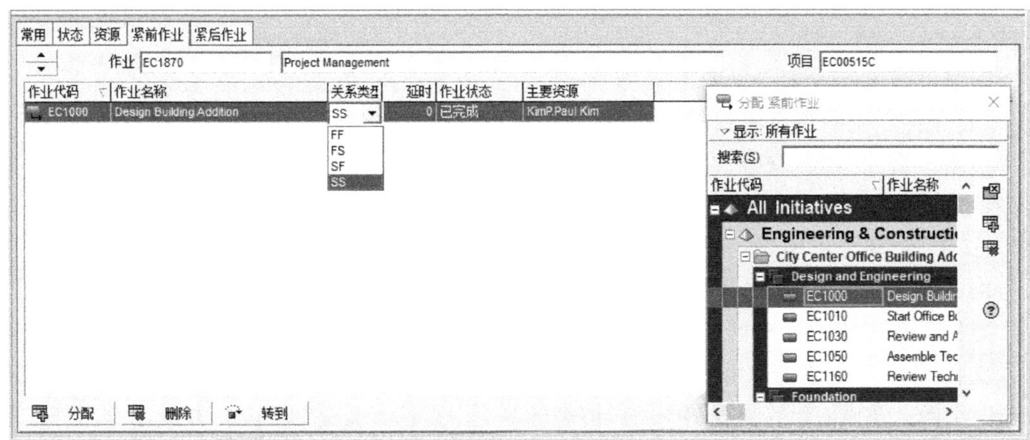

图 1-39　增加紧前作业

点选作业详情表的“紧后作业”标签页，并点击“分配”，在弹出的“分配紧后作业”对话框中，点选作业代码为“EC1860”的“Building Addition Complete”作业，并点击对话框右侧的增加命令“”，将此作业加入紧后作业框中。点击紧后作业框中的“Building Addition Complete”作业的关系类型栏位，在弹出的下拉菜单中选择“FF”，见图 1-40。

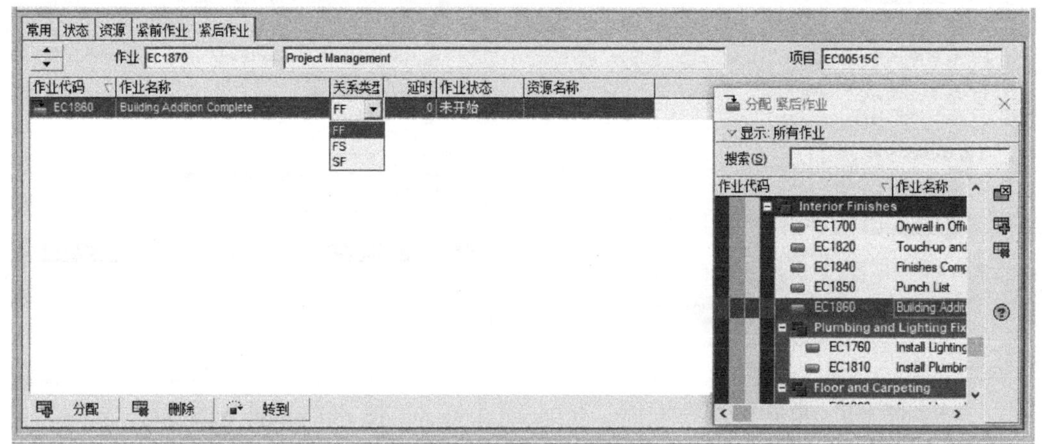

图 1-40　增加紧后作业

6）定制作业窗口视图。

点击“视图”选项栏，在弹出的下拉菜单中点选“栏位”，见图 1-41。

在弹出的“栏位”对话框中通过点击“”，从左侧的“可用选项”框中选择“最早开始”“最早完成”“最晚开始”“最晚完成”和“自由浮时”，加入右侧的“已选的选项”框中，并通过点击“已选的选项”框右侧的“”和“”调整栏位的顺序，见图 1-42。注意：点击“可用选项”栏，在弹出的下拉菜单中点选“查找”，可通过弹出的“查找”对话框，在“可用选项”框中快速查找所需选择的栏位。

在视图右侧区域的横道图中单击鼠标右键，并在弹出的下拉菜单中点选“时间标尺”，打开“时间标尺”对话框。在“日期格式”中的“日期间隔”下拉菜单中选择“季/月”，见图 1-43。

定制完成的作业窗口见图 1-44。

7）保存定制的窗口视图。

点击“视图”选项栏，在弹出的下拉菜单中依次点选“视图”“另存为”。在弹出的“保存视图为”对话框的“视图名称”中将视图名称改为“Classic Schedule Layout EC00515C”，在“可用于”下拉菜单中点选“项目”，见图 1-45。

8）为作业“EC1870”分配工作产品及文档。

点选菜单栏中的“项目”，在弹出的下拉菜单中点击“工作产品及文档”，打开工作产品及文档窗口。在该窗口顶部视图的“工作产品及文档”列表中点选“OSHA Regulations”文档；在该窗口底端视图中的详情表标签页中点选“分配”页面，并点击“工作产品及文档”分配框下方的“分配作业”。在弹出的“分配作业”对话框中点选作业“EC1870”，

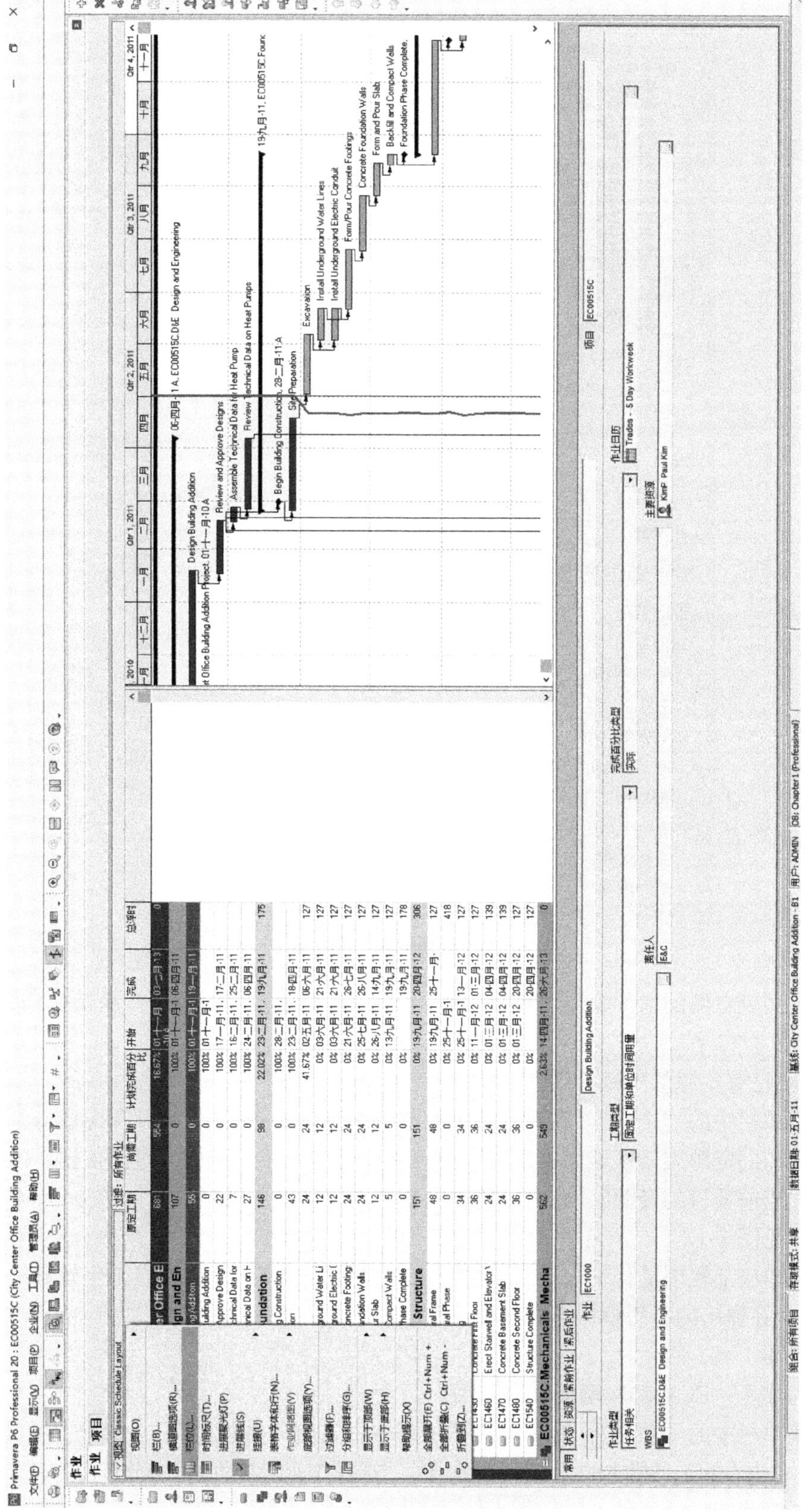

图 1-41　定制作业列表栏位

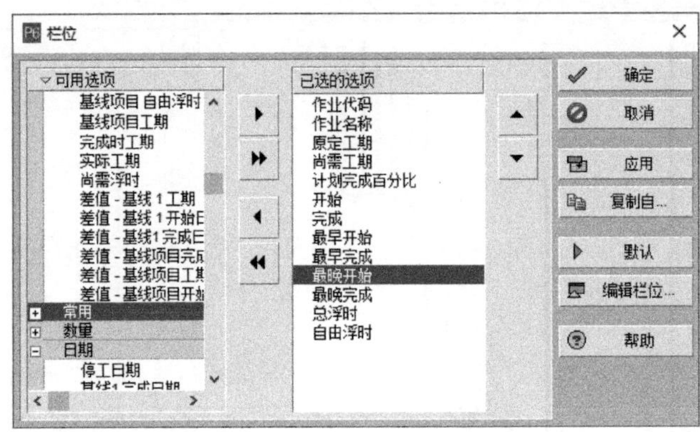

图 1-42 “栏位”对话框

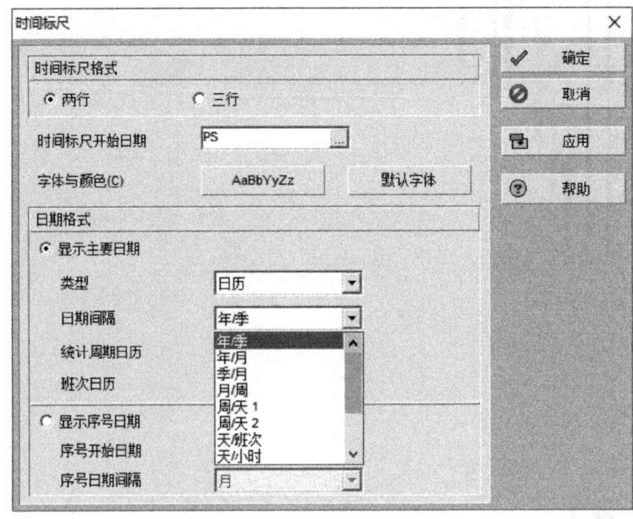

图 1-43 “时间标尺”对话框

并点击作业列表右侧的增加命令“”，将该作业加入详情表中的工作产品及文档分配框，见图 1-46。

9）编辑已有资源的生效日期。

点选菜单栏中的“企业”，在弹出的下拉菜单中点击“资源”，打开资源窗口。在资源窗口顶部视图的资源列表区域单击鼠标右键，在弹出的下拉菜单中“过滤依据”的下拉菜单中选择“当前项目的资源”。此时的资源列表框中只显示打开的项目“EC00515C”中分配的资源，见图 1-47。

在该窗口底部视图的详情表标签页中选取“数量及价格”页面，点击生效日期栏位下的“浏览”，在弹出的日历框中点选 2010 年 1 月 4 日，小时栏中填写“00：00”，并点击“选择”，见图 1-48。

10）为作业“EC1230”增加其他费用。

点选菜单栏中的“项目”，在弹出的下拉菜单中点击“其他费用”，打开“项目其他费用”窗口。点击右侧工具栏中的“✚”，在弹出的“选择作业”对话框中点选作业“EC1230”，

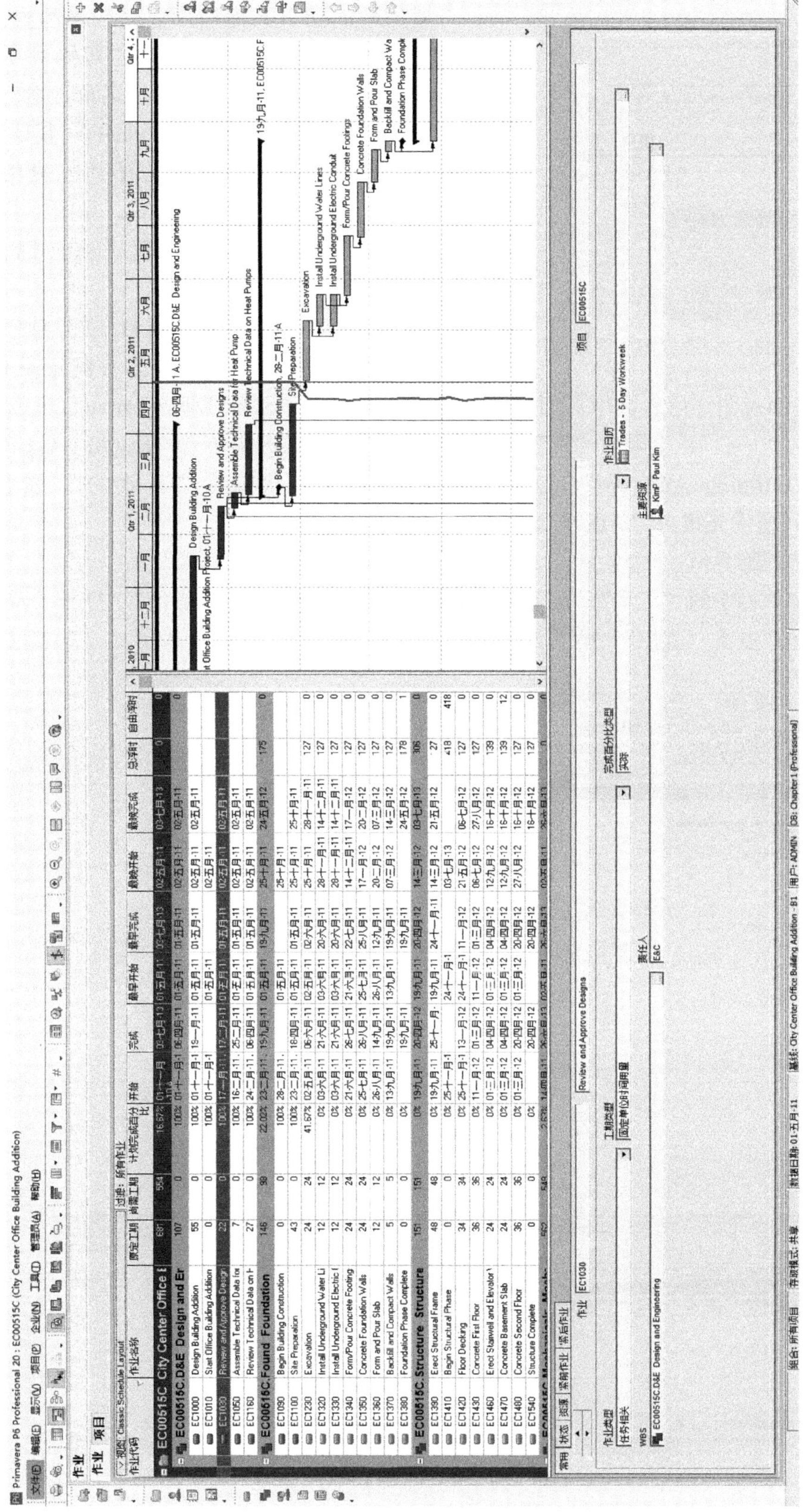

图 1-44　定制"作业"窗口

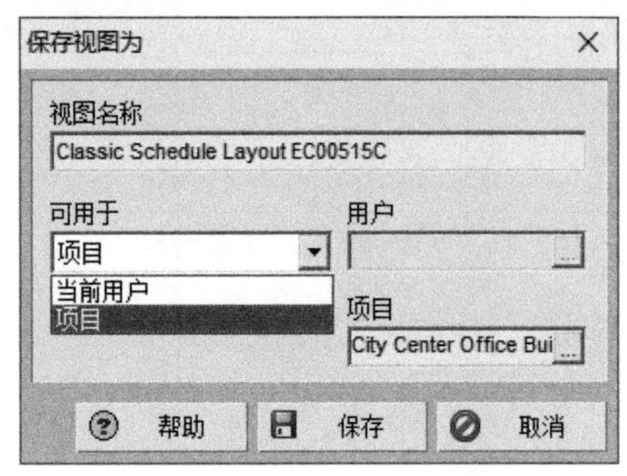

图 1-45 “保存视图为”对话框

增加新的项目其他费用。点选顶部视图的项目其他费用栏中新增加的“其他费用条目”栏位，将新增加的其他费用名称改为“Excavator”。点选该其他费用条目的“其他费用类别”栏位，在弹出的“选择其他费用类别”对话框中点选“Equipment”，见图 1-49。

11）为项目增加临界值“Start Day Variance（days）”。

点选菜单栏中的“项目/临界值”，进入“项目临界值”窗口。点击右侧工具栏中的“✣”，在底部视图详情表常用页面中设置临界值参数为“Start Day Variance(days)”，临界值下界为“−11”，上限为“11”，要监控的WBS为WBS根节点“EC00515C City Center Office Building Addition”，监控等级为“作业”，状态为“有效的”，责任人为“E&C”，问题优先级为“3-正常”，见图 1-50。

12）监控临界值。

点选菜单栏中的“工具”，在弹出的下拉菜单中点击“监控临界值”，打开“监控临界值”对话框并点击“监控”，见图 1-51。

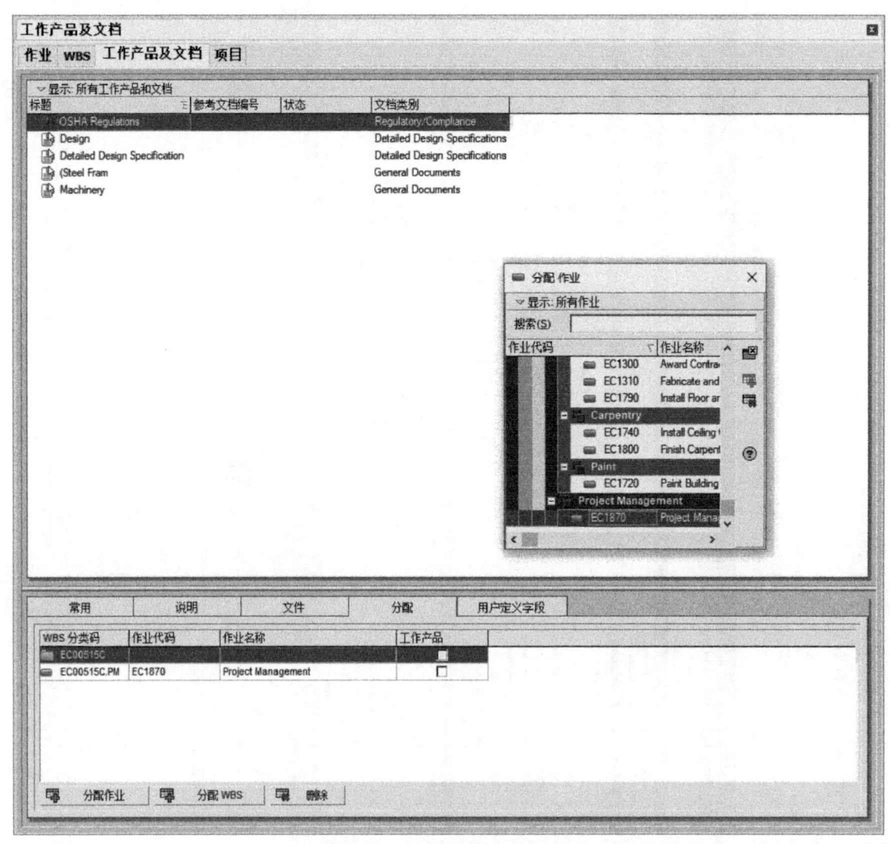

图 1-46 为工作产品及文档分配作业

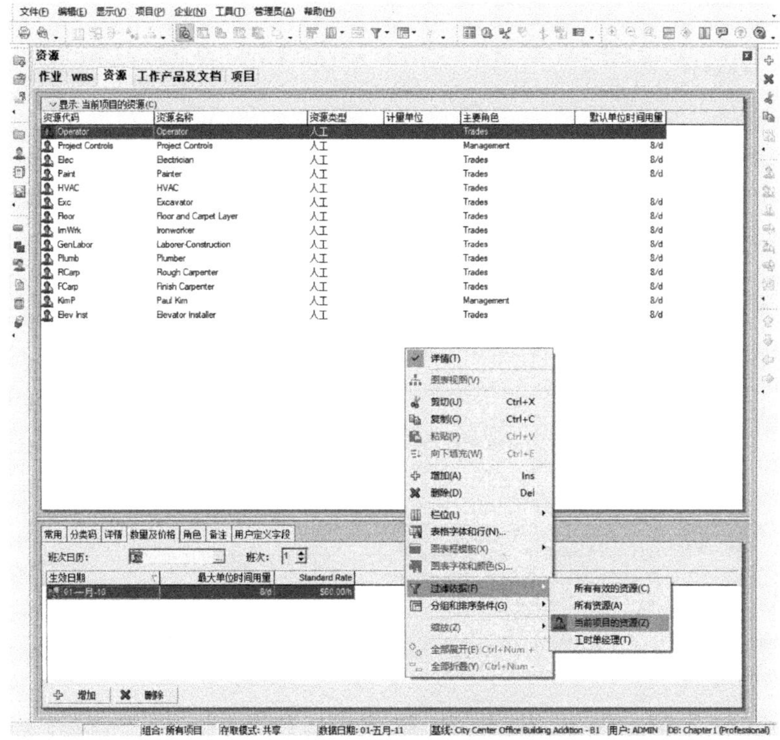

图 1-47　过滤当前项目的资源

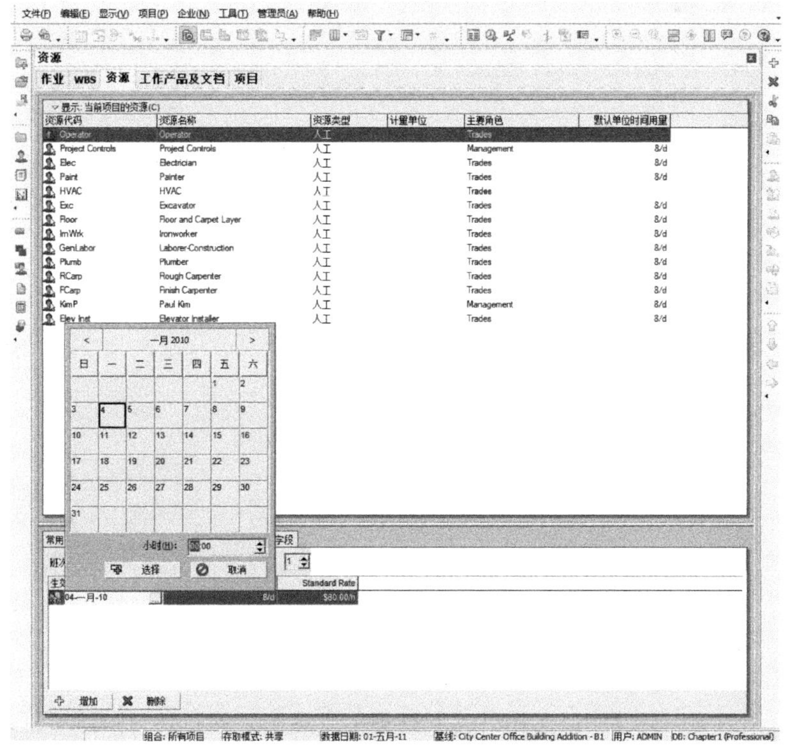

图 1-48　编辑资源的生效日期

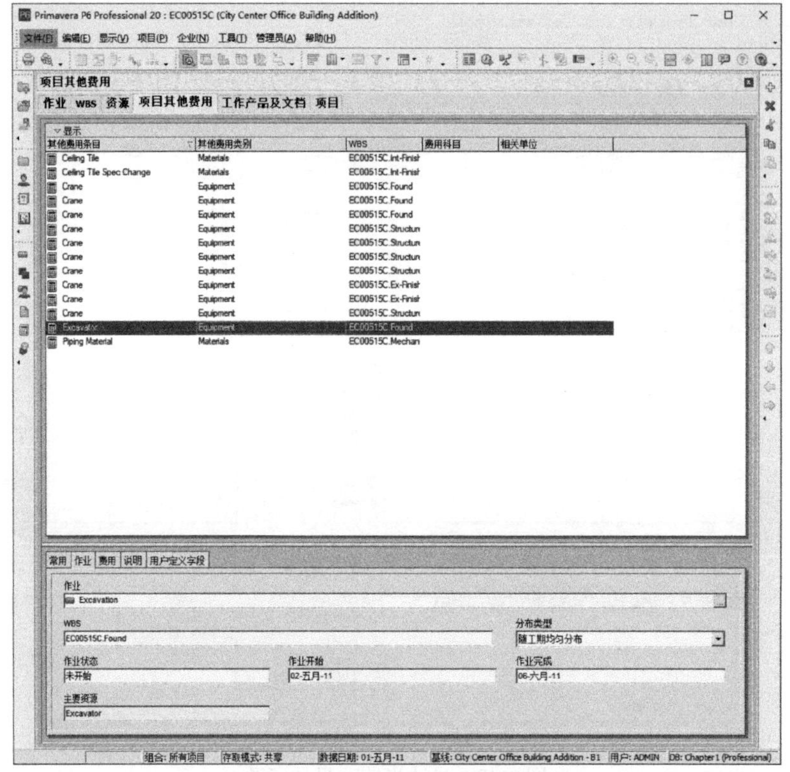

图 1-49　增加项目其他费用条目

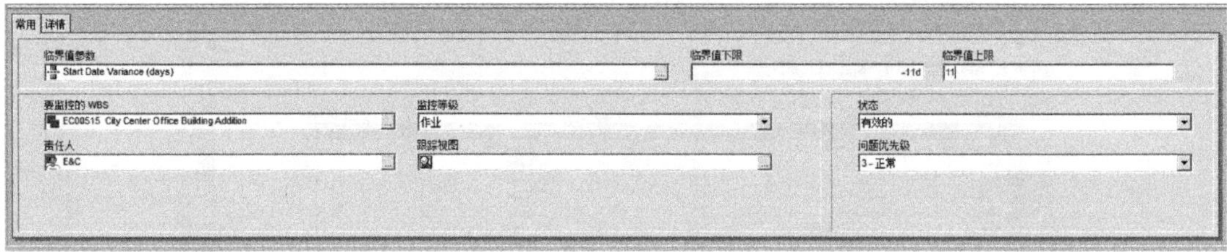

图 1-50　新建项目临界值

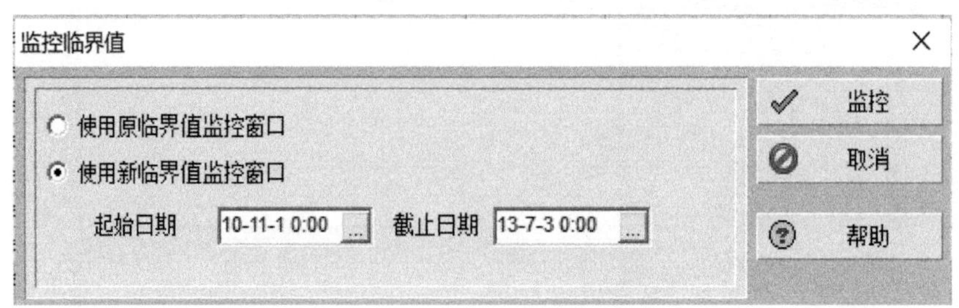

图 1-51　“监控临界值”对话框

13）查看项目问题。

点选菜单栏中的“项目”，在弹出的下拉菜单中点击“问题”，打开项目问题窗口，并查看通过监控临界值标识的 2 个项目问题，见图 1-52。

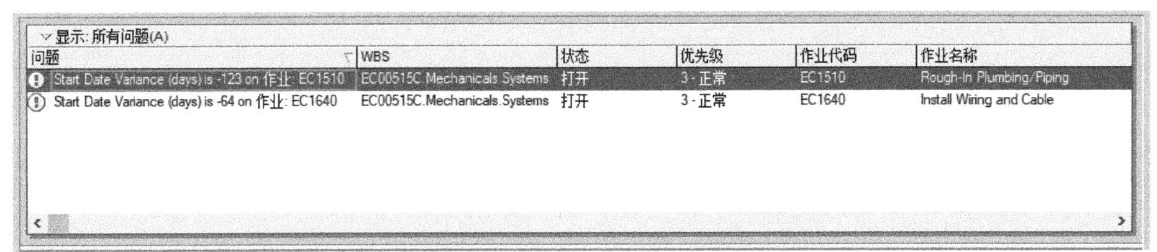

图 1-52　查看项目问题

14）进入资源分配窗口查看资源使用状况。

点选菜单栏中的“项目”，在弹出的下拉菜单中点击“资源分配”，打开资源分配窗口。点击该窗口左侧视图的“视图选项栏”，在弹出的下拉菜单中点选“过滤器”。在弹出的“过滤器”对话框中设置参数为“作业名称”，关系（是）为“等于”，值为“Erect Structural Frame”的过滤器，并点击“确定”，见图 1-53。

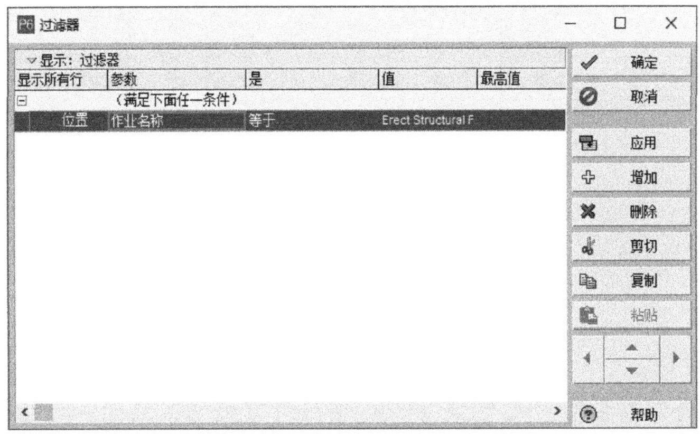

图 1-53　“过滤器”对话框

将右侧视图中资源使用剖析表的时间标尺开始日期设定为 2011 年 9 月 19 日，查看作业“Erect Structural Frame”从 2011 年 9 月 19 日到 2011 年 9 月 23 日的资源使用情况，见图 1-54。

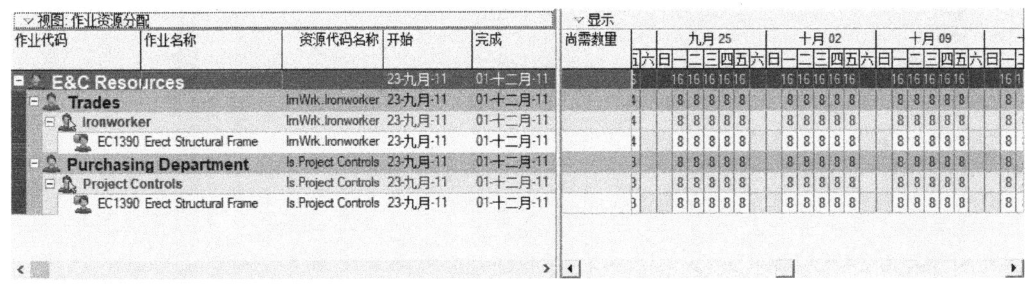

图 1-54　查看作业资源分配

15）输出“EP-02 EPS，Project Earned Value”报表。

点选菜单栏中的“工具”，在弹出的下拉菜单中选择“报表”，并点击弹出的新的下拉菜单中的“报表”，打开报表窗口。在该窗口顶部视窗的报表列表中鼠标右键点击“报表组：Cost & Schedule”下的“EP-02 EPS，Project Earned Value”报表，在弹出的下拉菜单中依次点选“运行”“报表”，见图 1-55。

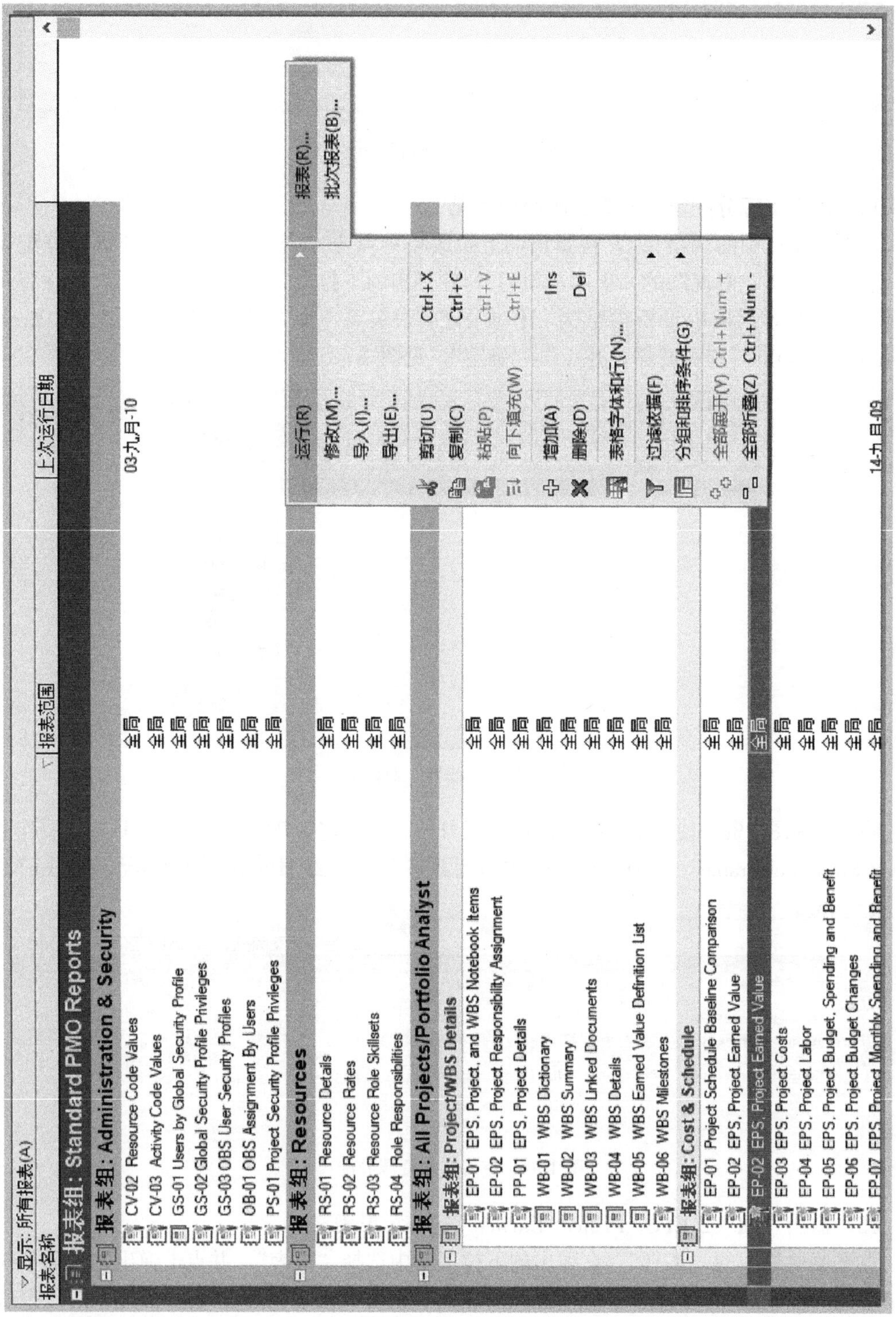

图 1-55　生成赢得值报表

在弹出的“运行报表”对话框的“报表发送到”复选框中选择“直接打印”并点击“确定”，见图 1-56。

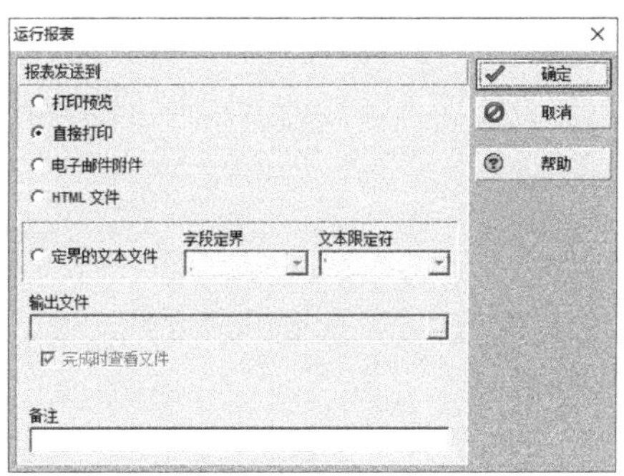

图 1-56　“运行报表”对话框

16）打开跟踪窗口查看人工数量直方图。

点选菜单栏中的“企业”，在弹出的下拉菜单中点击“跟踪”，打开跟踪窗口。在该窗口左侧视图的 WBS 列表中点选项目根节点“EC00515C”，将右侧底端视图的人工数量直方图的时间标尺开始日期设定为 2011 年 9 月 1 日，查看该项目从 2011 年 9 月起的人工数量，见图 1-57。

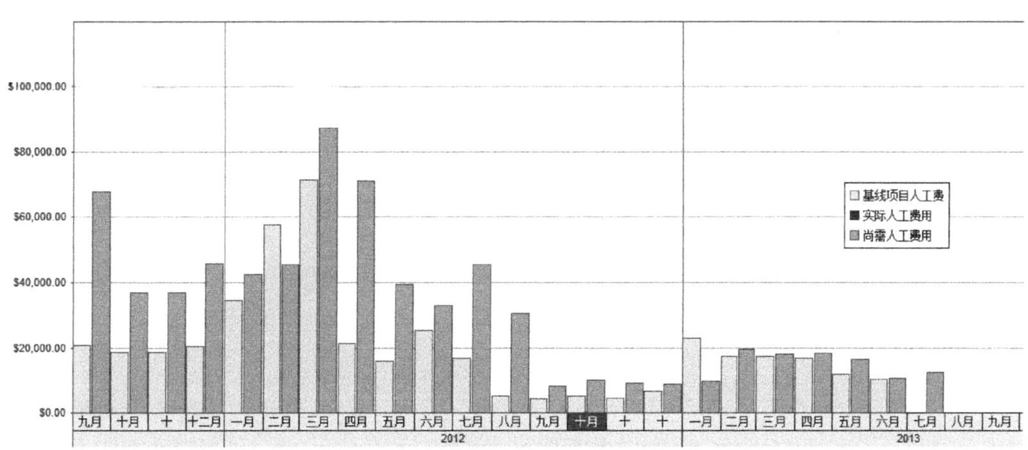

图 1-57　查看人工数量直方图

第2章

无资源约束的工期计划

2.1 无资源约束下的项目管理默认设置

实验目的

- 熟悉工期计划的全局默认配置；
- 熟悉工期计划的用户默认配置；
- 熟悉工期计划的项目默认配置。

实验内容

- 分类码分隔符的设定；
- 每周起始日、作业工期、时间周期、报表的页眉和页脚的设定；
- 行业、基线类型、WBS类别、文档类别、文档状态、风险类型、记事本、时间单位、日期和时间格式、向导、应用程序等的设定。

1. 利用“管理设置”对话框进行设置

依次选择菜单“管理员/管理设置【Admin Preferences】”，打开“管理设置”对话框后，选择具体的页面进行相应的设置。

(1)“常用”页面

在该页面中指定在项目中用到的分类码（例如WBS分类码）树状层次之间的分隔符。这里选择默认的分隔符为“.”，设定每周的开始日期为“星期一”，定义默认的作业工期为10d，见图2-1。

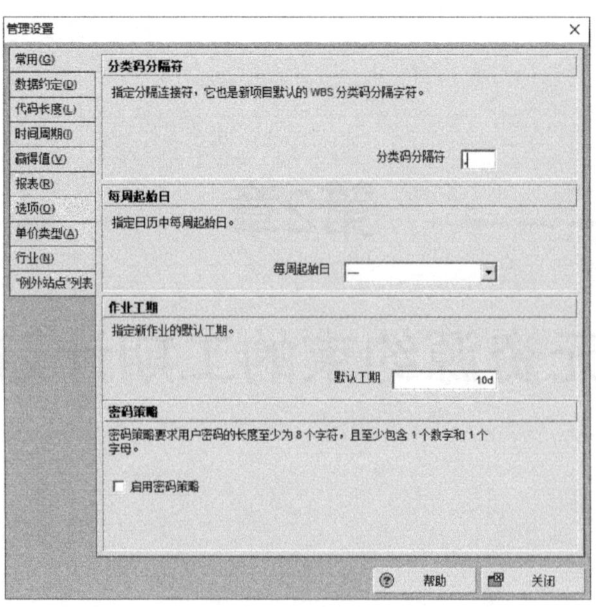

图2-1 “管理设置”对话框“常用”页面

（2）“时间周期”页面

1）定义每个时段的小时数。

在该页面中定义工作日、周、月和年默认的小时数。这里将默认的每一时间周期的工作小时数设置为“8 小时/天”“56 小时/周”“240 小时/月”“2880 小时/年”，见图 2-2。

2）设置时间周期的缩写。

这里保持默认的时间周期的缩写形式：分钟（n）、小时（h）、天（d）、周（w）、月（m）、年（y），见图 2-2。

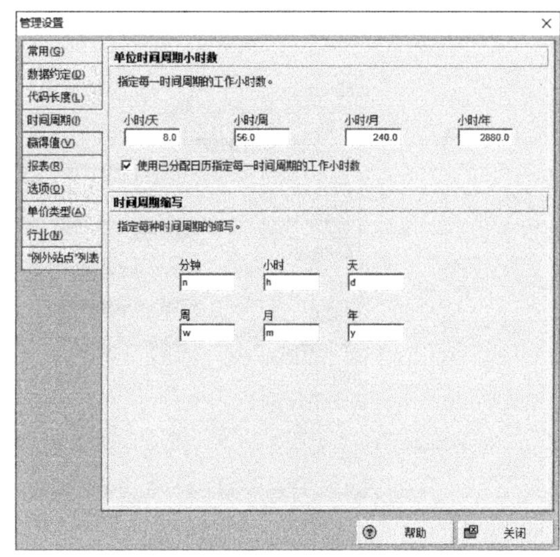

图 2-2 “管理设置”对话框“时间周期”页面

（3）“报表”页面

在该页面中可定义三套报表的页眉、页脚及标注（自定义标签）。此处定义的各组页眉、页脚及标注可以在打印与报表中调用。默认的第一组页眉标签、页脚标签和自定义标签分别为“Header1”“# Oracle Primavera”和“User Variable 1”。这里将默认的第一组页眉标签和页脚标签重新设定为“CBD 项目”和“CBD 项目管理组”，保持默认的自定义标签为“User Variable 1”，供输出报表时使用，见图 2-3。

图 2-3 “管理设置”对话框“报表”页面

（4）“行业”页面

在该页面中，可以为企业项目选择其所在的行业，从而在该项目中运用 P6 Professional 中属于该行业的术语和默认计算。这里将选择要用于 P6 Professional 中的术语和默认计算设置的行业设置为“工程和构建”，见图 2-4。

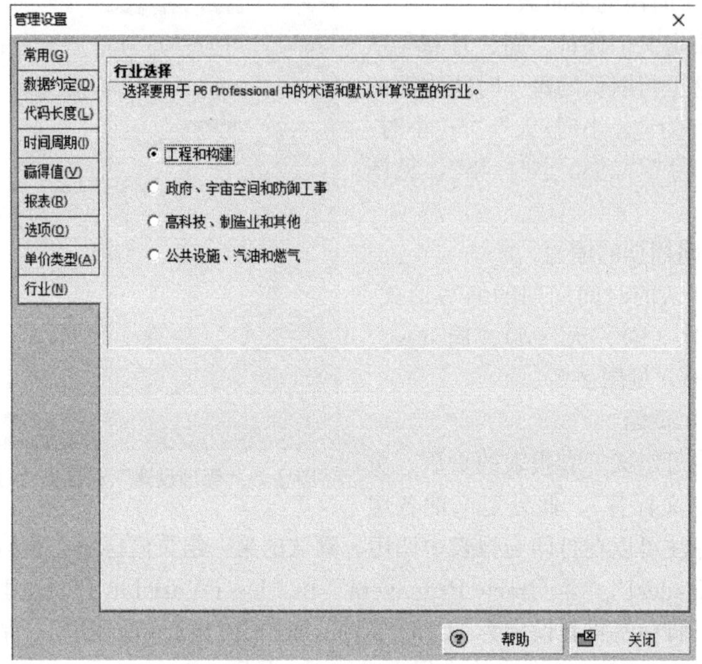

图 2-4 “管理设置”对话框“行业”页面

2. 利用管理类别对话框进行设置

利用“管理类别”【Admin Categories】对话框可以定义应用于所有项目的标准化的类别以及类别码值，包括：基线类型、WBS 类别【WBS Categories】、文档类别【Document Categories】、记事本主题【Notebook Topics】等。依次选择“管理员/管理类别”，打开“管理类别”对话框，在该对话框中选择具体页面进行设置。

(1)“基线类型”页面

在该页面中创建、修改或删除基线类型。这里保持默认的基线类型不变，见图 2-5。

(2)“WBS Categories”页面

在该页面中创建、修改或删除 WBS 类型。这里保持默认的 WBS 类型不变，见图 2-6。

(3)“文档类别”页面

在该页面创建、修改或删除文档类别，主要用于对文档进行分类。这里保持默认的文档类别不变，见图 2-7。

(4)“文档状态”页面

在该页面中创建、修改或删除文档状态代码，主要用于标示文档的当前状态。这里设定的文档状态分类码可以在为项目、WBS 以及作业分配具体文档时选择使用。这里保持默认的文档状态不变，见图 2-8。

(5)“风险类型”页面

在该页面中创建、修改或删除风险类型，主要用于对项目的风险进行分类。这里设定的风险类别供定义风险时使用。这里保持默认的风险类别不变，见图 2-9。

图 2-5　“管理类别”对话框“基线类型”页面

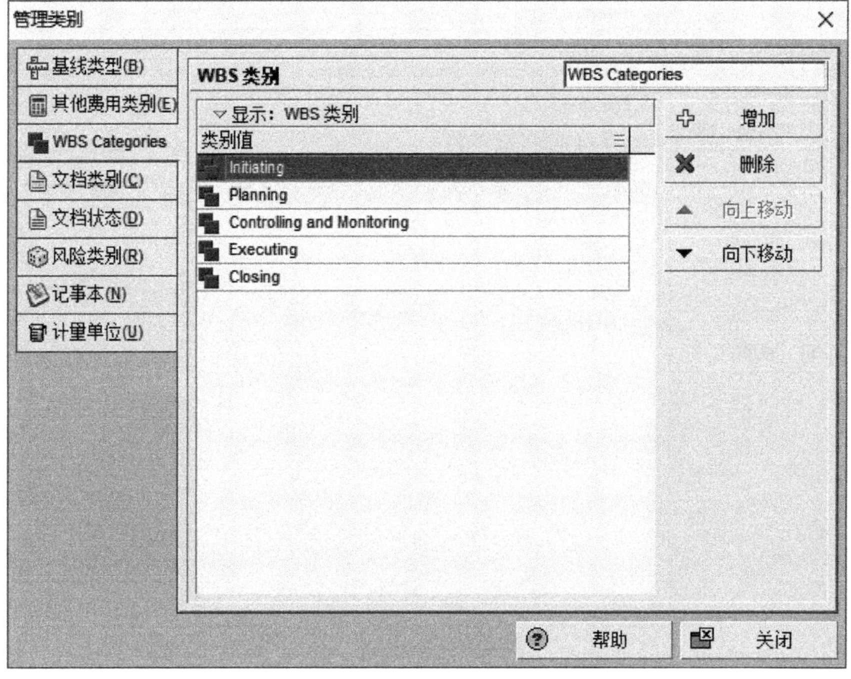

图 2-6　“管理类别”对话框“WBS Categories”页面

图 2-7 “管理类别”对话框“文档类别”页面

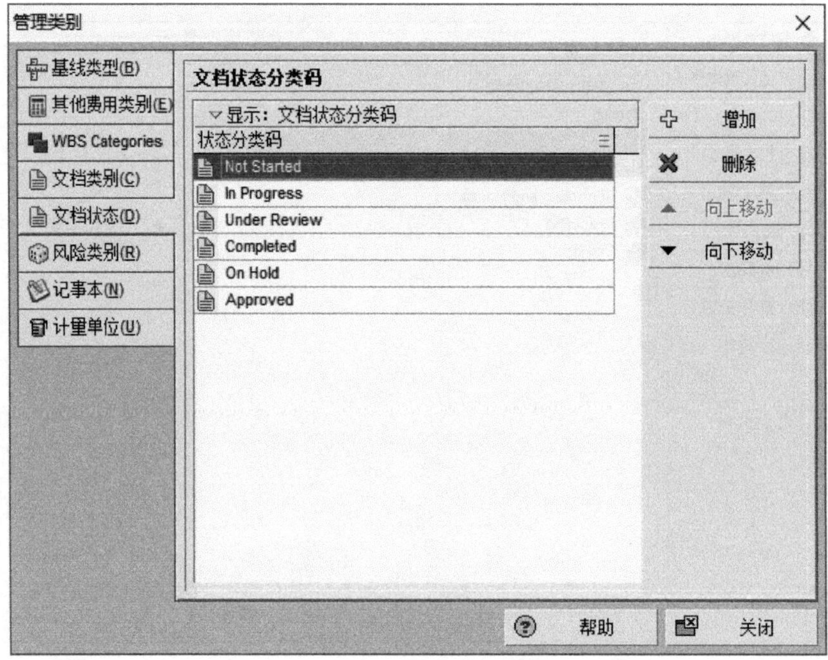

图 2-8 “管理类别”对话框“文档状态”页面

图 2-9　“管理类别”对话框“风险类别”页面

(6)“记事本”页面

在该页面中创建、修改或删除记事本主题，可以为 EPS、项目、WBS、作业设定不同的记事本主题，方便对不同主题的记事本进行分类和管理。这里保持默认的记事本主题不变，见图 2-10。

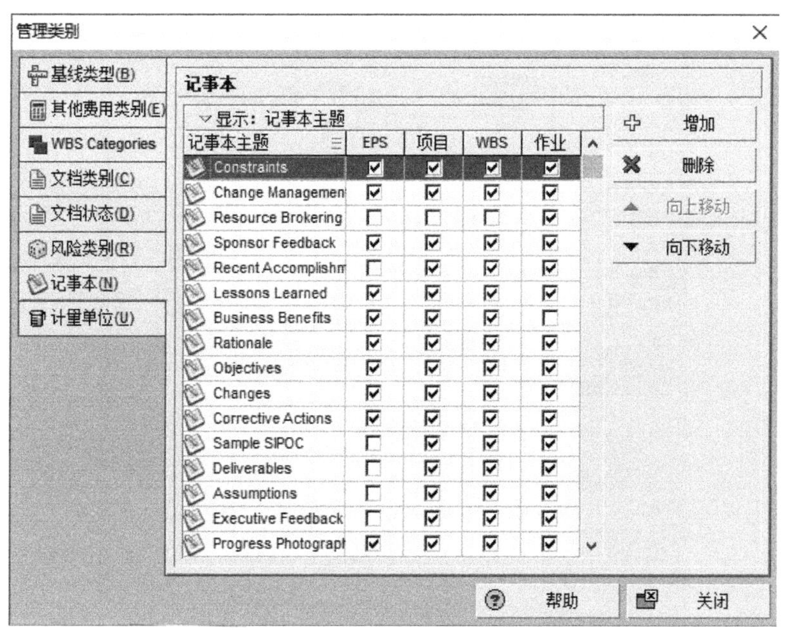

图 2-10　“管理类别”对话框“记事本”页面

3. 用户设置

在“用户设置”对话框中，用户可以根据自己的要求设置个性化的选项，以满足视图与显示的需求。用户设置的页面包括时间单位【Time Units】、日期【Dates】、货币【Currency】、助手【Assistance】、应用程序【Application】、密码【Password】、资源分析【Resources Analysis】、计算【Calculations】和开始过滤器【Startup Filters】。该设置只影响当前用户，不会影响系统中其他用户的相关设置。其中，货币【Currency】、资源分析【Resources Analysis】、计算【Calculations】和开始过滤器【Startup Filters】等与资源相关的页面设置可以参见第 4 章的相关内容。

依次选择菜单“编辑/用户设置”，打开“用户设置”对话框后，选择具体页面进行相应的设置。

(1)“时间单位”页面

在该页面中定义资源数量的时间单位、工期的时间单位及单位时间数量格式。在“时间单位”页面最上方的单位格式区域，可以通过下拉菜单选择时间单位为小时、天、周、月或者年，P6 会在其右侧同步显示相应的子单位为分钟、小时、天、周或者月。勾选相应的子单位可以同时显示时间单位及其子单位，勾选时间单位下拉菜单下方的选项可以在 p6 中显示时间单位。在单位格式的小数栏位可以通过下拉菜单选择需要显示的小数位数为 0、1 或者 2。在“时间单位”页面中部的工期格式区域，可以对工期格式做出类似的设置。在“时间单位”页面最下方的单位时间数量格式区域可以设置“资源单位时间数量显示为百分比或单位时间数量”的形式。关于单位时间数量设置可以参见第 4 章。

这里将单位格式的时间单位设置为“小时”并勾选子单位，选择需要显示的小数位数为“2”并勾选“显示时间单位”，将工期格式的时间单位设置为“天”并勾选子单位，选择需要显示的小数位数为“2”并勾选“显示工期单位”，见图 2-11。

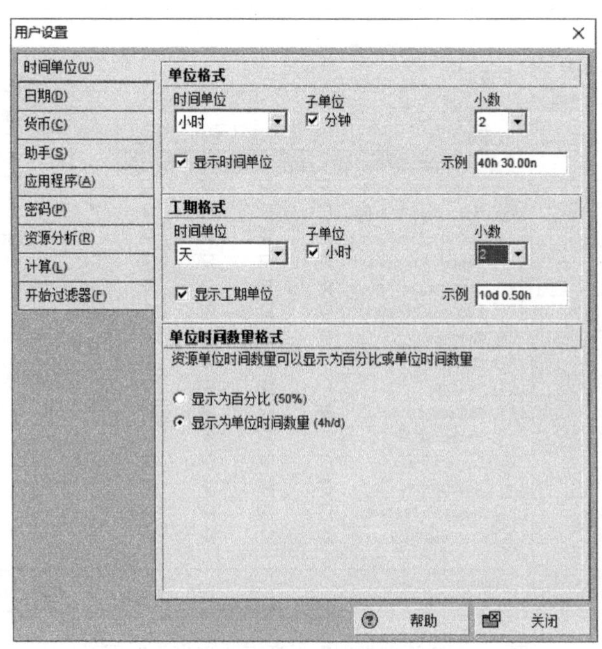

图 2-11 “用户设置”对话框“时间单位”页面

（2）“日期”页面

在该页面中定义日期的格式、年月份的形式以及是否显示小时、分钟等。建议在使用 P6 Professional 的过程中选择显示“24 小时”，这样可以精确地显示作业的开始日期，以方便对计划编制的追踪。这里将日期格式设置为“年，月，日”，分隔符设置为“-”，时间设置为“24 小时”并勾选“显示分钟”，见图 2-12。

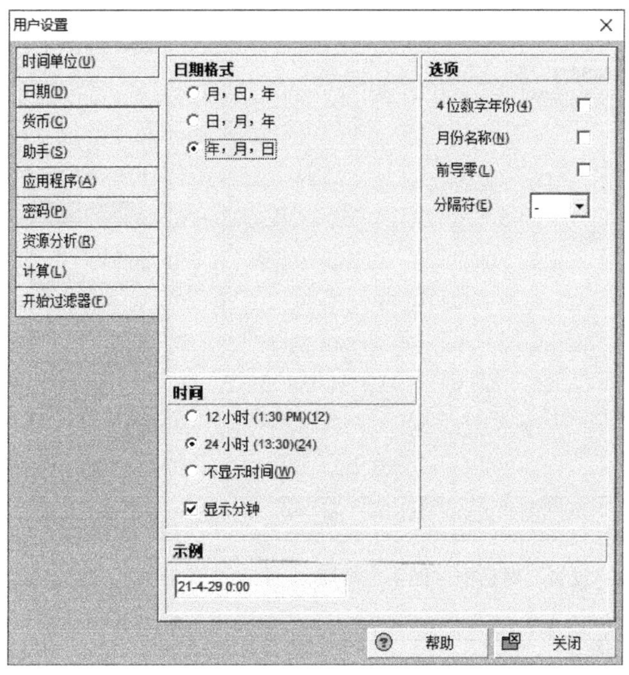

图 2-12　“用户设置”对话框“日期”页面

（3）“助手”页面

该页面可以选择增加新作业和资源时是否使用向导。初学者可以使用新资源向导和新作业向导进行新增作业和资源。但是使用这种方法可能会降低计划和资源编制的效率。比如，对于工期计划的编制建议取消“使用新作业向导”，改用在作业窗口直接通过新增作业命令“✚”增加作业，提高计划编制的效率。这里将同时勾选“使用新资源向导”和“使用新作业向导”，见图 2-13。

4. “应用程序”页面

该页面可以定义在启动 P6 软件时默认的窗口以及统计周期数据的显示范围等。对于启动 P6 的默认窗口的设置，需要根据情况考察默认设置的有效性。例如，没有打开的项目，即使设定了默认的窗口为作业窗口，也无法进入作业窗口。该页面可以选择在使用分组和排序功能时，分组带的标签显示名称或者码值。对于统计周期的显示设置，如果选择“不加载统计周期数据”，则栏位里无法显示统计周期数据。如果选择了“显示欢迎对话框”，则在启动 P6 后显示“欢迎对话框”，可以选择新建、打开现有的项目等操作，见图 2-14。

这里选取作业窗口作为应用程序启动窗口，取消勾选“在启动时显示欢迎对话框”，选择“显示名称/说明”作为分组带标签，指定显示分码值，加载统计周期数据，并选择要在栏位中显示的统计周期范围为 2020 年 4 月 1 日到 2021 年 5 月 21 日，见图 2-15。

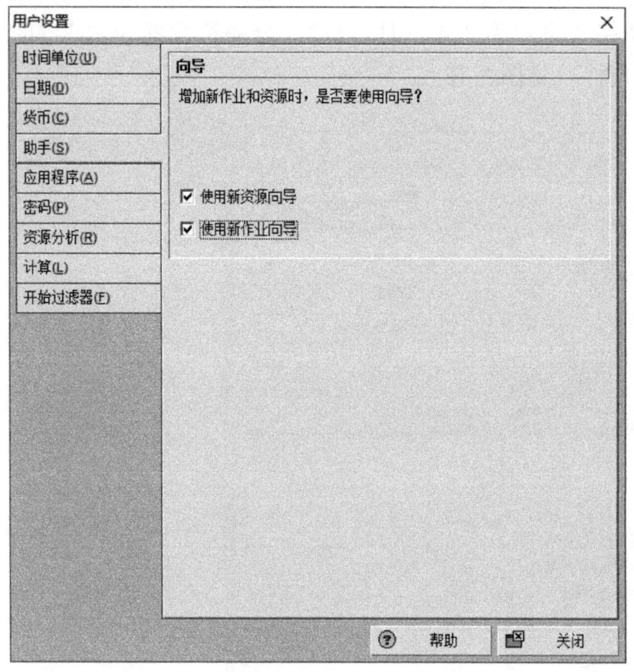

图 2-13 “用户设置”对话框“助手”页面

图 2-14 “欢迎”对话框

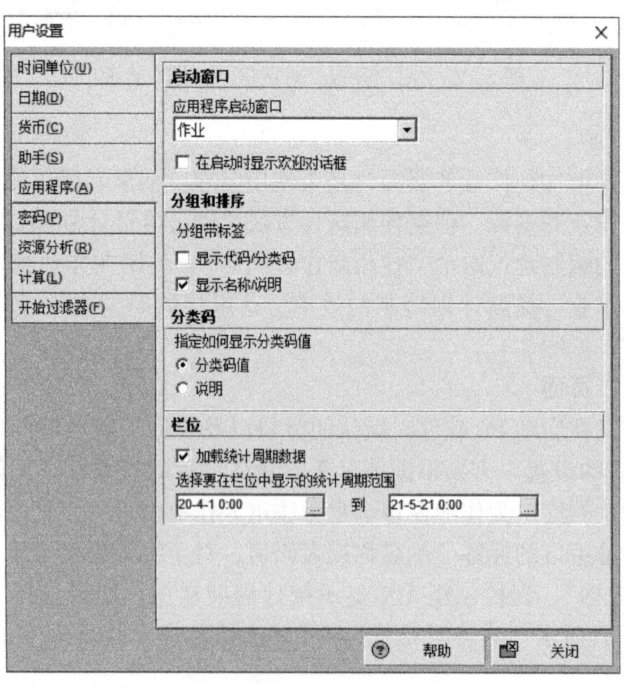

图 2-15 “用户设置”对话框“应用程序”页面

2.2　定义工期计划的日历

- 熟悉对已有日历的修改；
- 熟悉创建新的工作日历。

- 为“CBD”项目创建“五天工作制”和“七天工作制”日历，并为这两个日历设置节假日。

1. 打开日历对话框

依次选择“企业/日历”，打开“日历”对话框，见图 2-16。

图 2-16　“日历”对话框

2. 创建全局日历

（1）选择日历模板

在“日历”对话框上方区域中勾选日历的类型为“全局”，点击右侧的“增加”，在打开的“选择要复制的日历”对话框的日历名称列表框中点击“Corporate-Standard Full Time”，并点击“选择”命令“”，将其作为要复制的日历，见图 2-17。

（2）修改新建日历

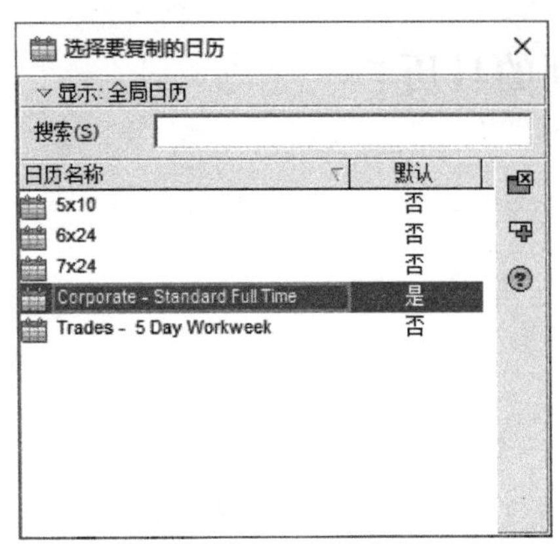

图 2-17 “选择要复制的日历”对话框

在“日历”对话框中输入日历名称“五天工作制”。点击“修改”，开始修改新建的日历，见图 2-18。

1）定义工作周。

点击“工作周”，在打开的“日历周工作时间”对话框中开始定义“五天工作制”。定义每天的标准工作小时数为周一～周五各 8h，周六、周日为 0h，见图 2-19。如果是“七天工作制”，则定义每天的标准工作小时数均为 8h。

2）定义时间周期。

点击“时间周期”，在打开的“单位时间周期小时数”对话框中开始定义每天、每周、每月以及每年的标准工作小时数。“五天工作制”日历按照每天工作 8h，每周工作 5×8h（40h），每月 172h，每年 2000h 的时间周期换算，见图 2-20。如果是“七天工作制”日历，则按照每天工作 8h，每周工作 7×8h（56h），每月 240h，每年 2880h 的时间周期进行换算。

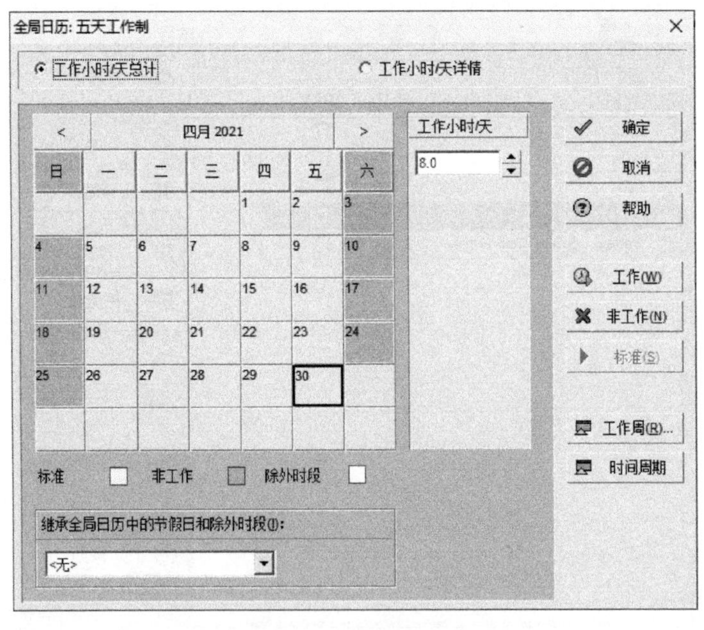

图 2-18 修改新建的日历

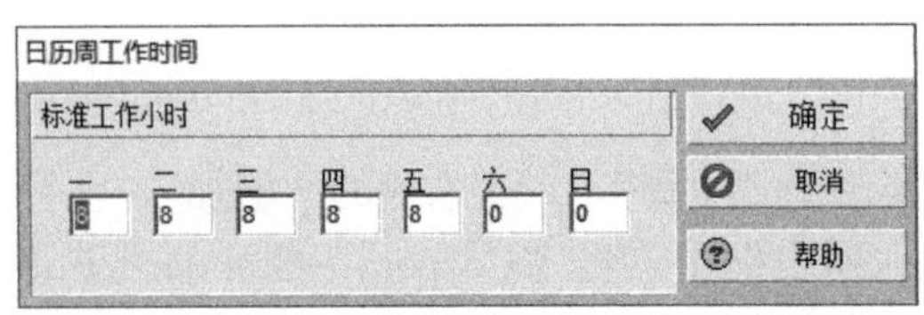

图2-19 定义工作周

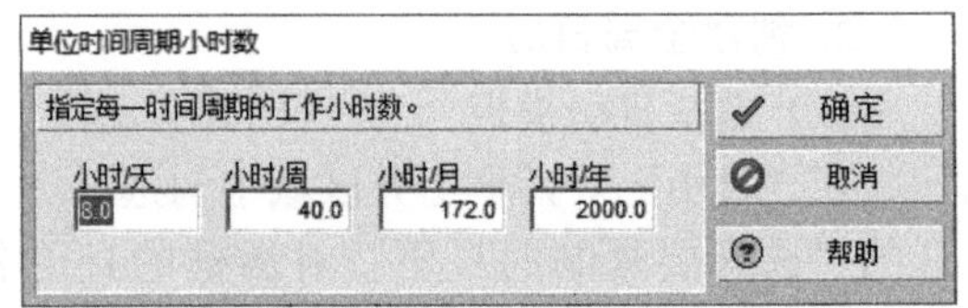

图2-20 定义单位时间周期小时数

3）定义每天的工作时间详情。

选中“工作小时/天详情”，开始定义每天的工作小时的安排。点击“工作周”，在弹出的“日历周工作时间”对话框中为工作日的工作时间安排起止时间以及设定中间的休息时间，选定工作日的工作小时数和非工作小时数，见图 2-21。

针对“五天工作制”日历，按住 Ctrl 键（或者 Shift 键），连续选择周一～周五，将周一～周五设定为早晨 8∶00 上班，中午休息 1h，下午 5∶00 下班，见图 2-22。如果是“七天工作制”日历，按住 Ctrl 键（或者 Shift 键），连续选择周一～周日，将周一～周日设定为早晨 8∶00 上班，中午休息 1h，下午 5∶00 下班。

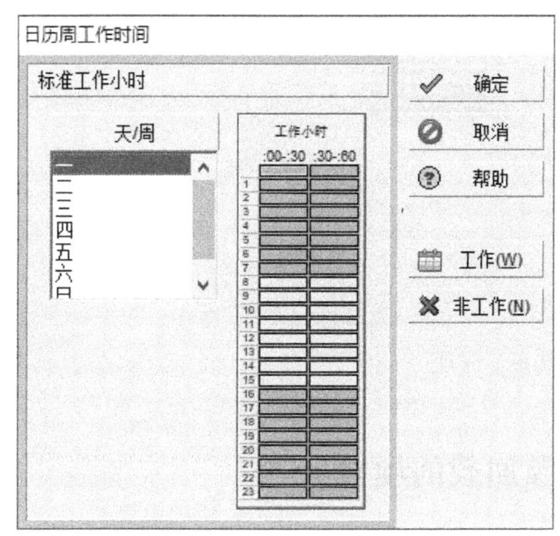

图 2-21　“日历周工作时间”对话框

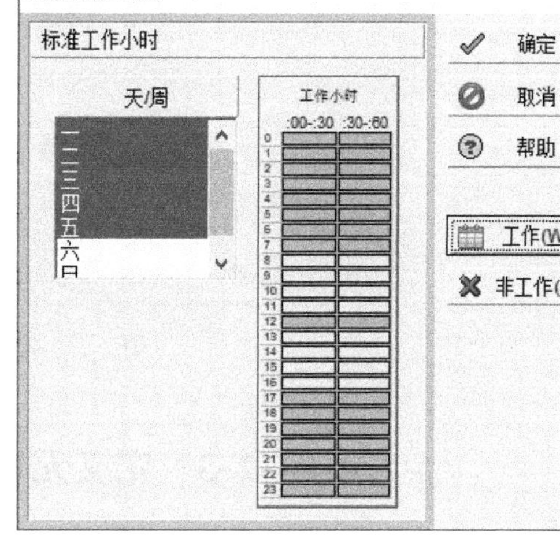

图 2-22　“五天工作制”每天工作小时详情

4）定义法定节假日。

在创建新的日历时，可以通过将具体年份的某一天或者某一时段设定为非工作，从而设定该日历的节假日。这里，我们将根据国务院办公厅的相关文件通知，定义 2020 年 4 月 1 日～2021 年 8 月 31 日的节假日（为了统一“五天工作制”与“七天工作制”的法定节假日，我们不考虑相关周六、周日调休上班的情况）如下：

2020 年的法定节假日为：清明节 4 月 4 日～4 月 6 日，劳动节 5 月 1 日～5 月 5 日，端午节 6 月 25 日～6 月 27 日，国庆节、中秋节 10 月 1 日～10 月 8 日；

2021 年的法定节假日为：元旦 1 月 1 日～1 月 3 日、春节 2 月 11 日～2 月 17 日、清明节 4 月 3 日～4 月 5 日、劳动节 5 月 1 日～5 月 5 日、端午节 6 月 12 日～6 月 14 日。

通过依次选择“企业/日历”，打开“日历”对话框，并选择新建的“五天工作制”日历，点击修改。在弹出的“全局日历：五天工作制”对话框中，通过点击“非工作”将上述节假日改为非工作日，见图 2-23。

本次设置的“五天工作制”不设定除外时段。如果选择创建项目或者资源日历，可以选择是否“继承全局日历的节假日和除外时段”，这个选项仅限于资源日历和项目日历的创建。对于全局日历的创建，“继承全局日历的节假日和除外时段”这个选项是禁用的。按照上述设置步骤也可以完成“七天工作制”日历的创建过程。

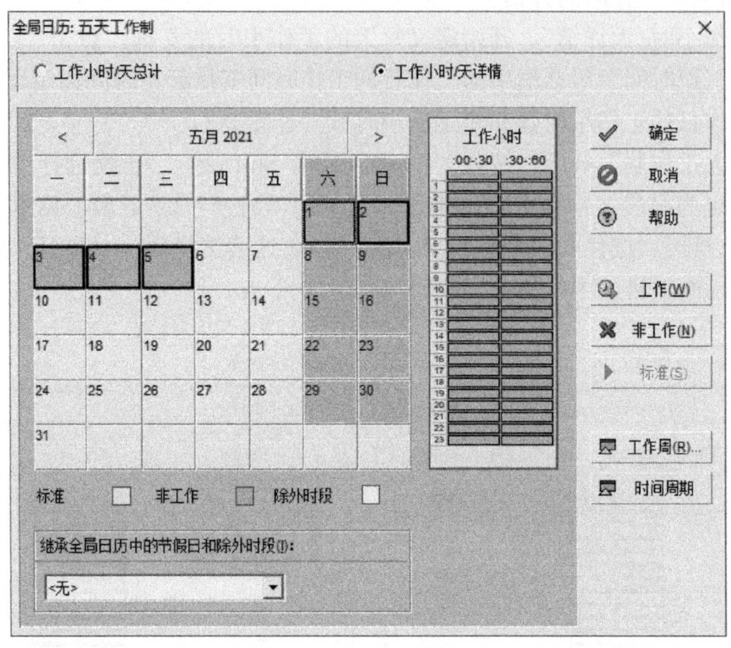

图 2-23　定义法定节假日

2.3　定义无资源加载的项目

实验目的

- 熟悉创建新的无资源加载的项目；
- 熟悉编辑无资源加载的项目的详情。

实验内容

- 创建“CBD”项目；
- 编辑“CBD”项目的详情。

创建项目

1. 项目简介

本节开始利用 P6 软件编制案例项目的工期计划。项目名称为“CBD”，项目的计划开始日期为 2020 年 4 月 1 日，要求的完工日期为 2021 年 5 月 21 日。默认的项目日历为“七天工作制”，项目的 WBS 及作业详情详见表 2-1。

利用项目创建向导创建该项目，操作步骤如下。

2. 选中对应的 EPS 节点

依次选择菜单“企业/项目”，打开项目窗口后，选中 EPS 根节点“Enterprise”，然后点击“增加”，弹出的创建新项目向导将会引导您一步一步地建立新项目，见图 2-24。

"CBD" 项目详情　　　　**表 2-1**

作业代码	作业名称	WBS 名称	WBS 分类码	原定工期(d)	日历名称	紧后作业	紧后作业详情	作业类型
E1000	地质初勘	地质勘察	CBD. E. 10	3	七天工作制	E1010，PM1000	E1010:FS，PM1000：SS	任务相关
E1010	地质详勘	地质勘察	CBD. E. 10	7	七天工作制	E1020	E1020：FS	任务相关
E1040	基础施工图设计	施工图设计	CBD. E. 50	50	七天工作制	E1050，E1070	E1050:FS，　E1070：FS	任务相关
E1050	地下室施工图设计	施工图设计	CBD. E. 50	45	七天工作制	E1060，E1070	E1060:FS，E1070：FS	任务相关
E1050	地上部分施工图设计	施工图设计	CBD. E. 50	45	七天工作制	E1070	E1070：FS	任务相关
E1070	建筑结构施工图报审	施工图设计	CBD. E. 50	6	五天工作制	E1080，E1090，E1100，M1010	E1080:SS，E1090:SS，E1100:SS，M1010：FS	任务相关
E1080	消防施工图报审	施工图设计	CBD. E. 50	6	五天工作制	M1010	M1010：FS	任务相关
E1090	人防施工图报审	施工图设计	CBD. E. 50	6	五天工作制	M1010	M1010：FS	任务相关
E1100	节能报审	施工图设计	CBD. E. 50	6	五天工作制	M1010	M1010：FS	任务相关
E1030	初步设计报审	初步设计	CBD. E. 40	6	五天工作制	E1040	E1040：FS	任务相关
E1020	初步设计	初步设计	CBD. E. 40	8	七天工作制	E1030	E1030：FS	任务相关
C1020	临时设施及道路	施工准备	CBD. C. 1	20	七天工作制	M1020	M1020：FS	任务相关
C1000	三通一平	施工准备	CBD. C. 1	42	七天工作制	C1010	C1010：FS	任务相关
C1010	办理《建筑工程施工许可证》	施工准备	CBD. C. 1	3	七天工作制	C1020	C1020：FS	任务相关
M1020	开工典礼	里程碑	CBD. M	0	七天工作制	CA1002	CA1002：FS	完成里程碑
M1030	基础出正负零	里程碑	CBD. M	0	七天工作制	CA1000	CA1000：FS	完成里程碑
H1000	竣工验收	竣工验收	CBD. H	7	五天工作制	M1050，PM1000	M1050:FS，PM1000：FF	任务相关
M1000	项目启动	里程碑	CBD. M	0	七天工作制	E1000	E1000：FS	开始里程碑
M1010	施工图设计完成	里程碑	CBD. M	0	七天工作制	C1000，PA1000，PA1230，P1A230，PA1240	C1000:FS，PA1000:FS 116d，PA1230：FS160d，P1A230：FS 100d，PA1240：FS 160d	完成里程碑
PM1000	项目管理工作	项目管理	CBD. 2	365	七天工作制			配合作业

续表

作业代码	作业名称	WBS 名称	WBS 分类码	原定工期(d)	日历名称	紧后作业	紧后作业详情	作业类型
M1050	项目结束	里程碑	CBD. M	0	七天工作制			完成里程碑
M1040	主体结构验收	里程碑	CBD. M	0	七天工作制	A1000，A1010	A1000:FS，A1010：FS	完成里程碑
CA1000	一层结构施工	一层结构施工	CBD. C. 20. 2. 1	8	七天工作制	CA1012	CA1012：FS 1d	任务相关
CA1002	基础施工	基础施工	CBD. C. 20. 7	95	七天工作制	M1030	M1030：FS	任务相关
A1000	一层砌体砌筑	一层砌体砌筑	CBD. C. 20. 1. 1	25	七天工作制	A1070	A1070：FS	任务相关
A1010	屋面工程	屋面工程	CBD. C. 20. RF	13	七天工作制	A1040，A1020	A1040:FS，A1020：FS	任务相关
A1020	电气设备安装	电气设备安装	CBD. C. 30. 5	68	七天工作制	H1000	H1000：FS	任务相关
A1030	暖通设备安装	暖通设备安装	CBD. C. 30. 1	30	七天工作制	H1000	H1000：FS	任务相关
A1040	电梯安装	电梯安装	CBD. C. 30. 2	15	七天工作制	H1000	H1000：FS	任务相关
A1060	一层装饰装修	一层装饰装修	CBD. C. 40. 3	8	七天工作制	H1000	H1000：FS	任务相关
CA1012	二层结构施工	二层结构施工	CBD. C. 20. 2. 2	8	七天工作制	CA1022	CA1022：FS	任务相关
CA1022	三层结构施工	三层结构施工	CBD. C. 20. 2. 3	8	七天工作制	M1040	M1040：FS	任务相关
A1070	二层砌体砌筑	二层砌体砌筑	CBD. C. 20. 1. 2	25	七天工作制	A1080	A1080：FS	任务相关
A1080	三层砌体砌筑	三层砌体砌筑	CBD. C. 20. 1. 3	25	七天工作制	A1040，A1110，A1030，A1090	A1040:FS，A1110:FS，A1030:SS 8d，A1090:SS 15d	任务相关
A1090	消防设备安装	消防设备安装	CBD. C. 30. 3	30	七天工作制	H1000	H1000：FS	任务相关
A1100	二层装饰装修	二层装饰装修	CBD. C. 40. 1	8	七天工作制	A1060	A1060：FS -1d	任务相关
A1110	三层装饰装修	三层装饰装修	CBD. C. 40. 4	8	七天工作制	A1100	A1100：FS -1d	任务相关
PA1000	电气设备采购	电气设备采购	CBD. P. 1	41	七天工作制	A1020	A1020：FS	任务相关
PA1230	暖通设备采购	暖通设备采购	CBD. P. 3	56	七天工作制	A1030	A1030：FS	任务相关
P1A230	电梯设备采购	电梯采购	CBD. P. 4	131	七天工作制	A1040	A1040：FS	任务相关
PA1240	消防设备采购	消防设备采购	CBD. P. 2	56	七天工作制	A1090	A1090：FS	任务相关

3. 输入项目代码和项目名称

项目代码是识别项目的身份代码，最多允许 20 个字符。项目代码是项目的唯一识别码，不同项目的项目识别码不能重复。这里输入项目代码为“CBD”，项目名称为“CBD 项目”，见图 2-25。

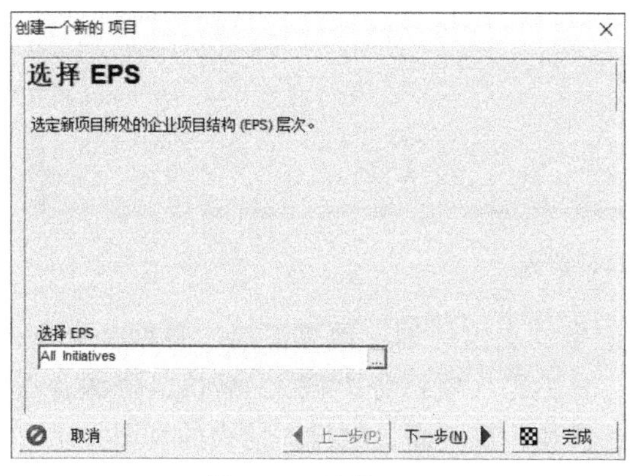

图 2-24　选择 EPS

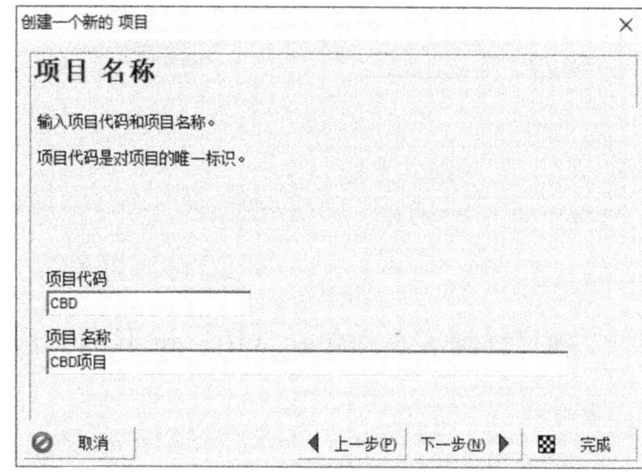

图 2-25　输入项目代码和项目名称

4. 输入项目的计划开始日期和（或）必须完成日期

这里按照工程的工期要求输入计划开始时间为 2020 年 4 月 1 日 8：00，必须完成时间为 2021 年 5 月 21 日 17：00，见图 2-26。

5. 分配项目责任人

在“责任人”页面新建项目责任人，这里为默认的“Enterprise”，见图 2-27。

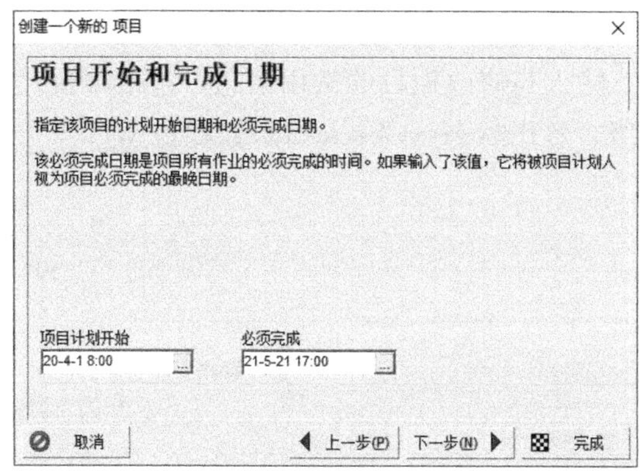

图 2-26　输入计划开始日期和（或）必须完成日期

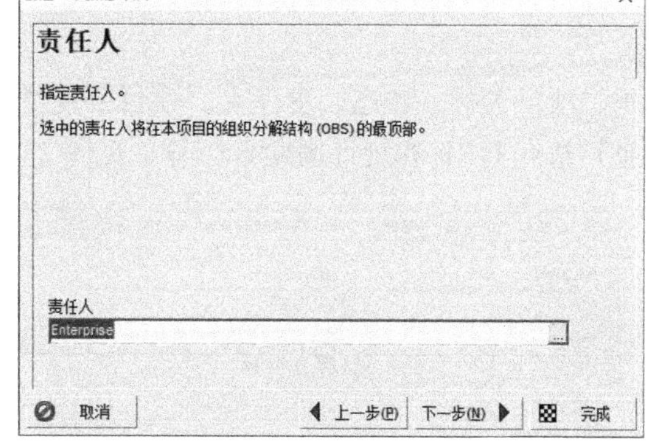

图 2-27　分配项目责任人

由于“CBD”项目工期计划目前没有加载资源，后续步骤可以省略。直接点击“完成”，结束新项目的创建。

设置项目详情及默认设置

1. 自定义项目详情的标签页

创建项目后，需要在项目详情表中进行项目默认的设置。例如，在默认页面选择项目的日历、作业代码的编码规则等信息。如果项目详情没有显示在窗口底部，可以通过菜单“显示/显示于底部/详情”，将“项目详情表”显示在窗口底部，见图 2-28。

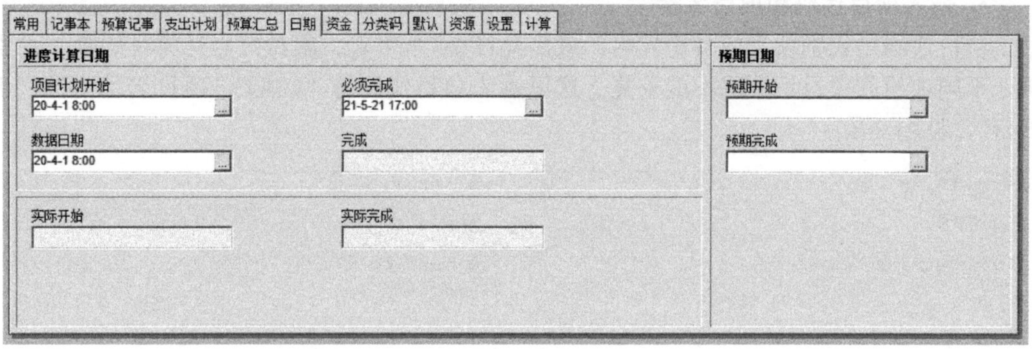

图 2-28　项目详情表

项目详情表页面包括常用、记事本、预算记事、支出计划、预算汇总、日期、资金、分类码（项目分类码）、默认、资源、设置和计算页面。项目详情表的页面显示可以通过在详情表区域单击鼠标右键，在弹出的快捷菜单中选择“自定义项目详情表”进行页面的设置。这里将除“用户定义字段”之外的所有可用标签页都设置为显示标签页，见图 2-29。这里仅对与工期相关的页面进行设置。

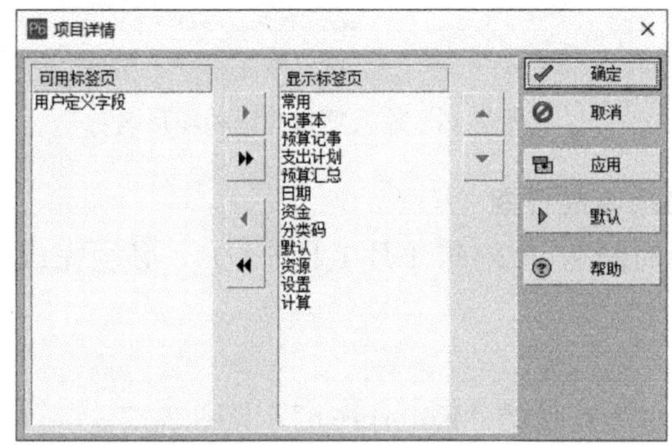

图 2-29　自定义项目详情

2. 常用页面的设置

“项目详情表”的“常用”页面可以输入与修改项目的常用信息，包括项目代码、项目名称、状态、责任人、项目平衡优先级、签出状态（Check-out）、项目 Web（信息）站点 URL 和统计周期日历等，见图 2-30。

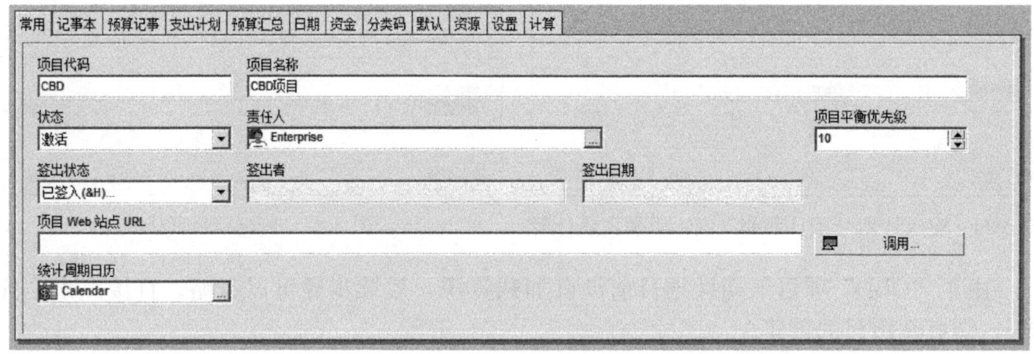

图 2-30　“项目详情-常用”页面

“常用”页面下各个选项的含义为：

① 项目平衡优先级：可以输入 1～100，用于表明项目在企业中的重要性。当多个项目竞争同一资源时，可以选择按照“平衡的优先级”进行平衡。这里将项目平衡优先级设定为“10”。

② 状态：项目状态包括激活、计划、模拟分析和未激活四种，见图 2-31。这里将项目状态设定为“激活”。

图 2-31　项目状态

项目状态相当于一个项目分类码，可以在项目窗口和作业窗口显示项目状态栏位，但是在资源分配窗口不可以显示该栏位。可以利用“项目状态”对项目进行分组和排序。当然，项目状态字段也有一些其他功能。例如，处于模拟分析状态（What-if）的项目在制作资源使用直方图或剖析表时，可以设定不汇总模拟分析状态的项目。同时，在创建反馈项目时，反馈项目自动设定为模拟分析状态。这里将项目状态设置为“激活”。

③ 签出状态：表示项目的签入和签出状态，处于签出状态的项目无法进行编辑工作，见图 2-32。这里需要编辑项目的基本信息，因此将签出状态设置为“已签入”。

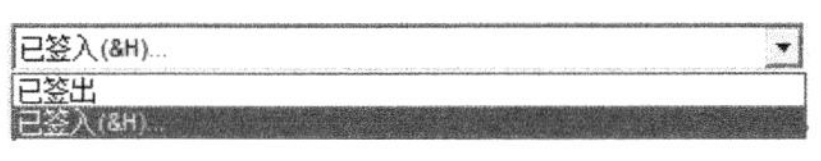

图 2-32　项目签出状态

④ 责任人：通过点击“浏览”打开“选择责任人”对话框，在该对话框给项目分配责任人。分配责任人主要是在多用户环境下设置不同用户以及部门对项目的存取权限，实现组织分解结构（OBS）与项目以及 WBS 的关联。这里保持责任人为默认的“Enterprise”。

⑤ 项目 Web 站点 URL：项目 Web 站点的位置，点击“调用”可以直接调用项目的 Web 站点。这里将不设置项目 Web 站点 URL。

项目详情表的常用页面在这里的设置可以参见图 2-29。其中，统计周期日历与工期计划无关，在这里不需要设置，保留其默认选择即可。

3. 日期页面

在项目详情表中选择“日期”页面进行项目日期信息的输入与修改。其中，包括计划开始、数据日期、必须完成日期、预期开始与预期完成日期等。在做计划之前可以输入项目的预期开始日期和预期完成日期，作为计划的参照日期，等到为项目增加作业后，预期开始日期和预期完成日期将对进度计算不起作用，新增作业时，作业的开始日期和完成日期将按照数据日期进行进度安排，同时还要考虑默认的日历的限制。

这里的项目计划开始日期、数据日期以及预期开始日期都是 2020 年 4 月 1 日 8：00，同时设定项目必须在 2021 年 5 月 21 日 17：00 完成，见图 2-33。

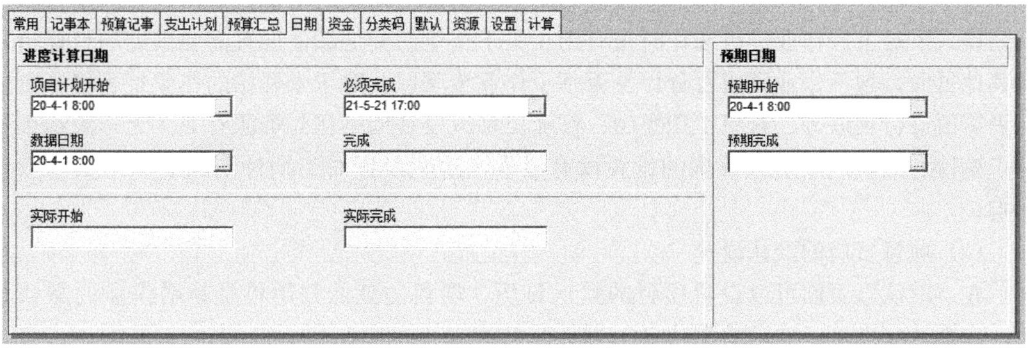

图 2-33　“项目详情-日期”页面

4. 记事本页面

在项目详情表中的“记事本”页面可以输入项目概况、项目合同文件、质量要求以及安全要求等内容。“记事本”在“管理类别”中进行定义，可以输入文本文件，也可以建立图片格式文件的链接。

这里点击“记事本”页面左下方的“增加”，在打开的“分配记事本”对话框中选择“Description”，单击分配“ ”，分配给当前项目，见图 2-34。在“记事本”页面左侧“记事本主题”框中选中“Description”，点击“记事本”页面下方的“修改”，在弹出的“CBD 项目-Description”对话框中输入“该项目为 EPC 总承包项目，项目计划开始日期为 2020 年 4 月 1 日，项目要求的完工日期为 2021 年 5 月 21 日”。

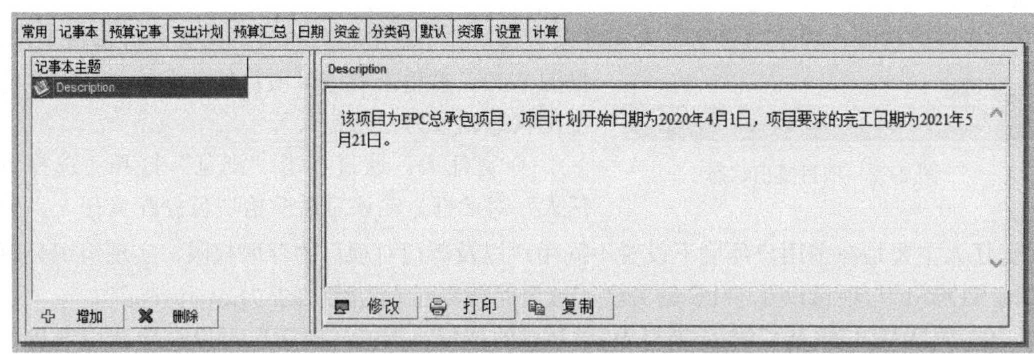

图 2-34 “项目详情-记事本”页面

5. 默认页面

在项目详情表的“默认”页面可以设置新增作业的默认设置、费用科目的默认设置以及项目日历的默认设置。

（1）作业的默认设置

在“默认”页面可以设置新增作业的默认设置，包括作业类型、工期类型、作业完成百分比类型以及新增作业的作业代码的默认设置。在默认状态下，默认的作业类型为“固定工期和资源用量”，默认的完成百分比类型为“工期”，默认的作业类型为“任务相关”。默认的作业代码前缀为“A”，增量为“10”。如果标记了“作业代码的增量基于选中的作业”，则在增加作业时新增作业的作业代码等于选中作业的作业代码加上设定的增量，否则新增作业的作业代码等于当前作业代码的最大值加上设定的增量，这一设置对于在多极计划模式下对上层作业进行细化时很有用。关于作业的其他默认设置需要借助项目详情表的其他页面，包括作业完成百分比是否基于作业步骤以及对于未开始的作业是否将原定值与尚需值进行关联等。这里工期类型、作业类型以及费用科目与资源有关。无资源约束下的工期计划的编制对这些数据的设置没有要求，这些设置对工期计划的编制结果不产生影响。

（2）项目日历的默认设置

在“默认”页面可以设置项目的默认日历，项目的默认日历将是新增作业的默认日历。在默认状态下，项目的默认日历为所在 EPS 节点的默认日历。

这里将新作业默认值和自动编码默认值保持原有的默认值，将默认的日历设置为“七天工作制”，见图 2-35。

图 2-35　“项目详情-默认”页面

6. 设置页面

在项目详情页面中选择“设置”页面来设置项目中汇总数据的 WBS 层级、WBS 分隔符、财务年度开始月份、计算赢得值的基线以及关键作业的定义。在默认状态下，项目的关键作业是以总浮时小于或等于 0 的作业。

这里将汇总数据设置汇总到 WBS 层次为 2，WBS 跨层的分隔符设置为“.”，财务年度开始于一月的第一天，设定用项目基线计算赢得值，并设定关键路径的作业为总浮时小于或等于 15d（显示为 120h）的作业，见图 2-36。

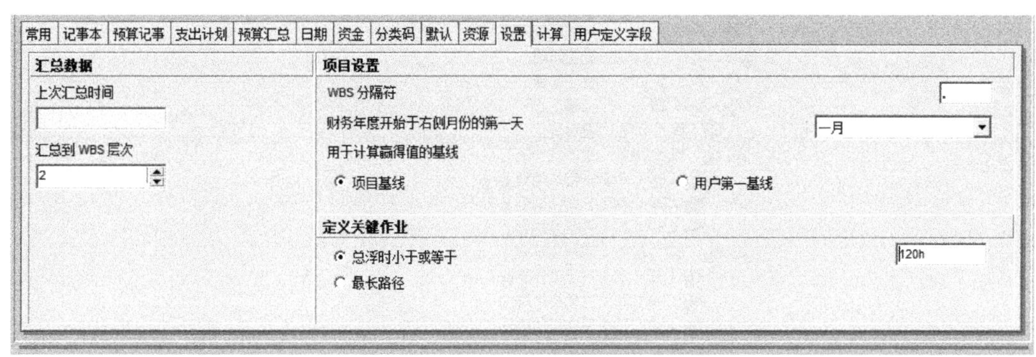

图 2-36　“项目详情-设置”页面

2.4　定义 WBS

实验目的

➢ 熟悉创建工作分解结构（WBS）；
➢ 熟悉编辑 WBS 与无资源加载的进度计划相关的详情。

实验内容

➢ 为“CBD”项目定义 WBS；

➢ 编辑“CBD”项目与无资源加载的进度计划相关的 WBS 详情。

1. 定义 WBS 层次结构

项目的默认信息定义后，通过单击工具栏中的“■”或者选择“项目/WBS”菜单，切换到工作分解结构（WBS）窗口，为新建立的“CBD”项目定义 WBS 层次结构。通过单击鼠标右键“✚增加（A)”命令或者选择右侧工具栏上的“✚”，为“CBD”项目建立 WBS 编码和结构。建议一层一层地创建 WBS，鼠标选择根节点“CBD”创建下层 WBS，然后选择“设计阶段”节点，创建下层 WBS。如果在创建 WBS 的过程中出现层次紊乱，可以通过右侧工具栏的“⇧、⇩、⇦、⇨”调节上下和左右层次结构。点击单元格“WBS 分类码”可以将 WBS 视图处于树形“▯”状态，见图 2-37。

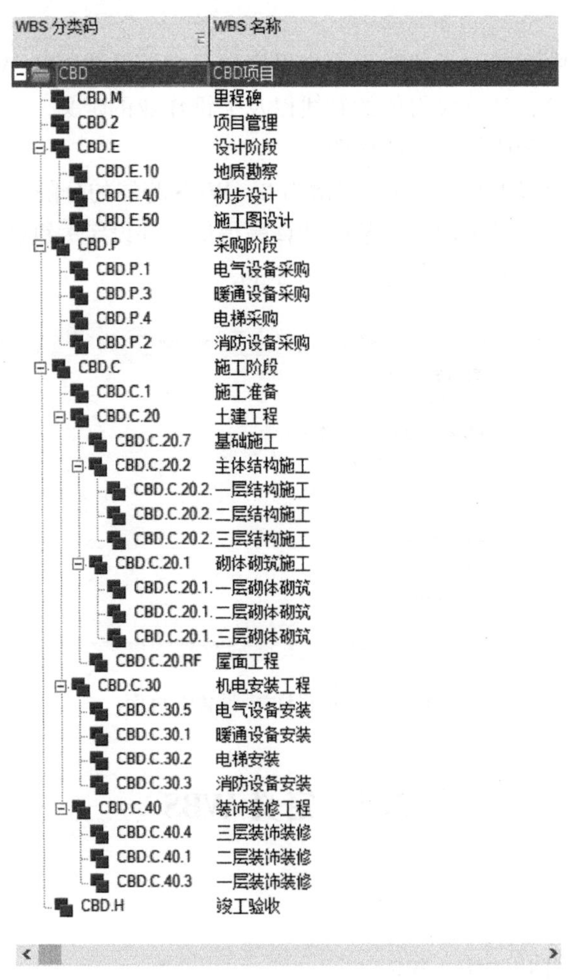

图 2-37 创建工作分解结构（WBS）

2. 设置 WBS 详情

在完成工作分解结构的创建后，进入“WBS”窗口，利用“WBS 详情表”中的各个页面继续定义与修改相关信息。依次选择菜单“项目/WBS”，打开“WBS”窗口后，选择要进行详情定义或修改的工作包。选择菜单“显示/显示于底部/详情”，打开“WBS 详情表”，见图 2-38。这里将点选 WBS 窗口左侧视图的 WBS 列表中分类码为“CBD. E”和“CBD. C”的工作进行相应的详情设置。

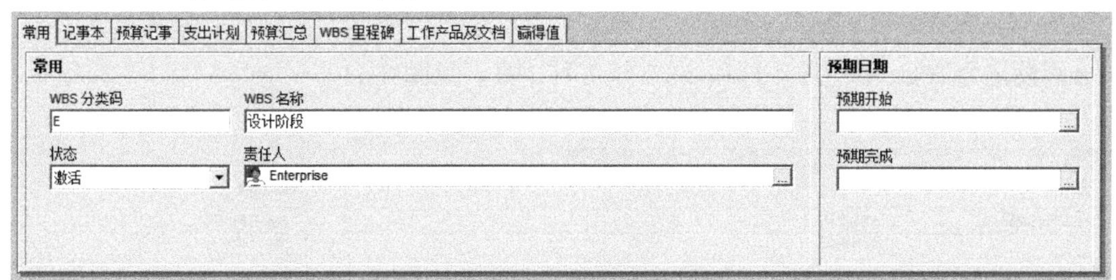

图 2-38　WBS 详情表

WBS 详情表页面包括常用、记事本、预算记事、支出计划、预算汇总、WBS 里程碑、工作产品及文档和赢得值。WBS 窗口的根节点为项目，可以通过 WBS 的详情页面定义项目层面的一些默认设置和数据。WBS 详情表的页面可以通过在 WBS 详情表区域单击鼠标右键，在弹出的快捷菜单中选择“自定义 WBS 详情”，在弹出的“WBS 详情”对话框中进行页面的选择和设计。这里将除“用户定义字段”以外的所有可用标签页都设定为显示标签页，见图 2-39。

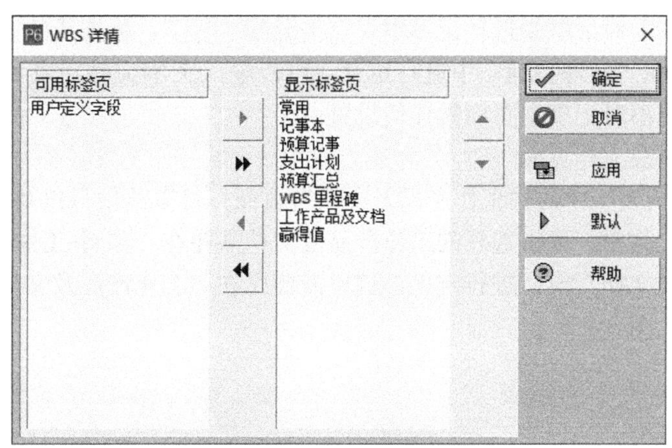

图 2-39　自定义 WBS 详情

（1）常用页面

在默认状态下，“WBS 详情表”显示的页面即为“常用”页面（图 2-35），在“常用”页面可以输入与修改项目的常用信息，包括 WBS 分类码、WBS 名称、状态、责任人和预期日期等。

“常用”页面下各个标注选项的含义为：

① 状态：工作状态包括激活、计划、模拟分析和未激活四种，见图 2-40。这里将“CBD. E”的状态设定为“激活”。

② 责任人：通过点击“浏览”打开“选择责任人”对话框，在该对话框给工作分配责任人。这里将设定“CBD. E”的责任人为默认的“Enterprise”，见图 2-38。

图 2-40　工作状态

③ 预期日期：设置工作预期开始与预期完成的日期。为工作设置预期开始日期和预期完成日期，在 WBS 创建阶段是有用的。该数据可以为增加作业提供指导，当有新的作业增加时，该数据将失效。这里将“CBD. E”的预期开始和预期完成日期分别设定为 2020 年 4 月 1 日和 2020 年 7 月 1 日，见图 2-41。

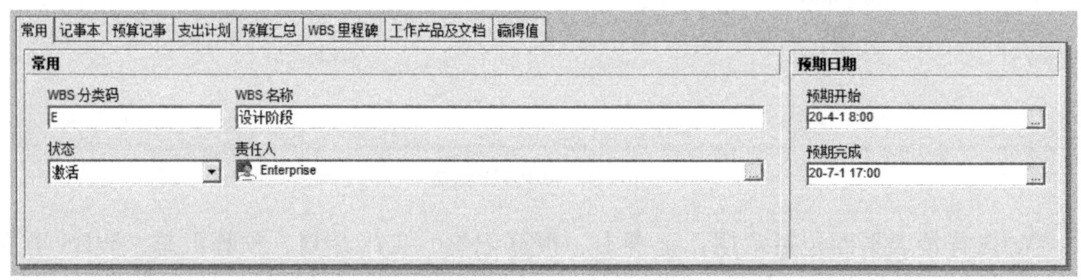

图 2-41　设置 WBS 的预期开始和预期完成日期

（2）记事本页面

在“WBS 详情表”中的“记事本”页面，可以为每一个 WBS 增加记事本以反映工作概况、质量要求及安全要求等内容。增加记事本：点击“记事本”页面的“增加”，在打开的“分配记事本”对话框中选择记事本，点击分配“”，将选择的记事本分配给当前项目。“记事本”在“管理类别”中进行定义，可以输入文本文件，也可以建立图片格式文件的链接。这里不对记事本页面做任何设置。

（3）工作产品及文档页面

在“WBS 详情表”中的“工作产品及文档”页面，可以给项目以及指定的 WBS 分配工作产品及文档。其中，可供选择的工作产品及文档需要在“项目-工作产品及文档”中，打开“工作产品及文档”窗口进行定义。这里需要先在“工作产品及文档”窗口中新建工作产品及文档，见图 2-42。

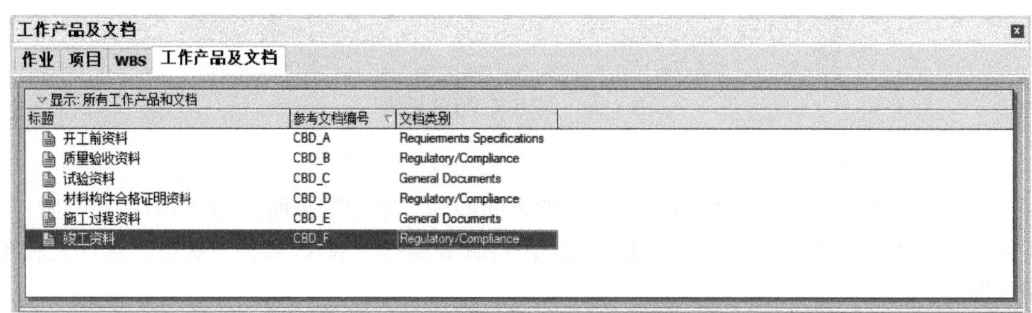

图 2-42　新建工作产品及文档

然后在 WBS 窗口左侧的 WBS 列表中选择 WBS 节点“施工阶段”，点击 WBS 详情的工作产品及文档页面下方的“分配”，在弹出的“分配工作产品及文档”对话框中，分配施工指导书、施工方案及施工规范等文档，见图 2-43。

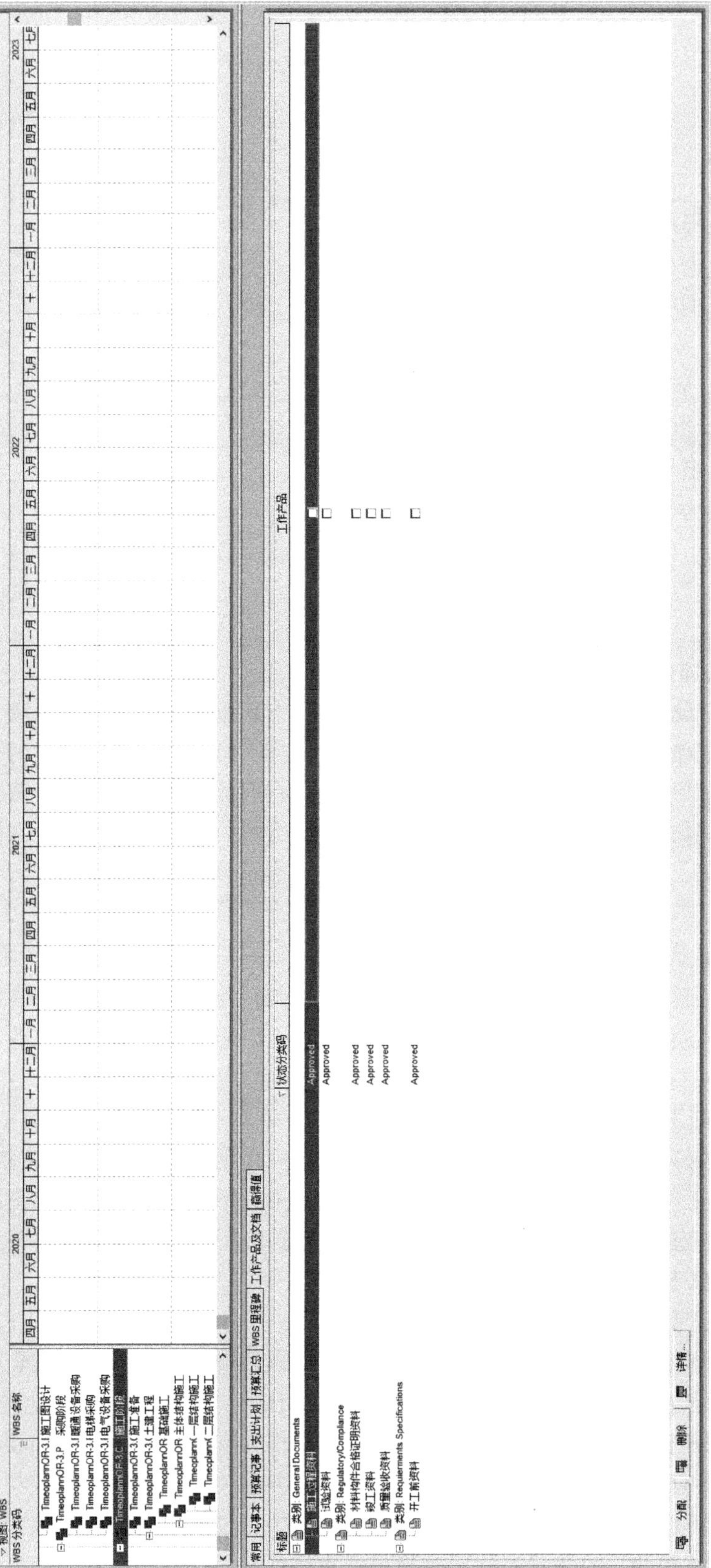

图 2-43　工作产品及文档页面

2.5 增加作业

实验目的

➢ 熟悉利用向导增加作业；
➢ 熟悉在作业窗口增加作业；
➢ 熟悉在网络图中增加作业，熟悉调整作业日历等。

实验内容

➢ 利用向导为“CBD”项目增加作业；
➢ 在“作业”窗口为“CBD”项目增加作业；
➢ 在网络图中为“CBD”项目增加作业；
➢ 调整“CBD”项目的作业日历及其他默认信息。

实验步骤

1. 利用向导增加作业

在“编辑/用户设置”窗口的“助手”页面中选定“使用新作业向导”选项，可以按以下步骤打开新作业向导为“CBD”项目的工作分解结构（WBS）增加必要的作业。点击工具栏中的“▬”或者依次选择“项目/作业”，切换到作业窗口中。在视图顶部左侧表的范围单击鼠标右键，在弹出的快捷菜单中选择“✚增加（A）”或者点击右侧工具栏上的“✚”增加作业。这里所需增加的作业可以参见表 2-1，具体步骤以“地质初勘”作业为例：

（1）输入作业代码和作业名称

作业代码是识别作业的身份代码，P6 默认作业代码以字母 A 开头，后续为 4 位数字，从 1000 开始。通过新作业向导增加作业时，可以人工输入作业代码和作业名称，见图 2-44。

（2）选择对应的工作分解结构（WBS）元素

项目中的作业必须在某一个工作分解结构（WBS）元素下，因此在创建新作业时，必须指定其所在的工作分解结构（WBS）元素。通过点击“浏览”，可以在弹出的“选择 WBS”窗口指定相应的工作分解结构（WBS）元素。这里为作业“地质初勘”点选对应的 WBS 节点“CBD. E. 10”，见图 2-45。

（3）选择作业类型

在作业类型选择中，P6 设置了六类作业类型，即开始里程碑、完成里程碑、WBS 汇总、资源相关、任务相关、配合作业。配合作业和 WBS 作业的工期与其他作业有关。WBS 作业汇总 WBS 节点下的作业工期。配合作业经常作为支持性作业，例如项目管理工作。配合作业需要和其他作业设置一定的逻辑关系。任务相关与资源相关作业与资源的分配有关。开始里程碑作业和完成里程碑作业是某些项目执行过程中的一些事件，不消耗资源。这里作业“地质初勘”的作业类型选择为“任务相关”，见图 2-46。

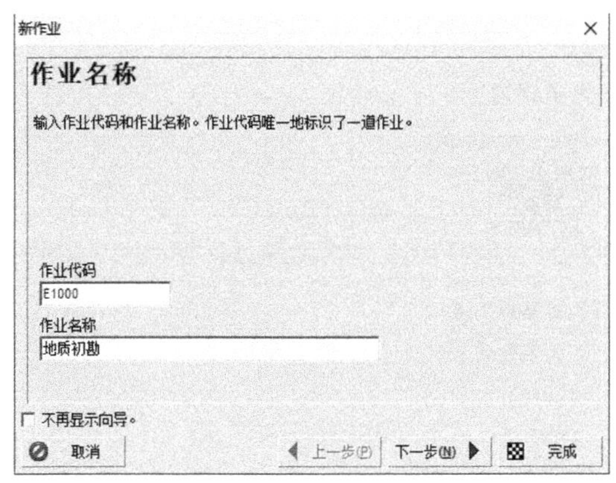

图 2-44　输入作业代码和作业名称

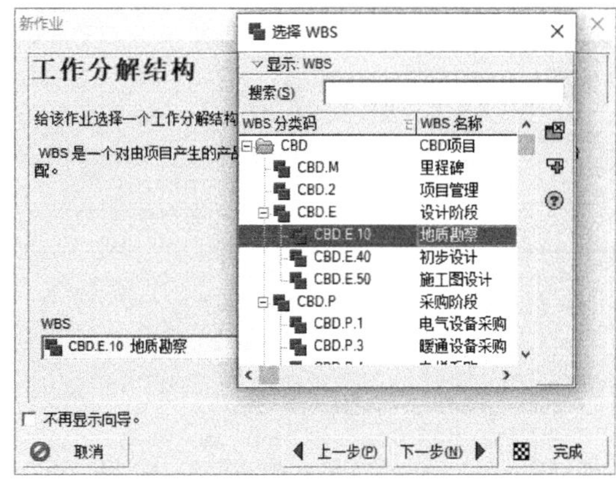

图 2-45　选择对应的 WBS 元素

接下来任务相关的作业会进入分配资源、选择工期类型等步骤，这些步骤的设置与资源相关，工期计划的制定与这些设置没有关系。所以点击“下一步”，选择默认的设置即可。

（4）估计作业量和工期

在创建新作业时，可以为新作业填写估计的工期，见图 2-47。

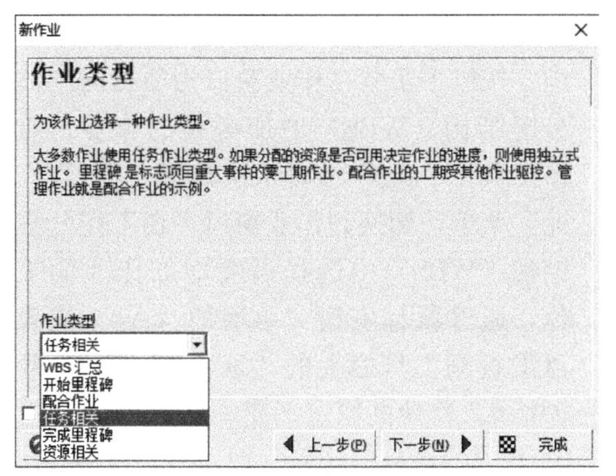

图 2-46　选择作业类型

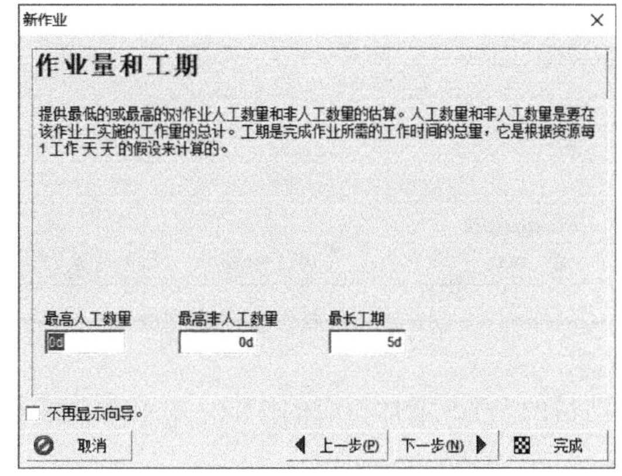

图 2-47　估计作业量和工期

（5）分配紧前和紧后作业

在创建新作业时，可以同时为新作业分配紧前和紧后作业。在使用 P6 时，我们通常会在作业页面批量设置作业之间的逻辑关系，因此这里点击“下一步”，跳过这些设置即可，见图 2-48。

（6）配置更多的作业详情

在通过作业向导创建新作业时，可以为新作业配置更多的作业详情，包括项目其他费用、作业分类码、工作产品与文档。因此这里点击“下一步”，跳过这些设置即可，见图 2-49。

（7）完成新作业添加

点击“完成”，利用作业向导创建作业任务即可完成，见图 2-50。

利用向导形成新作业，步骤烦琐，工期计划制定过程中作业工期数据的加载，可以直接在作业窗口添加作业。这里勾选“不再显示向导”，后续的作业添加将在作业窗口直接

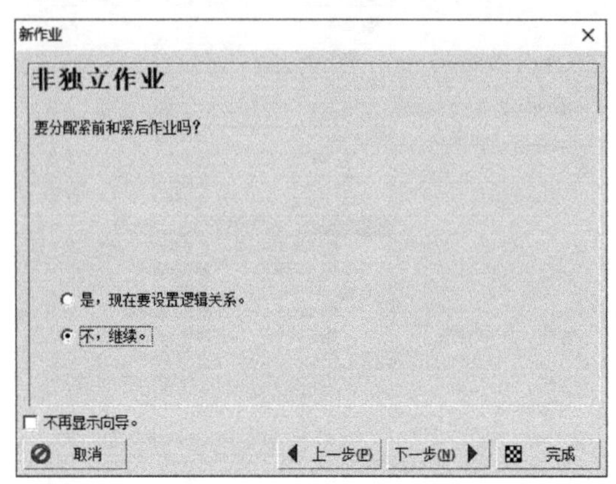

图 2-48　分配紧前和紧后作业

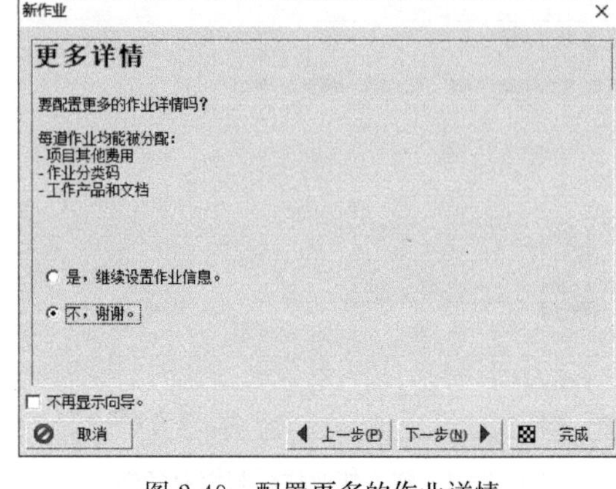

图 2-49　配置更多的作业详情

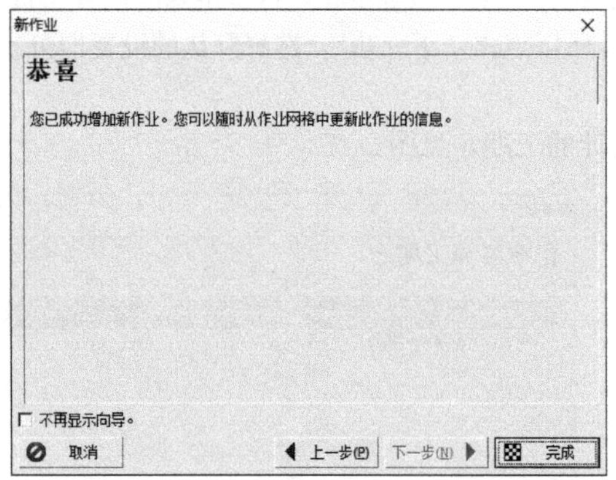

图 2-50　新作业创建完成

增加作业。

2. 在“作业”窗口增加作业

取消利用作业向导增加作业，还可以通过“编辑/用户设置”窗口的“助手”页面，取消选定“使用新作业向导”选项。按以下步骤在作业窗口为项目的工作分解结构（WBS）增加必要的作业。点击工具栏“▭”或者依次选择“项目/作业”菜单，切换到作业窗口，在工作分解结构（WBS）中选择需要增加作业的工作，通过鼠标右键“✚增加（A）”或者点击右侧工具栏上的“✚”，可以为打开项目的 WBS 增加相应的作业，并在原定工期栏位中录入作业的原定工期，见图 2-51。

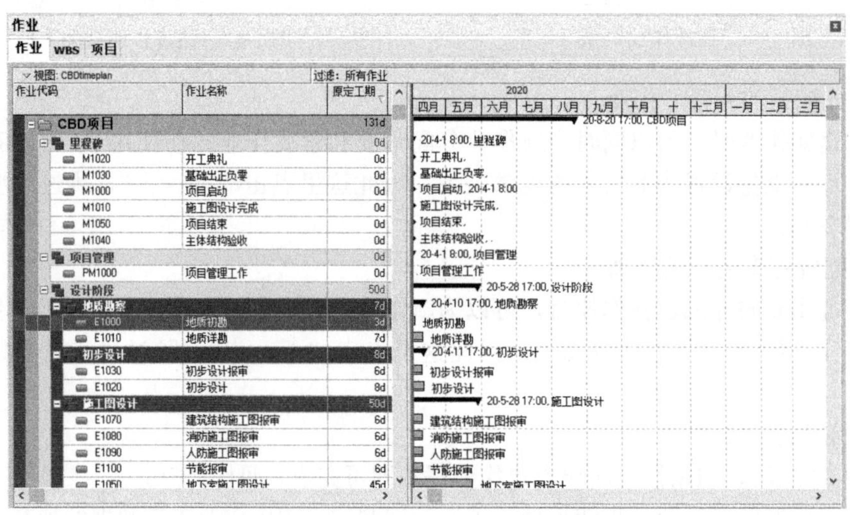

图 2-51　在“作业”窗口增加作业

3. 在网络图中增加作业

通过点击作业窗口工具栏中的“网络图”工具，将视图区切换到网络图，在网络图中可以通过单击鼠标右键的下拉菜单增加新作业，并编辑作业的详情数据，包括增加作业、分配作业的逻辑关系等，见图 2-52。

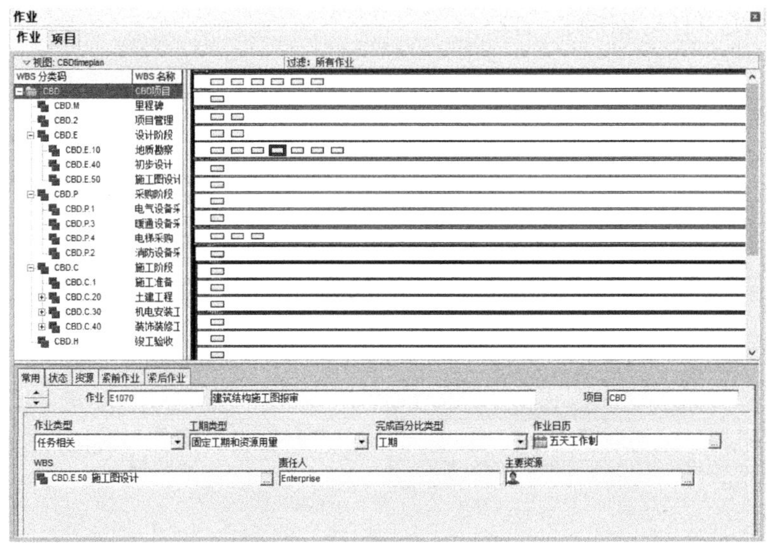

图 2-52　在网络图中增加作业

4. 作业日历及其他信息的调整

作业的日历在默认状态下是项目的默认日历。如果对部分作业改变日历，需要在作业详情表“常用”页面为选择的作业重新分配日历。这里在作业列表中点选作业代号为“E1030”的“初步设计报审”，在作业详情表“常用”页面为该作业重新分配日历为“五天工作制”，见图 2-53。

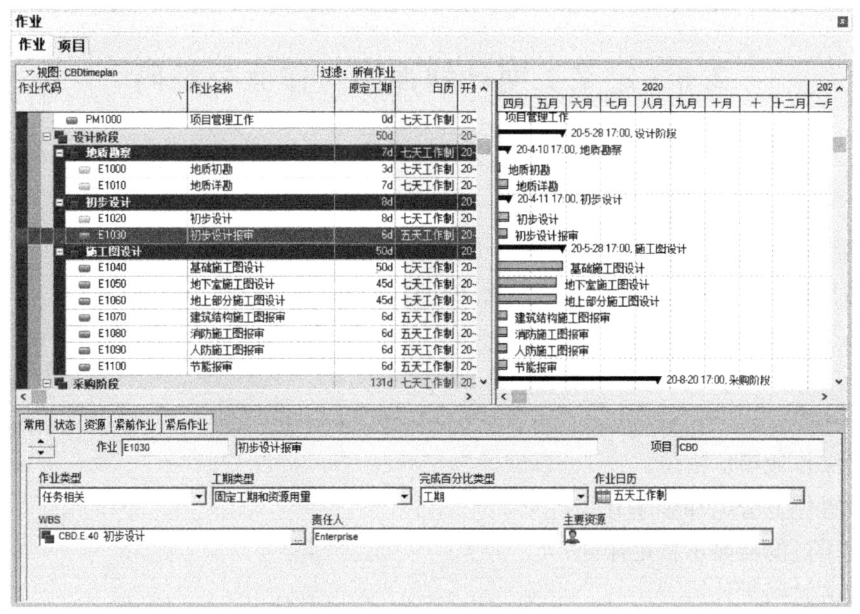

图 2-53　调整作业日历

这里也可以在作业表格里批量修改作业日历。例如，“施工图设计”包括的报审作业均使用“五天工作制”，可以先给第一道报审作业“建筑结构施工图报审”分配“五天工作制”日历，然后选择“建筑结构施工图报审”下方所有需要分配“五天工作制”日历的作业，单击鼠标右键，在弹出的快捷菜单中选择“向下填充”（图 2-54），即可实现对其他作业快速替换“七天工作制”日历。

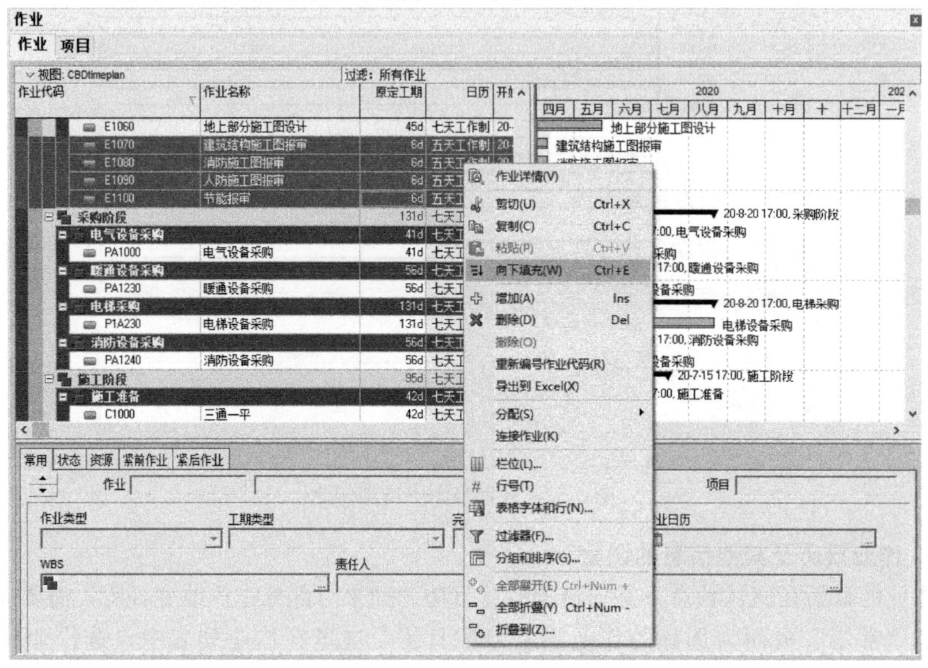

图 2-54　作业日历的快速填充

2.6　定义工期计划视图与作业分类码

实验目的

- 熟悉定义作业窗口栏位的基本方法；
- 熟悉作业视图中分组域排序方式、时间标尺的定制；
- 熟悉作业分类码的定义与分配。

实验内容

- 定义作业窗口栏位；
- 设置作业分组和排序方式；
- 使用过滤器显示特定作业；
- 定义时间标尺；
- 为“CBD”项目定义“计划层次”作业分类码。

1. 定义作业窗口栏位

在作业表格中可以输入作业的基本信息，首先需要设定作业表格中显示的栏位，栏位的设置可以在作业表格区域中单击鼠标右键，在快捷菜单中选择“栏位”，打开“栏位”对话框。无资源约束下工期计划的视图数据一般包括作业代码、作业名称、日历、原定工期、开始、完成、最早开始、最早完成、最晚开始、最晚完成、总浮时及自由浮时，见图 2-55。点击“确定”，将选择的栏位字段应用到作业表格的栏位显示中。

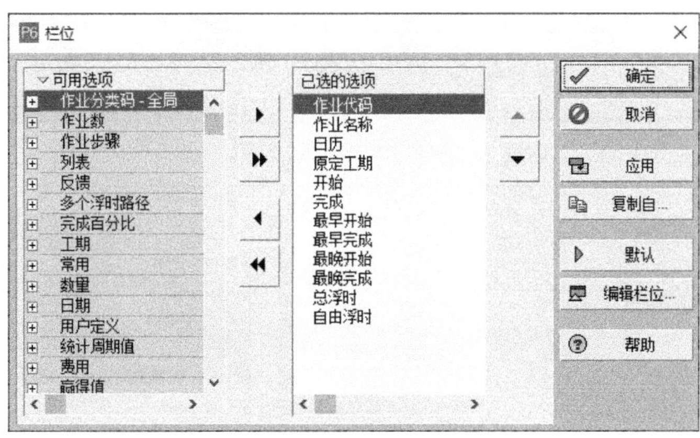

图 2-55　“栏位”对话框

上述数据可以按照 WBS、关键作业、限制条件、总浮时等进行分组显示不同类别的数据。这里对“CBD”项目数据的分组和排序方式设定为 WBS，同时显示“分组总计”。这里通过“时间标尺”对话框，对时间标尺进行设置，采用两行时间标尺格式，显示主要日期类型为日历，日期间隔为季/月，结果见图 2-56。

图 2-56　作业视图的定制

2. 打开“作业分类码”对话框

作业分类码的定义通过依次选择“企业-作业分类码”，打开“作业分类码”对话框进行定义，见图 2-57。

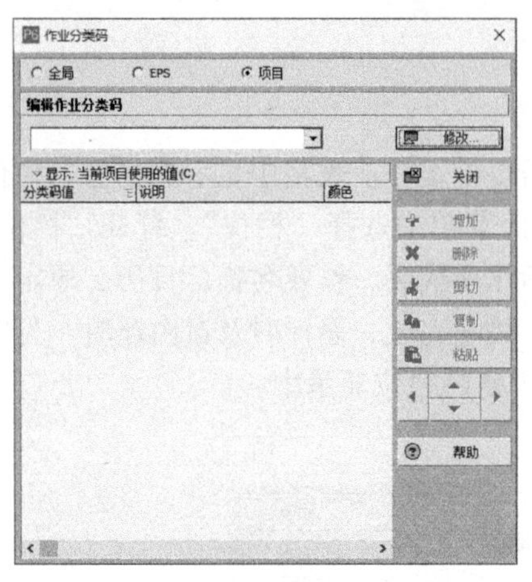

图 2-57 “作业分类码”对话框

3. 定义计划层次分类码

创建“计划层次”分类码的具体步骤为：

① 选择作业分类码的类型，这里为项目设定专属分类码，因此选择“项目”，点击“修改”，弹出“作业分类码定义-项目”对话框，点击该对话框右侧的“增加”，并在左侧的作业分类码列表框中将新作业码改名为“计划层级”，见图 2-58。点击“关闭”返回“作业分类码”对话框。

② 选择“计划层次”分类码，点击“增加”，并在左侧计划层级列表框中设定分类码的码值及层次结构（可以通过对话框右下方的方向箭头调整选中的分类码层级），见图 2-59。

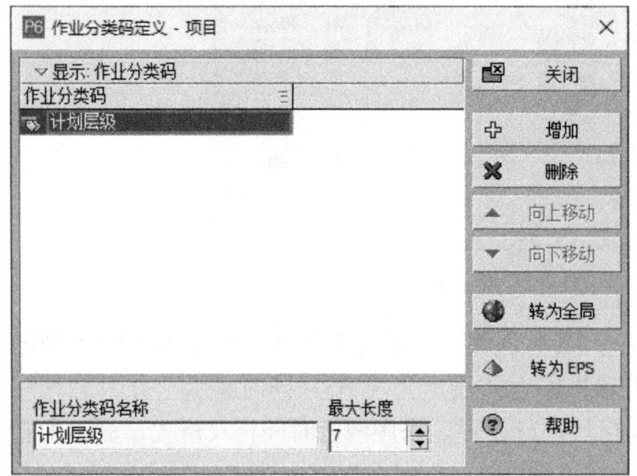

图 2-58 “作业分类码定义-项目”对话框

图 2-59 设定分类码的码值及层次结构

2.7 设置作业逻辑关系，进行进度计算

实验目的

- 熟悉通过作业详情表的“逻辑关系”页面设置作业逻辑关系；
- 熟悉通过横道图或网络图设置作业逻辑关系；
- 熟悉无资源加载的项目的进度计算过程。

实验内容

- 利用作业详情表的“逻辑关系”页面为“CBD”项目设置作业逻辑关系；
- 利用横道图或网络图为“CBD”项目设置作业逻辑关系；
- 计算“CBD”项目的进度；
- 重新定义项目的关键作业。

设置作业逻辑关系通常有两种途径。

1. 利用作业详情表

设置作业逻辑关系可以通过作业详情表中“逻辑关系”页面的“紧前作业”框或“紧后作业”框为选中的作业分配逻辑关系，可以分配作业的紧前作业并编辑它们之间的逻辑关系类型和延时，见图 2-60。这里根据表 2-1 为“CBD”项目所有的作业设置相应的逻辑关系。

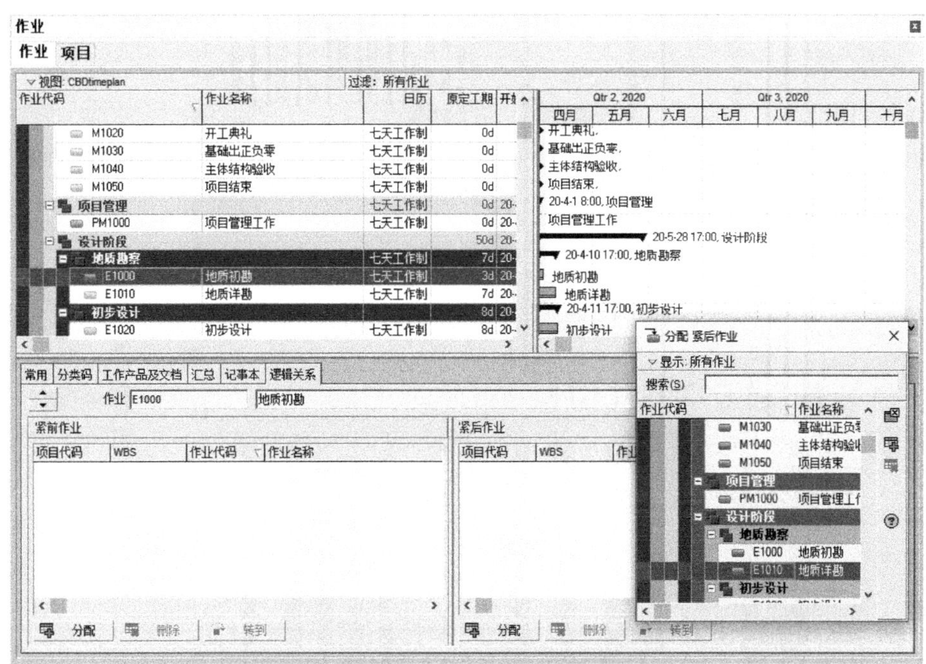

图 2-60　作业详情设置作业逻辑关系

2. 利用横道图或者网络图

这里也可以将鼠标置于紧前作业的适当位置（例如，设置 SS 关系需要将鼠标放置在紧前作业的左侧；如果设置 FS 关系，则需要将鼠标放置在紧前作业的右侧），当出现关系连接符号时，按住鼠标左键并拖动鼠标到紧后作业的指定位置。

3. 执行进度计算

在工具栏中点击“ ”或者依次选择“工具/进度计算”，打开“进度”对话框，见图 2-61。

4. 重新定义关键作业

在项目详情表的“设置”页面右下方重新设定“CBD”项目的关键路径作业为总浮时小于或等于 14d（显示为 112h）的作业，这里的进度计算结果见图 2-62。

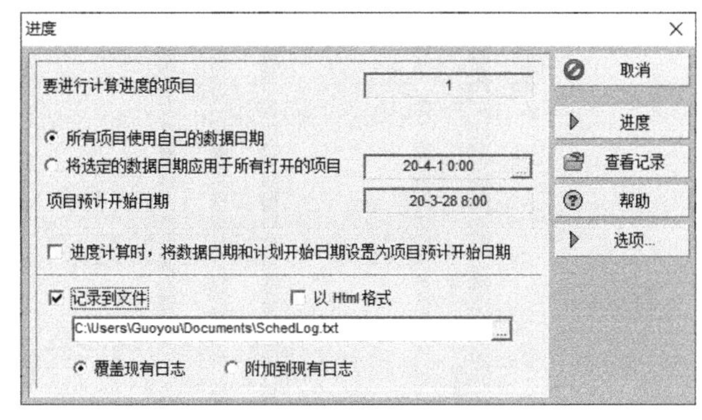

图 2-61　“进度”对话框

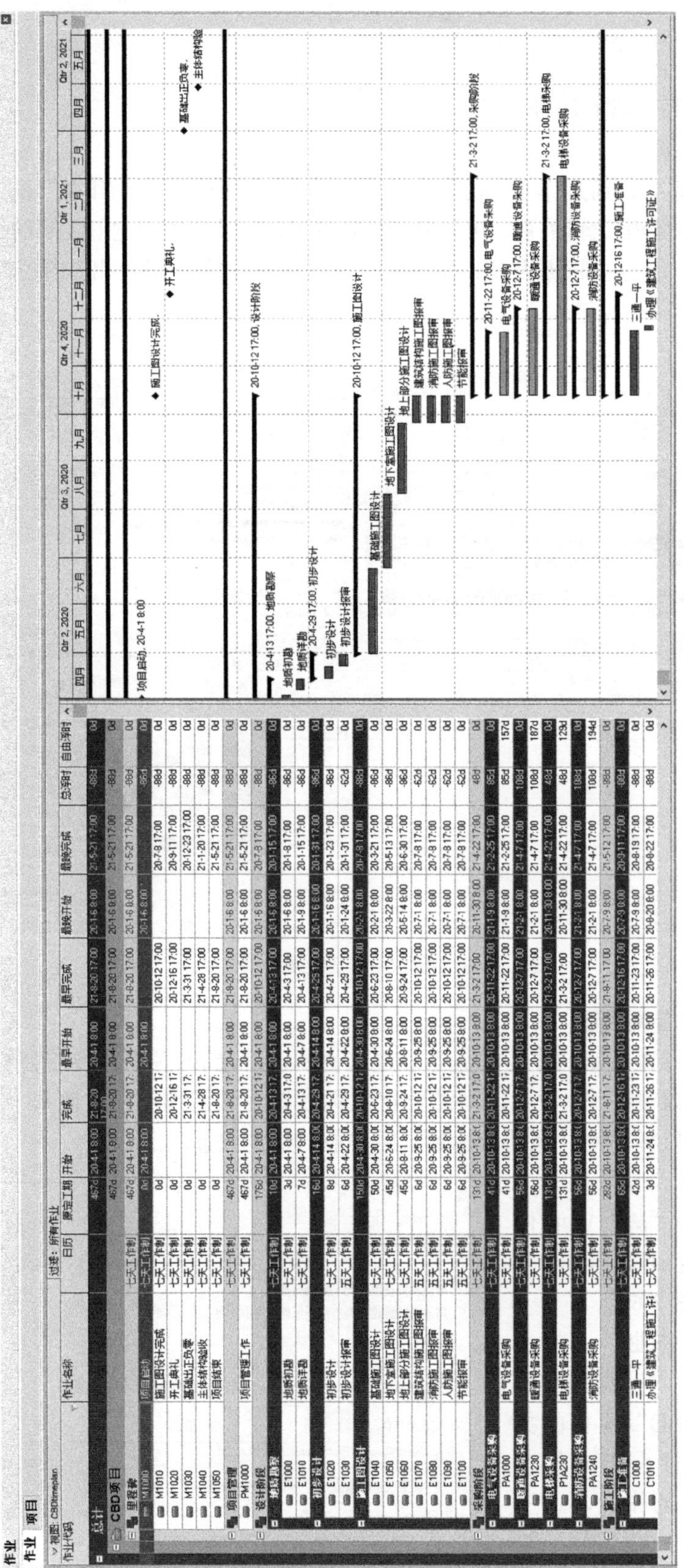

图 2-62 “CBD”项目初始工期计划

2.8　工期计划优化

➢ 熟悉项目工期计划优化的基本方法（压缩工期、修改逻辑关系和增加限制条件）。

➢ 压缩工期；
➢ 修改部分作业之间的逻辑关系；
➢ 增加部分作业的限制条件。

1. 压缩工期

这里将作业代号为“CA1002”的“基础施工”作业的原定工期从 95d 压缩至 87d，负的总浮时从－88 变成－80，有所缓解，见图 2-63。

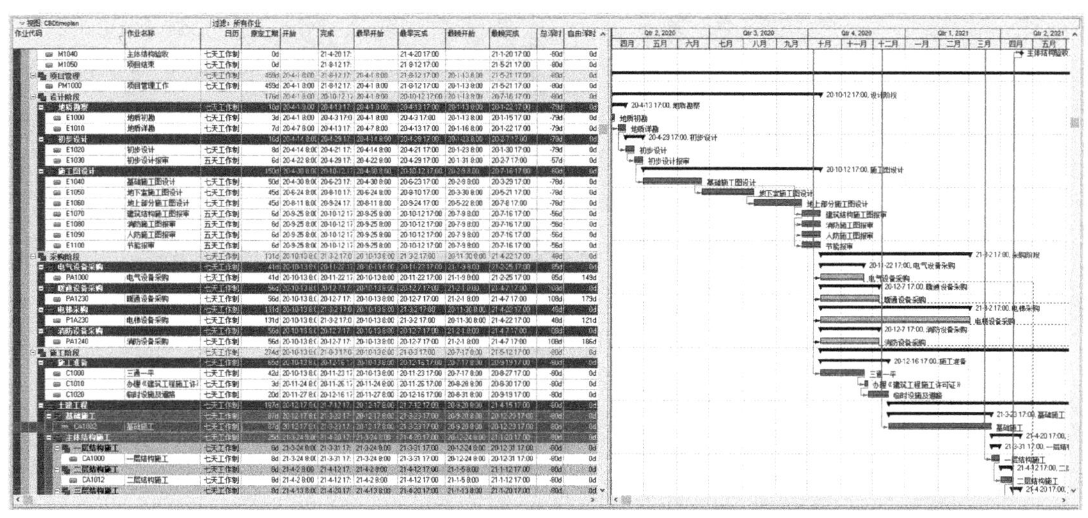

图 2-63　“CBD”项目压缩工期

2. 修改逻辑关系

修改设计作业的逻辑关系，将“基础施工图设计”“地下室施工图设计”和“地上部分施工图设计”的逻辑关系设置为 SS 关系，见图 2-64。

当前项目总浮时为 14d，一年期的项目将关键路径作业保留 14d 的总浮时是合理的。

3. 增加限制条件

项目计划的优化过程是一个逐步迭代的过程，例如对逻辑关系的重构、对延时的修改以及对限制条件的加载，需要综合考量、逐步迭代并最终确定项目的工期基线。在“CBD”

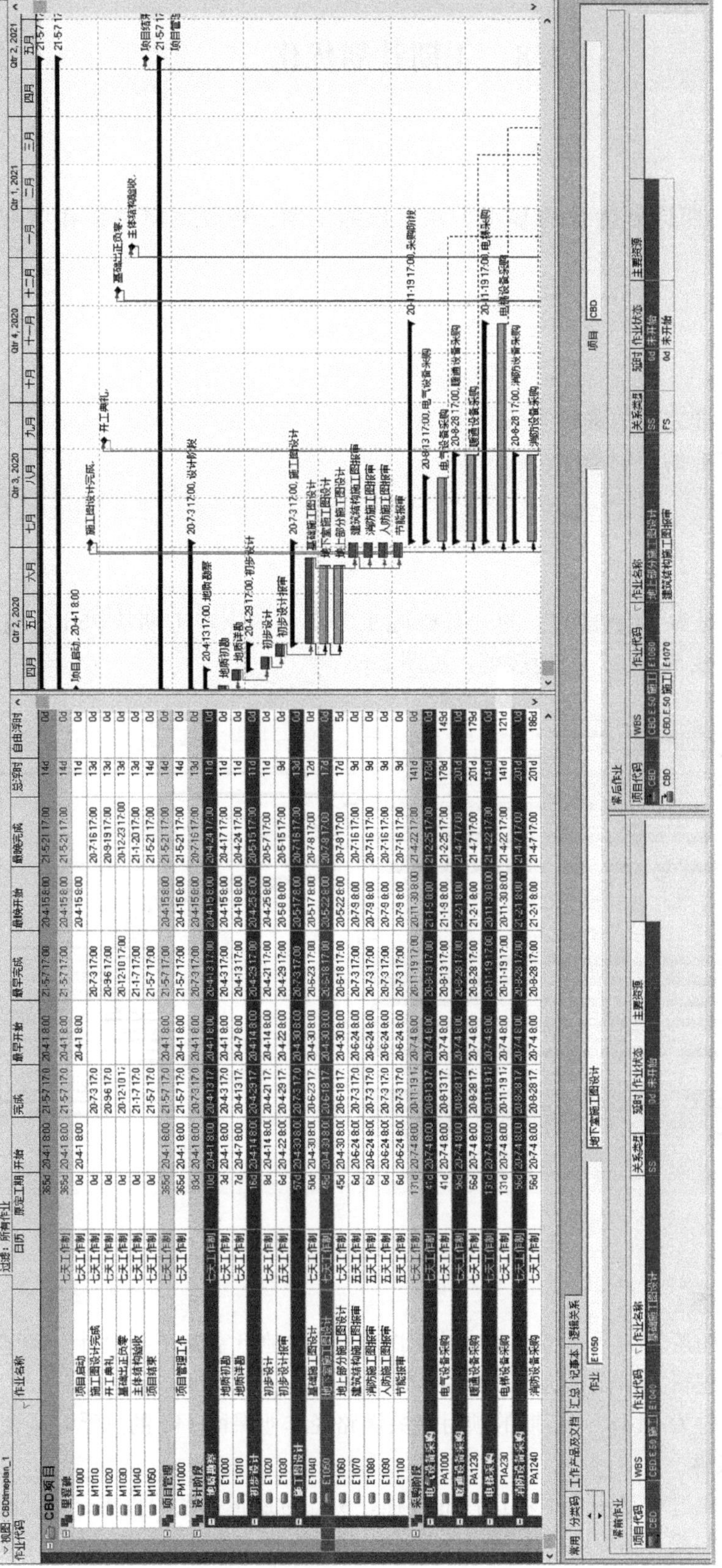

图 2-64 “CBD”项目修改逻辑关系

图 2-65　增加作业逻辑关系的延时

项目中，“施工图设计完成”后即可开展设备招标工作，考虑到这些作业的总浮时很多，过早地安排这些招标采购活动会影响早期的项目成本支出，因此可以增加作业逻辑关系的延时，适当推迟这些设备的招标活动，见图 2-65。

同时，可以通过为作业代号为“A1040”的“电梯安装”作业增加限制条件，推迟该作业的最早开始时间，见图 2-66。

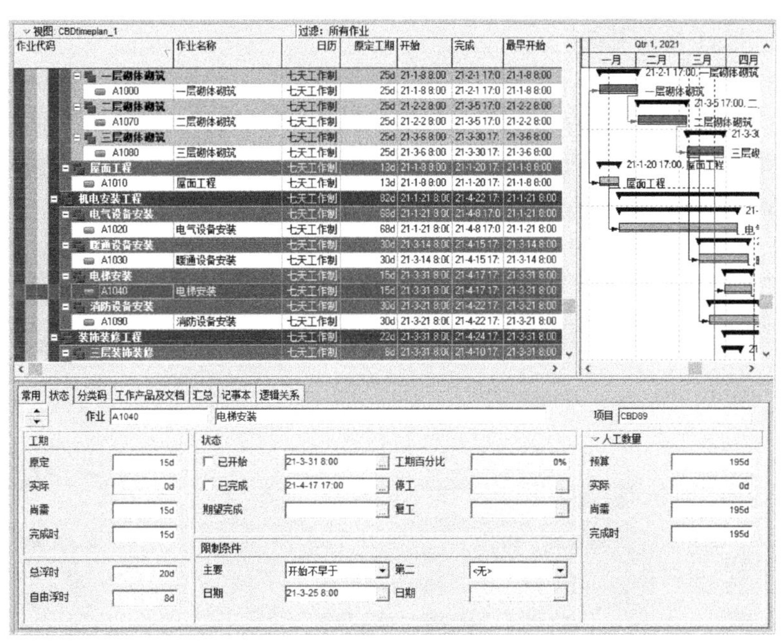

图 2-66　“CBD”项目增加限制条件

在计划编制过程中，可能需要批量修改上述信息。例如对限制条件的批量删除，可以在作业窗口将“第一限制条件”“第二限制条件”显示出来，通过“自动填充”功能进行批量修改。对于延时的批量修改，可以通过将项目作业数据的逻辑关系导出到 Excel，通过对“lag _ hr _ cnt”进行筛选，将拥有延时的作业过滤出来，对该列进行批量数据修改。修改完成后，通过文件“导入”操作，更新原来的项目作业逻辑关系数据。

2.9 项目基线维护与分配

实验目的

- 熟悉项目基线的创建过程；
- 熟悉为项目分配项目基线的操作过程。

实验内容

- 为“CBD”项目创建新的项目基线；
- 为“CBD”项目分配项目基线。

1. 创建项目基线

创建项目基线的步骤为：

① 打开要为其创建基线的项目：“CBD”项目；

② 选择“项目-维护基线”；

③ 点击“增加”。

④ 选择“把当前项目另存为一个副本作为新基线”，然后点击“确定”。

⑤ 在“维护基线”对话框的基线名称框中输入“CBD 项目-B1”；选择基线类型为“Management Sign-Off Baseline”，见图 2-67。

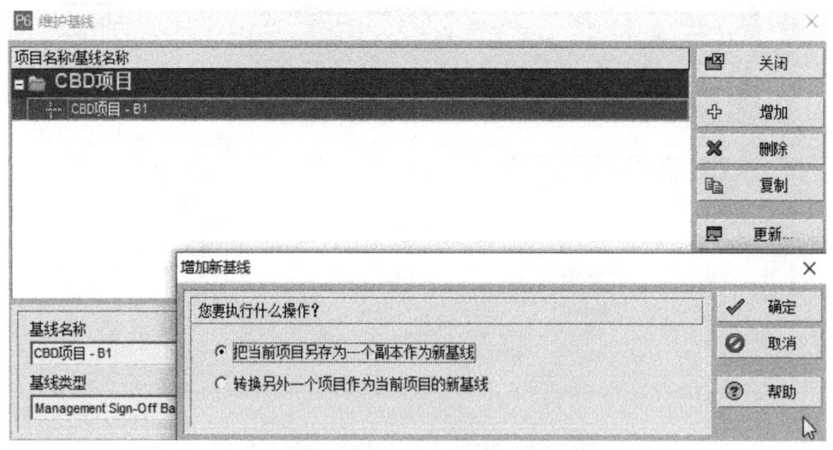

图 2-67 “CBD”项目创建项目基线

2. 分配项目基线

P6 可以分配给当前项目四个基线，即项目目标基线和三个用户目标基线。其中项目基线往往是利益相关方批准的进度计划，用于进度和成本计算以及偏差分析。项目管理团队可以创建用于编制计划、跟踪项目进展的用户基线。

打开“CBD”项目，然后为其分配基线。分配基线的步骤见图 2-68。

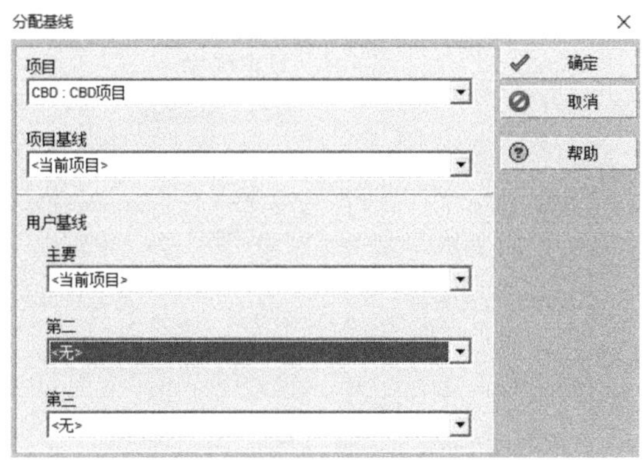

图 2-68　“CBD”项目分配项目基线

① 选择“项目/分配基线”。当打开多个项目时，需要选择分配基线的项目；

② 在“项目”字段中，选择要为其分配第一基线的项目：“CBD：CBD 项目”；

③ 在“第二”和“第三”字段中，选择当前项目的现有基线。

2.10　项目数据导出

实验目的

- 熟悉将项目数据导出为选定格式的文件；
- 熟悉从文件中导入项目；
- 熟悉通过项目数据的导入导出更新项目数据。

实验内容

- 将“CBD”项目导出为选定格式的文件；
- 从已有的文件中导入“CBD”项目，并实现对该项目的数据更新。

1. 项目导出

（1）选择导出的格式

打开想要导出的项目“CBD”项目，依次选择菜单“文件/导出”，打开“导出”对话框，在“导出格式”页面中根据需要选择项目导出的格式，见图 2-69。

在“导出”对话框中可以选择的格式包括 XER 格式、XML 格式、剖析表、Microsoft Project 格式以及 UN/CEFACT 格式。这里导出 XER 格式文件，以便在其他用户的电脑中实现对项目数据的更新和维护。

（2）选择导出类型

点击“下一步”，在打开的“导出类型”页面中选择要导出的数据类型为“项目”，见图 2-70。

（3）选择要导出的项目

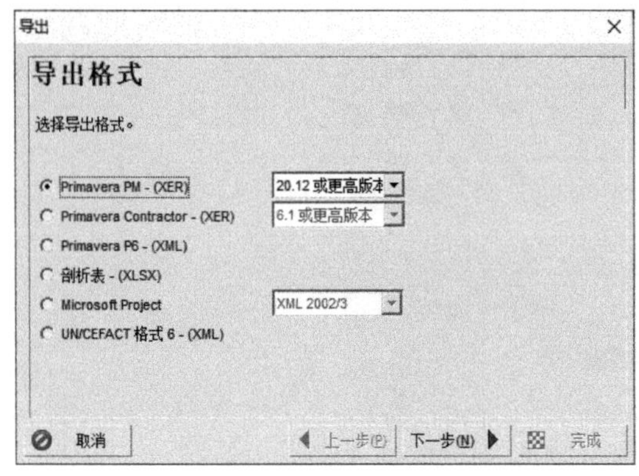

图 2-69　选择导出格式

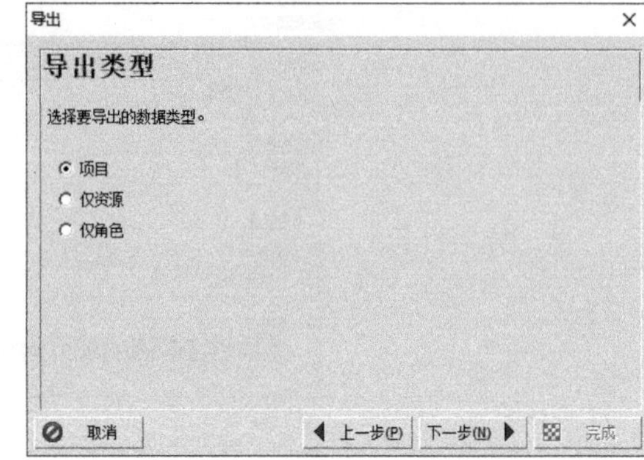

图 2-70　选择导出的数据类型

点击“下一步”，进入“要导出的项目”页面，在已打开的项目中选择本次要导出的项目：“CBD”项目，见图 2-71（项目只有在打开的状态下才能被导出）。

（4）导出文件的名称与存储路径

点击“下一步”，在打开的“文件名”页面中输入导出文件的名称与存储路径，见图 2-72。

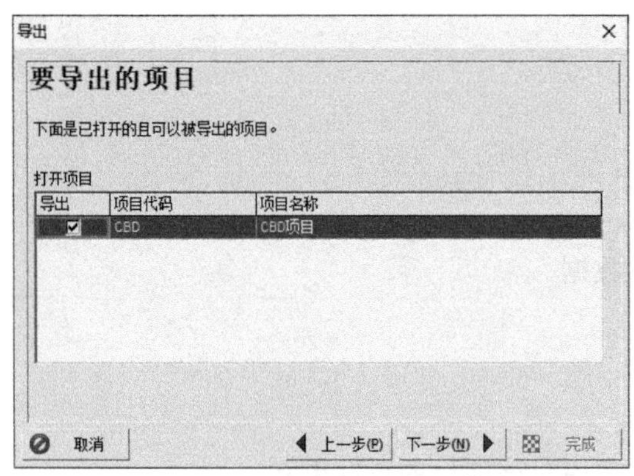

图 2-71　选择要导出的项目

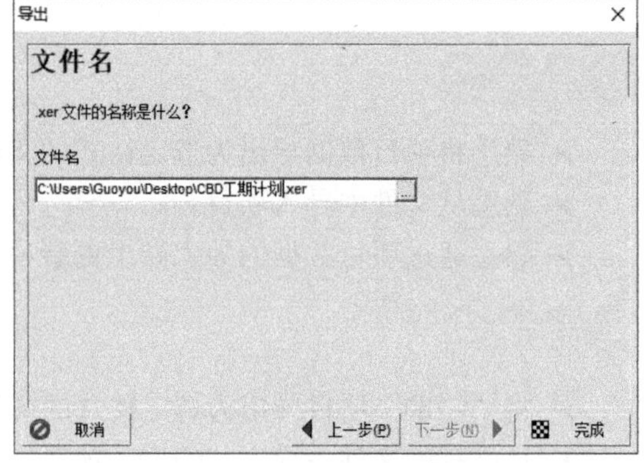

图 2-72　设定存储路径

（5）结束导出工作

点击“完成”，导出成功后点击“确定”，结束导出工作。

2. 项目导入

（1）选择导入格式

选择菜单“文件/导入”，打开“导入”对话框，在“导入格式”页面中选择项目的导入格式，见图 2-73。

其中：

①“Primavera PM-XER”：主要用于 P6 用户间进行数据的传递；

②“Microsoft Project”：与 Microsoft Project 用户间转换数据；

③“剖析表-(XLSX)”：与 Microsoft Excel 之间转换作业层次数据。

（2）选择导入的数据类型

点击“下一步”，在打开的“导入类型”页面中选择“项目”，见图 2-74。

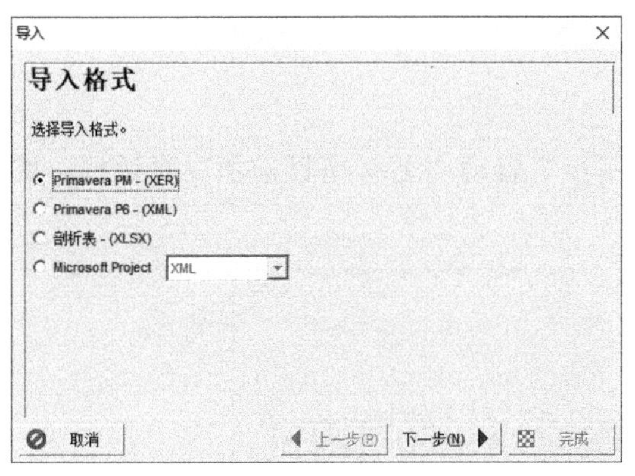

图 2-73　选择导入格式

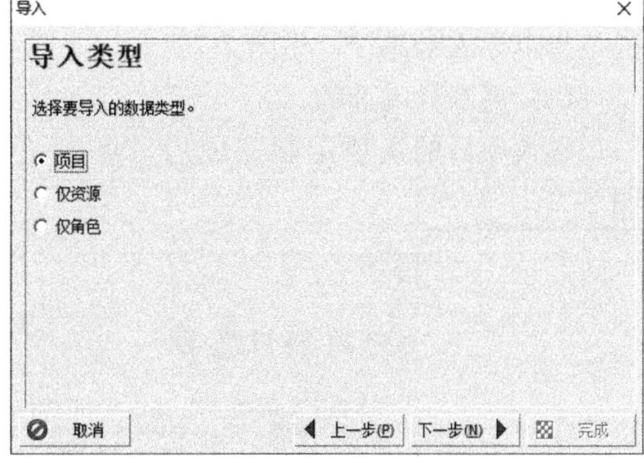

图 2-74　选择导入的数据类型

（3）选择导入文件的名称与存储路径

点击“下一步”，在打开的“文件名”页面中选择导入文件的名称与存储路径，见图 2-75。

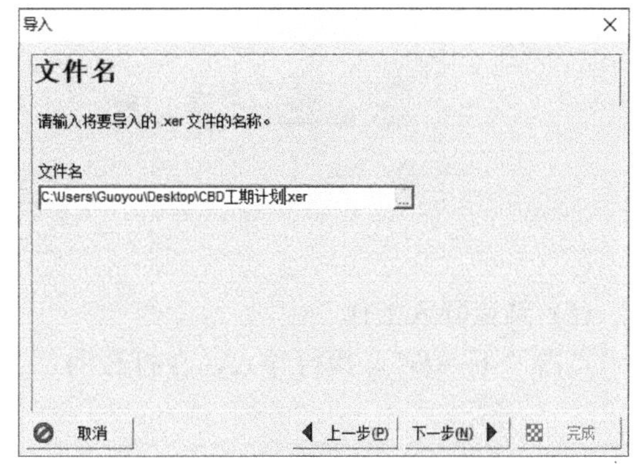

图 2-75　选择导入文件的存储路径

（4）定制导入选项

点击“下一步”，在打开的“导入项目选项”页面中定制导入选项。可选项包括：

①“项目代码”：列出所有包含在 XER 文件中的项目；

②“匹配”：如果数据库中在相同层次中已存在具有相同名称的项目，则在“匹配”栏位中出现一个勾；

③“导入操作”：在导入项目的过程中，可以根据需要选择合适的选项进行数据的导入，这里点选“更新现有项目”，见图 2-76。

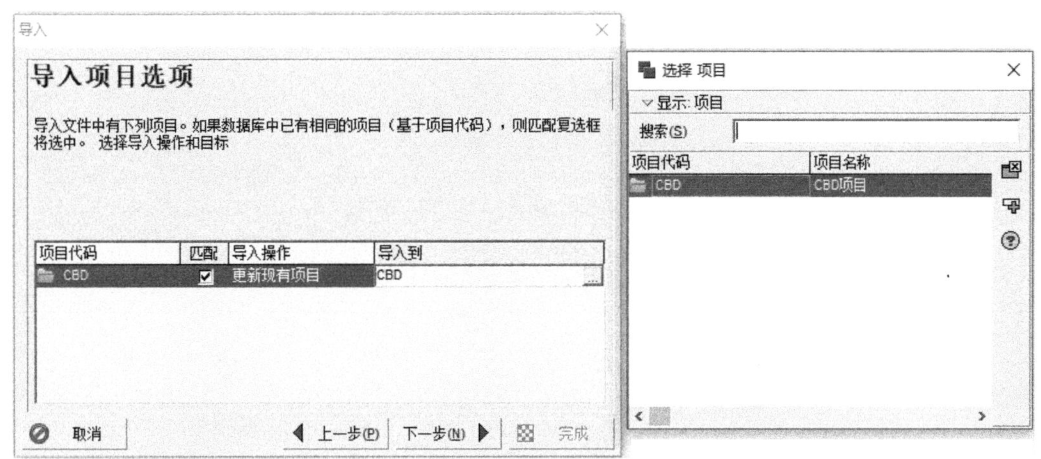

图 2-76　选择导入项目选项

④“导入到”：选择“导入到”将导入的项目与已存在的项目合并。可以在“导入到”栏位指定导入的路径，见图 2-76。

(5) 更新导入选项

导入项目的选项定制完成后，点击“下一步”启动“更新项目选项”对话框，见图 2-77。

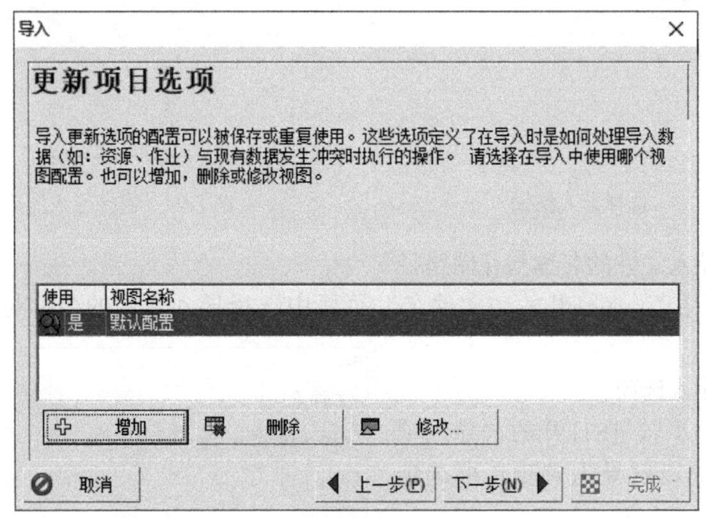

图 2-77 更新项目选项

(6) 结束导入工作

点击“下一步”，执行导入，在打开的“完成”页面中点击“完成”，结束导入工作。

第3章

无资源约束的工期管理

3.1 更新项目周期作业

实验目的

- ➢ 掌握过滤器的定义过程；
- ➢ 掌握工期管理视图的定制；
- ➢ 掌握本期进度更新与进度计算的操作；
- ➢ 掌握自动计算实际值的设置与使用。

实验内容

- ➢ 更新二期项目作业数据；
- ➢ 设置过滤器和运行过滤器；
- ➢ 定制工期管理视图；
- ➢ 自动更新项目数据；
- ➢ 执行本期进度更新；
- ➢ 执行进度计算。

1. 更新第一期作业

(1) 设置过滤器

选择过滤器命令“▼”，打开“过滤器”对话框，见图 3-1。

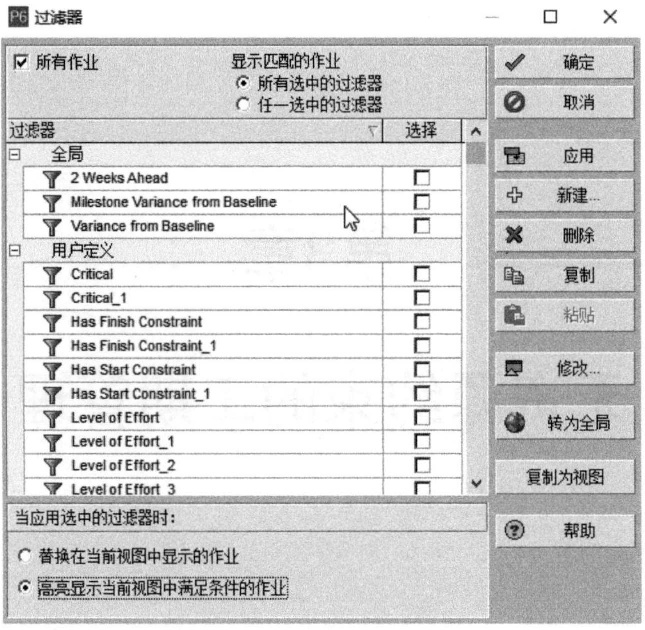

图 3-1 “过滤器”对话框

如图 3-1 所示，如果勾选“所有作业”，则所有的过滤器失效，显示所有作业。如果勾选“所有选中的过滤器”，则显示满足所有选择的过滤器。如果勾选“任一选中的过滤器”，则符合任意选中的过滤器的作业都会过滤出来。对于过滤的作业可以高亮显示，则需要勾选“高亮显示当前视图中满足条件的作业”。

点击“新建”，可以设置动态过滤条件，将本月的工作过滤出来，见图 3-2。

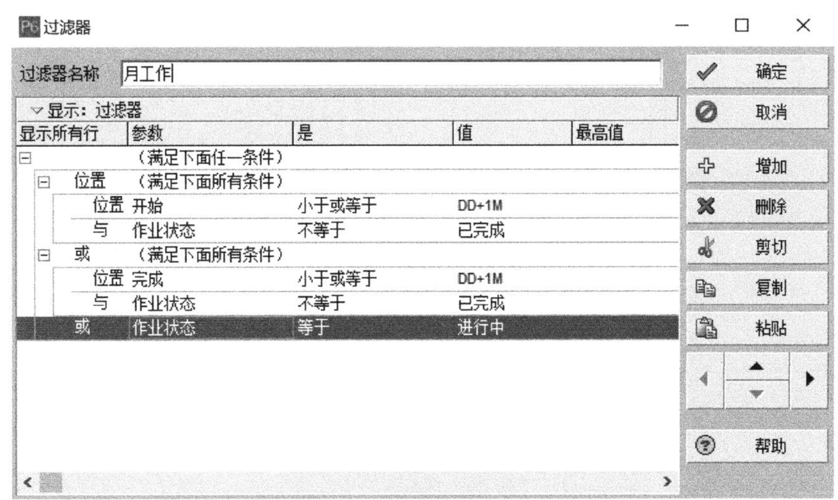

图 3-2　新建月过滤器

其中，DD 为当前项目的数据日期 4 月 1 日，M 为月份的缩写。

创建完过滤器后，返回“过滤器”对话框，勾选相关选项，见图 3-3。

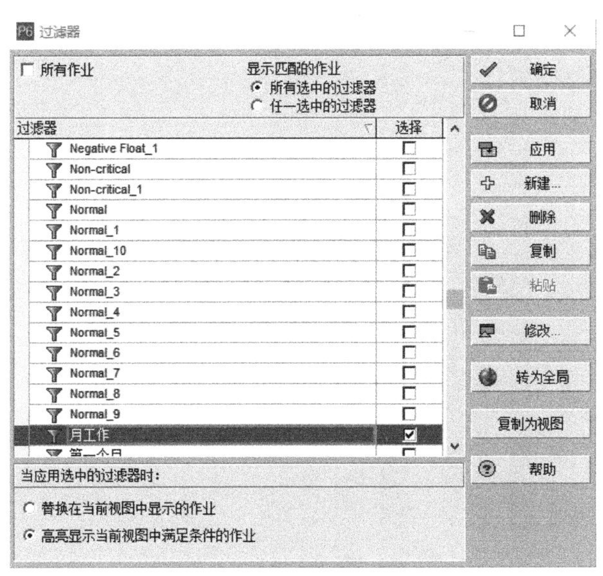

图 3-3　“过滤器”选项

（2）运行过滤器

设置完过滤器后，点击“应用”将 4 月份的作业过滤出来，见图 3-4。

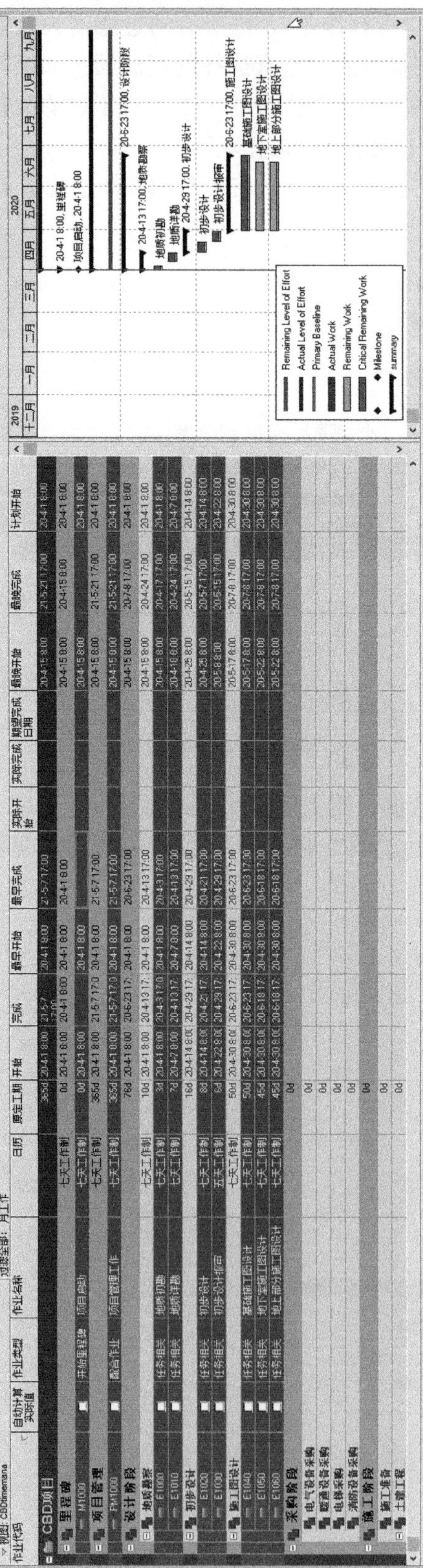

图 3-4　显示四月份作业

结果显示 4 月份计划执行的作业包括“项目启动”“项目管理工作”“地质初勘”“地质详勘”“初步设计”“初步设计报审”“基础施工图设计”“地下室施工图设计”“地上部分施工图设计”等工作。过滤完本月工作，就可以对本月的计划工作进行更新。

(3) 定制工期管理视图

过滤并显示更新周期的作业后，需要进一步定制工期管理的视图。在作业窗口将工期管理有关的作业名称、作业代码、作业类型、原定工期、开始、完成、最早开始、最早完成、期望完成日期、最晚开始、最晚完成、计划开始、计划完成、总浮时、自由浮时等栏位显示出来。同时，可以将时间标尺设定为月。横道图显示作业名称、作业开始日期以及横道图例。

底部视图显示“详情”。作业“详情”显示所有页面。分组与排序方式为按照 WBS 进行分组与排序，见图 3-5。

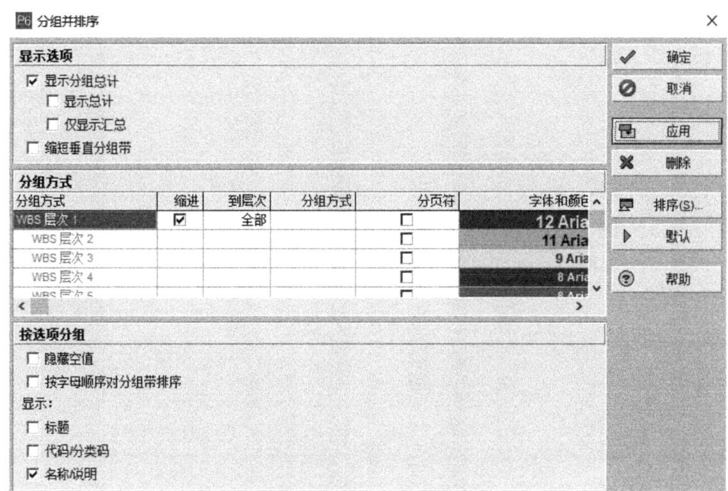

图 3-5　设置分组与排序的条件及选项

勾选“名称/说明”“显示分组总计”选项。

视图的定制结果以“CBDtimemana”命名并保存，结果见图 3-6。

(4) 自动更新项目数据

如果选中的作业完全按照计划执行，则可以在栏位中勾选“自动计算实际值”，则在进行本期进度更新时会自动更新作业的实际开始、实际完成日期和工期完成百分比。具体设置为：打开要设置自动计算的项目，进入作业窗口后，依次选择“显示/栏位”，打开“栏位”对话框后，将“可用的选项”中的“自动计算实际值”栏目选择到“已选的选项”中来。

假设“CBD”项目 4 月份的所有工作按照计划执行，则需要在作业窗口对“项目启动”“项目管理工作”“地质初勘”“地质详勘”“初步设计”“初步设计报审”“基础施工图设计”“地下室施工图设计”“地上部分施工图设计”等工作勾选“自动计算实际值”，见图 3-7。

选择自动计算实际值，执行本期进度更新时会自动计算工期百分比，但是无法自动计算实际百分比，作业实际百分比需要手工录入。对于“CBD”项目的工期管理可以选择所有作业的作业完成百分比类型为“工期百分比”。

(5) 本期进度更新

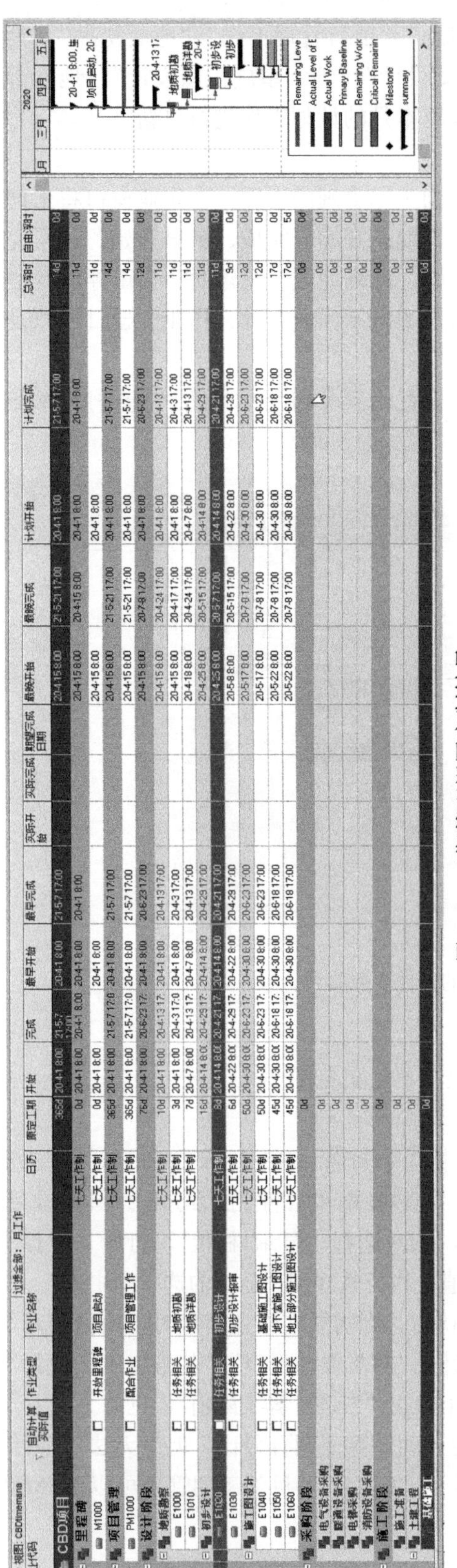

图 3-6　工期管理视图定制结果

图 3-7　勾选“自动计算实际值”

如果本期的所有作业均设置了“自动计算实际值”，则可以直接执行本期进度更新。

执行本期进度更新功能，首先要打开准备进行本期进度更新的项目（单个或多个），依次选择“工具/本期进度更新”，打开“本期进度更新”对话框，见图 3-8。

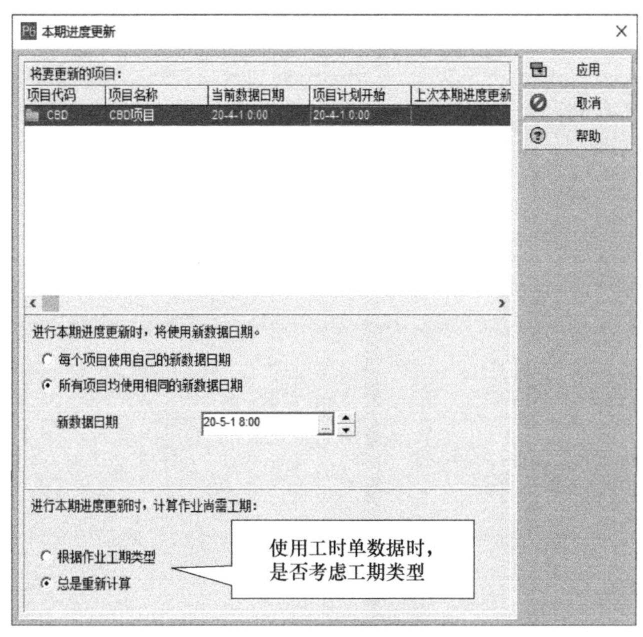

图 3-8 “本期进度更新”对话框

选择“每个项目使用自己的新数据日期”进行本期进度更新，见图 3-9。

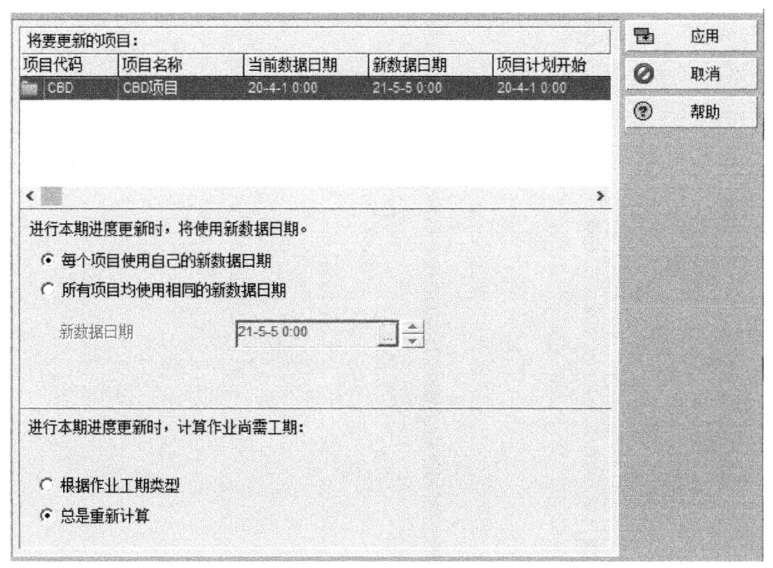

图 3-9 选择“每个项目使用自己的新数据日期”进行本期进度更新

“CBD”项目 2020 年 4 月份按照计划执行，则录入新数据日期“20-5-1 8：00”后，点击“应用”，结果见图 3-10。

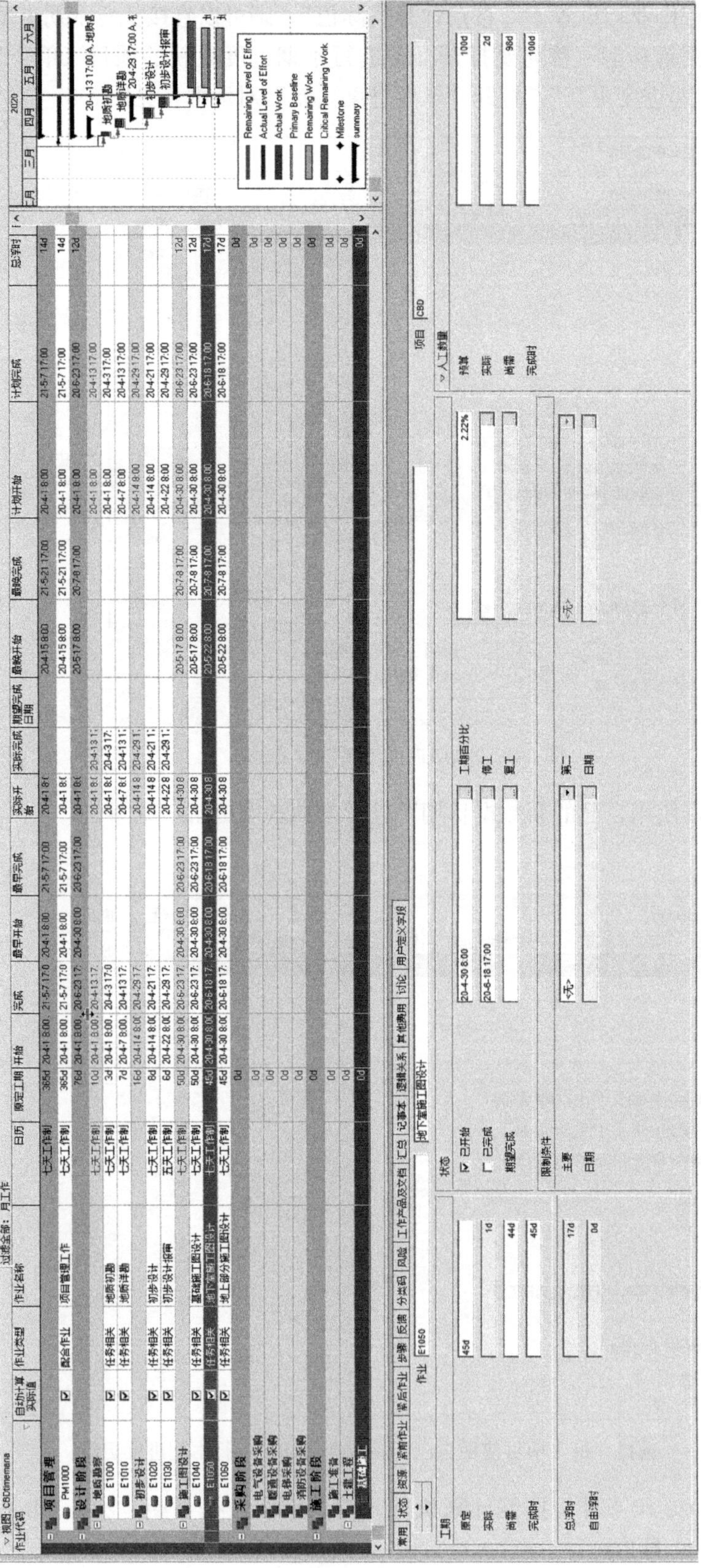

图 3-10 “CBD”项目 4 月份本期进度更新结果

执行本期进度更新后，由于本期所有作业选择了“自动计算实际值”，所以在作业“详情/状态”页面自动标记作业的状态、自动计算工期百分比和尚需工期。

（6）进度计算

本期进度更新后即可进行进度计算。通过“工具/进度计算”，打开“进度”对话框，见图 3-11。

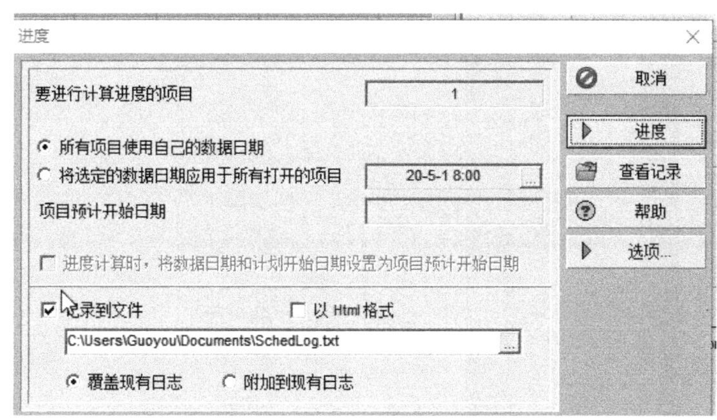

图 3-11　打开“进度”对话框

点击“进度”，执行进度计算，结果见图 3-12。

如图 3-12 所示，由于 4 月份作业按照计划进行，所以相关作业的计划开始日期、实际开始日期相同。

2. 更新第二期作业

（1）过滤第二期作业

针对“CBD”项目进行监控，目前项目运行到 5 月 31 日，运行“月工作”过滤器，将 5 月份的作业过滤出来，见图 3-13。

（2）自动更新部分第二期作业

点击聚光灯“”，按照时间标尺“月”高亮显示 5 月份作业。如图 3-13 所示，5 月份需要执行的三道作业包括“基础施工图设计”“地下室施工图设计”和“地上部分施工图设计”，其中“基础施工图设计”和“地下室施工图设计”按照计划执行，可以维持“自动计算实际值”不变。

（3）手工更新部分第二期作业

在执行过程中，由于参与“地上部分施工图设计”的两位设计师生病请假 5d，致使这部分工作期望完成日期要推迟 5d，期望完成日期变成 6 月 23 日。对于该作业需要取消“自动计算实际值”，并手工录入期望完成日期，见图 3-14。

（4）第二期本期进度更新

对“CBD”项目 5 月份的数据执行“本期进度更新”，见图 3-15。

点击“应用”，结果见图 3-16。

（5）第二期进度计算

自动计算的作业实际数据、本期进度更新自动计算尚需工期。手工录入的期望完成日期的作业需要执行进度计算功能，根据期望完成日期计算尚需工期，进度计算的结果见图 3-17。

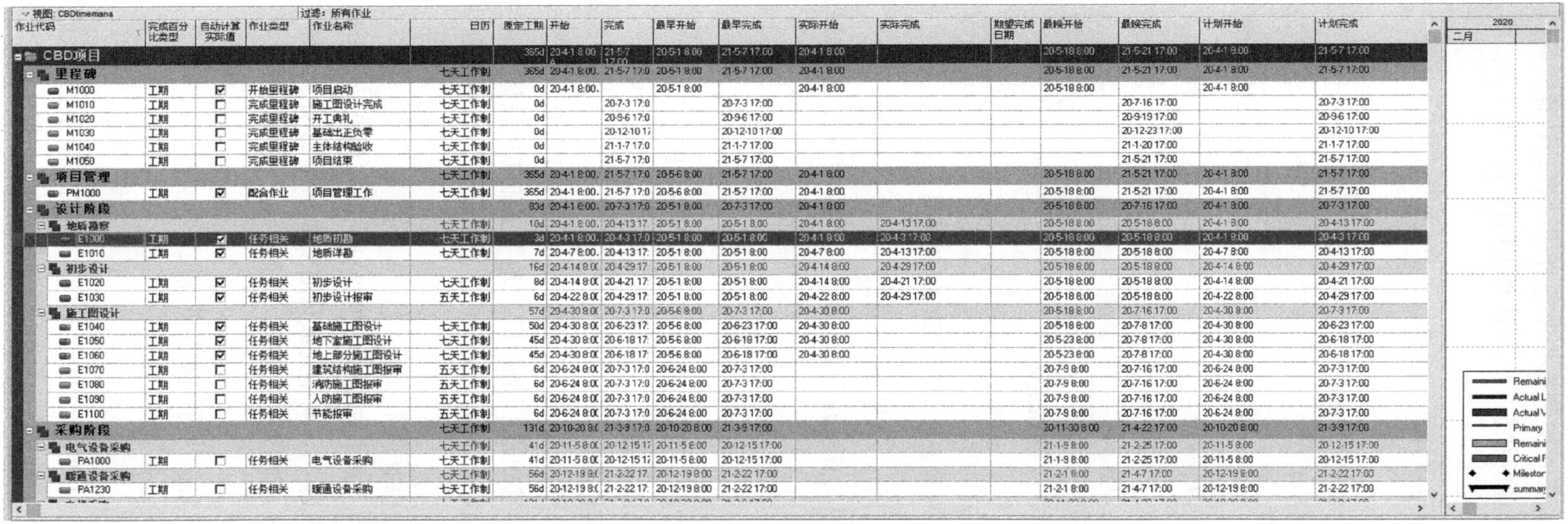

视图：CBDtimemana　　过滤：所有作业

作业代码	完成百分比类型	自动计算实际值	作业类型	作业名称	日历	原定工期	开始	完成	最早开始	最早完成	实际开始	实际完成	期望完成日期	最晚开始	最晚完成	计划开始	计划完成
CBD项目						365d	20-4-1 8:00 A	21-5-7 17:00	20-5-1 8:00	21-5-7 17:00	20-4-1 8:00			20-5-18 8:00	21-5-21 17:00	20-4-1 8:00	21-5-7 17:00
里程碑					七天工作制	365d	20-4-1 8:00.	21-5-7 17:0	20-5-1 8:00	21-5-7 17:00	20-4-1 8:00			20-5-18 8:00	21-5-21 17:00	20-4-1 8:00	21-5-7 17:00
M1000	工期	☑	开始里程碑	项目启动	七天工作制	0d	20-4-1 8:00.		20-5-1 8:00		20-4-1 8:00			20-5-18 8:00		20-4-1 8:00	
M1010	工期	☐	完成里程碑	施工图设计完成	七天工作制	0d		20-7-3 17:0		20-7-3 17:00					20-7-16 17:00		20-7-3 17:00
M1020	工期	☐	完成里程碑	开工典礼	七天工作制	0d		20-9-6 17:0		20-9-6 17:00					20-9-19 17:00		20-9-6 17:00
M1030	工期	☐	完成里程碑	基础出正负零	七天工作制	0d		20-12-10 17		20-12-10 17:00					20-12-23 17:00		20-12-10 17:00
M1040	工期	☐	完成里程碑	主体结构验收	七天工作制	0d		21-1-7 17:0		21-1-7 17:00					21-1-20 17:00		21-1-7 17:00
M1050	工期	☐	完成里程碑	项目结束	七天工作制	0d		21-5-7 17:0		21-5-7 17:00					21-5-21 17:00		21-5-7 17:00
项目管理					七天工作制	365d	20-4-1 8:00.	21-5-7 17:0	20-5-6 8:00	21-5-7 17:00	20-4-1 8:00			20-5-18 8:00	21-5-21 17:00	20-4-1 8:00	21-5-7 17:00
PM1000	工期	☑	配合作业	项目管理工作	七天工作制	365d	20-4-1 8:00.	21-5-7 17:0	20-5-6 8:00	21-5-7 17:00	20-4-1 8:00			20-5-18 8:00	21-5-21 17:00	20-4-1 8:00	21-5-7 17:00
设计阶段						83d	20-4-1 8:00.	20-7-3 17:0	20-5-1 8:00	20-7-3 17:00	20-4-1 8:00			20-5-18 8:00	20-7-16 17:00	20-4-1 8:00	20-7-3 17:00
地质勘察					七天工作制	10d	20-4-1 8:00.	20-4-13 17:	20-5-1 8:00	20-5-1 8:00	20-4-1 8:00	20-4-13 17:00		20-5-18 8:00	20-5-18 8:00	20-4-1 8:00	20-4-13 17:00
E1000	工期	☑	任务相关	地质初勘	七天工作制	3d	20-4-1 8:00.	20-4-3 17:0	20-5-1 8:00	20-5-1 8:00	20-4-1 8:00	20-4-3 17:00		20-5-18 8:00	20-5-18 8:00	20-4-1 8:00	20-4-3 17:00
E1010	工期	☑	任务相关	地质详勘	七天工作制	7d	20-4-7 8:00.	20-4-13 17:	20-5-1 8:00	20-5-1 8:00	20-4-7 8:00	20-4-13 17:00		20-5-18 8:00	20-5-18 8:00	20-4-7 8:00	20-4-13 17:00
初步设计						16d	20-4-14 8:0(	20-4-29 17	20-5-1 8:00	20-5-1 8:00	20-4-14 8:00	20-4-29 17:00		20-5-18 8:00	20-5-18 8:00	20-4-14 8:00	20-4-29 17:00
E1020	工期	☑	任务相关	初步设计	七天工作制	8d	20-4-14 8:0(	20-4-21 17:	20-5-1 8:00	20-5-1 8:00	20-4-14 8:00	20-4-21 17:00		20-5-18 8:00	20-5-18 8:00	20-4-14 8:00	20-4-21 17:00
E1030	工期	☑	任务相关	初步设计报审	五天工作制	6d	20-4-22 8:0(	20-4-29 17:	20-5-1 8:00	20-5-1 8:00	20-4-22 8:00	20-4-29 17:00		20-5-18 8:00	20-5-18 8:00	20-4-22 8:00	20-4-29 17:00
施工图设计						57d	20-4-30 8:0(	20-7-3 17:0	20-5-6 8:00	20-7-3 17:00	20-4-30 8:00			20-5-18 8:00	20-7-16 17:00	20-4-30 8:00	20-7-3 17:00
E1040	工期	☑	任务相关	基础施工图设计	七天工作制	50d	20-4-30 8:0(	20-6-23 17:	20-5-6 8:00	20-6-23 17:00	20-4-30 8:00			20-5-18 8:00	20-7-8 17:00	20-4-30 8:00	20-6-23 17:00
E1050	工期	☑	任务相关	地下室施工图设计	七天工作制	45d	20-4-30 8:0(	20-6-18 17:	20-5-6 8:00	20-6-18 17:00	20-4-30 8:00			20-5-23 8:00	20-7-8 17:00	20-4-30 8:00	20-6-18 17:00
E1060	工期	☑	任务相关	地上部分施工图设计	七天工作制	45d	20-4-30 8:0(	20-6-18 17:	20-5-6 8:00	20-6-18 17:00	20-4-30 8:00			20-5-23 8:00	20-7-8 17:00	20-4-30 8:00	20-6-18 17:00
E1070	工期	☐	任务相关	建筑结构施工图报审	五天工作制	6d	20-6-24 8:0(	20-7-3 17:0	20-6-24 8:00	20-7-3 17:00				20-7-9 8:00	20-7-16 17:00	20-6-24 8:00	20-7-3 17:00
E1080	工期	☐	任务相关	消防施工图报审	五天工作制	6d	20-6-24 8:0(	20-7-3 17:0	20-6-24 8:00	20-7-3 17:00				20-7-9 8:00	20-7-16 17:00	20-6-24 8:00	20-7-3 17:00
E1090	工期	☐	任务相关	人防施工图报审	五天工作制	6d	20-6-24 8:0(	20-7-3 17:0	20-6-24 8:00	20-7-3 17:00				20-7-9 8:00	20-7-16 17:00	20-6-24 8:00	20-7-3 17:00
E1100	工期	☐	任务相关	节能报审	五天工作制	6d	20-6-24 8:0(	20-7-3 17:0	20-6-24 8:00	20-7-3 17:00				20-7-9 8:00	20-7-16 17:00	20-6-24 8:00	20-7-3 17:00
采购阶段					七天工作制	131d	20-10-20 8:(	21-3-9 17:0	20-10-20 8:00	21-3-9 17:00				20-11-30 8:00	21-4-22 17:00	20-10-20 8:00	21-3-9 17:00
电气设备采购					七天工作制	41d	20-11-5 8:0(	20-12-15 1	20-11-5 8:00	20-12-15 17:00				21-1-9 8:00	21-2-25 17:00	20-11-5 8:00	20-12-15 17:00
PA1000	工期	☐	任务相关	电气设备采购	七天工作制	41d	20-11-5 8:0(	20-12-15 1	20-11-5 8:00	20-12-15 17:00				21-1-9 8:00	21-2-25 17:00	20-11-5 8:00	20-12-15 17:00
暖通设备采购					七天工作制	56d	20-12-19 8:(	21-2-22 17:	20-12-19 8:00	21-2-22 17:00				21-2-1 8:00	21-4-7 17:00	20-12-19 8:00	21-2-22 17:00
PA1230	工期	☐	任务相关	暖通设备采购	七天工作制	56d	20-12-19 8:(	21-2-22 17:	20-12-19 8:00	21-2-22 17:00				21-2-1 8:00	21-4-7 17:00	20-12-19 8:00	21-2-22 17:00

图 3-12　进度计算结果

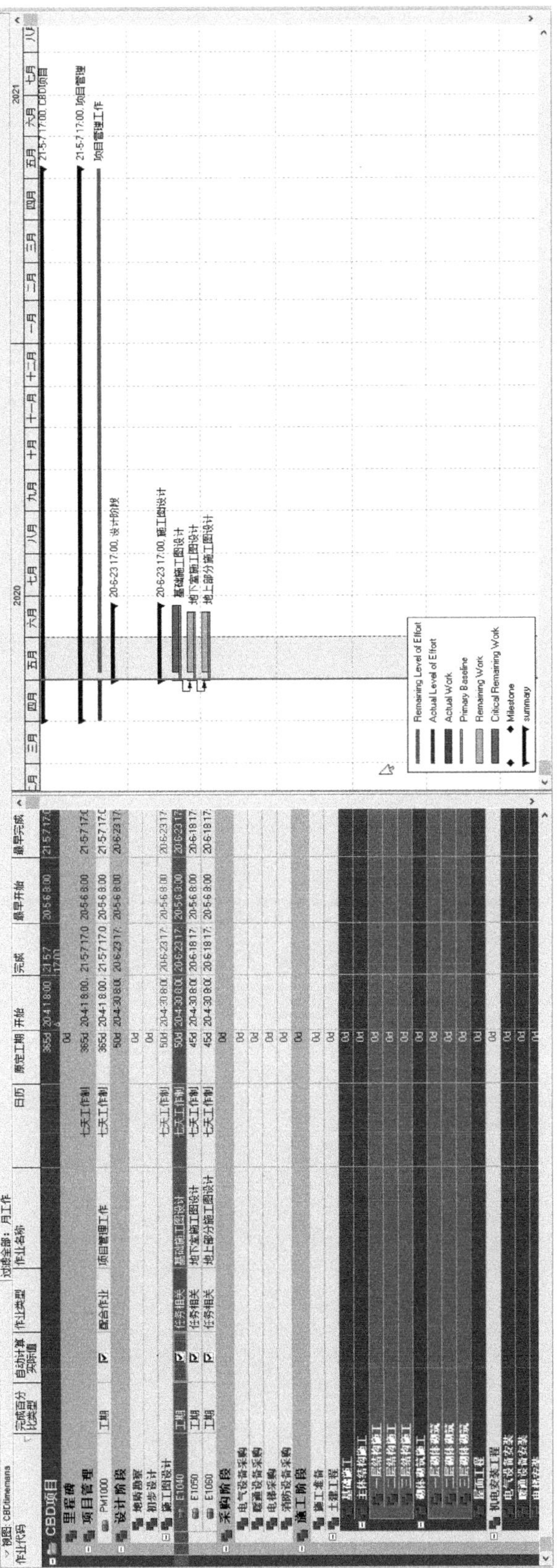

图 3-13　过滤 5 月份作业

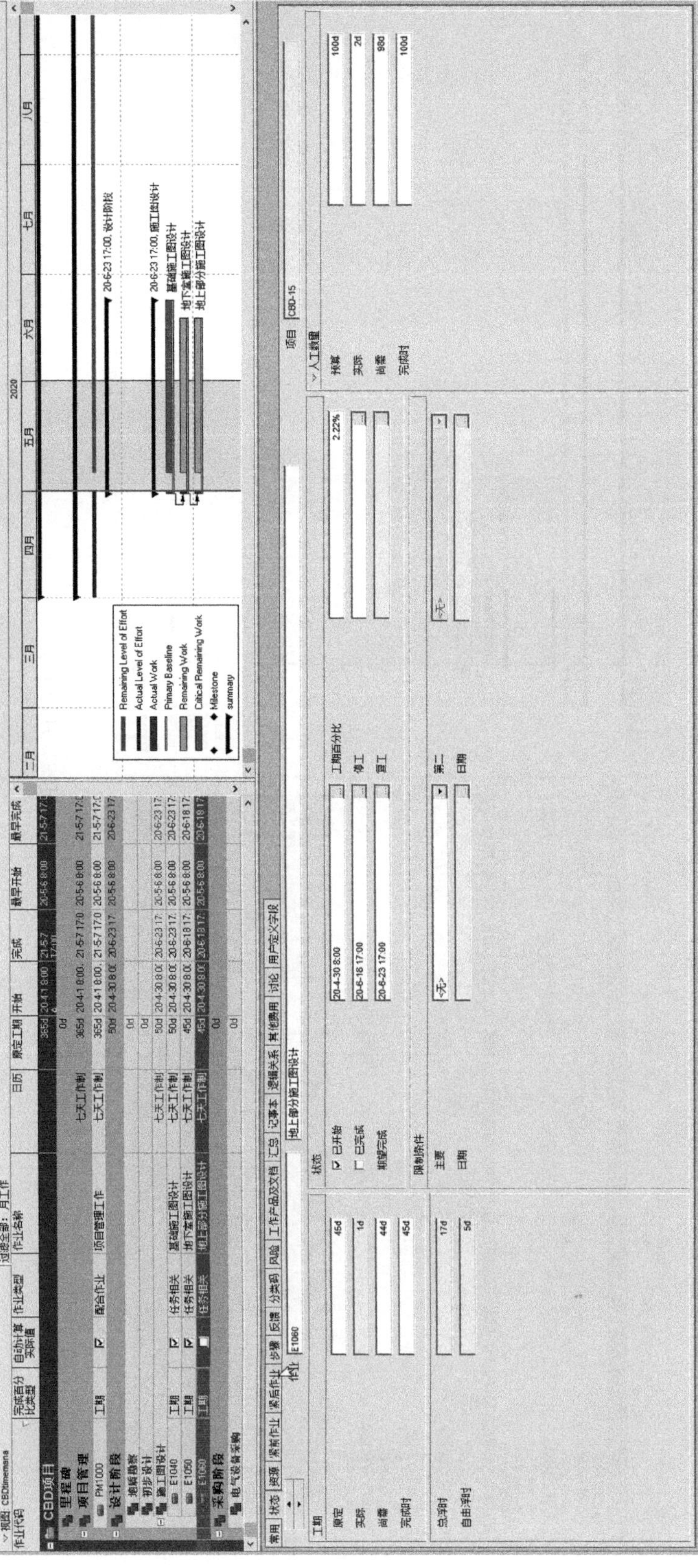

图 3-14　手工录入作业实际数据

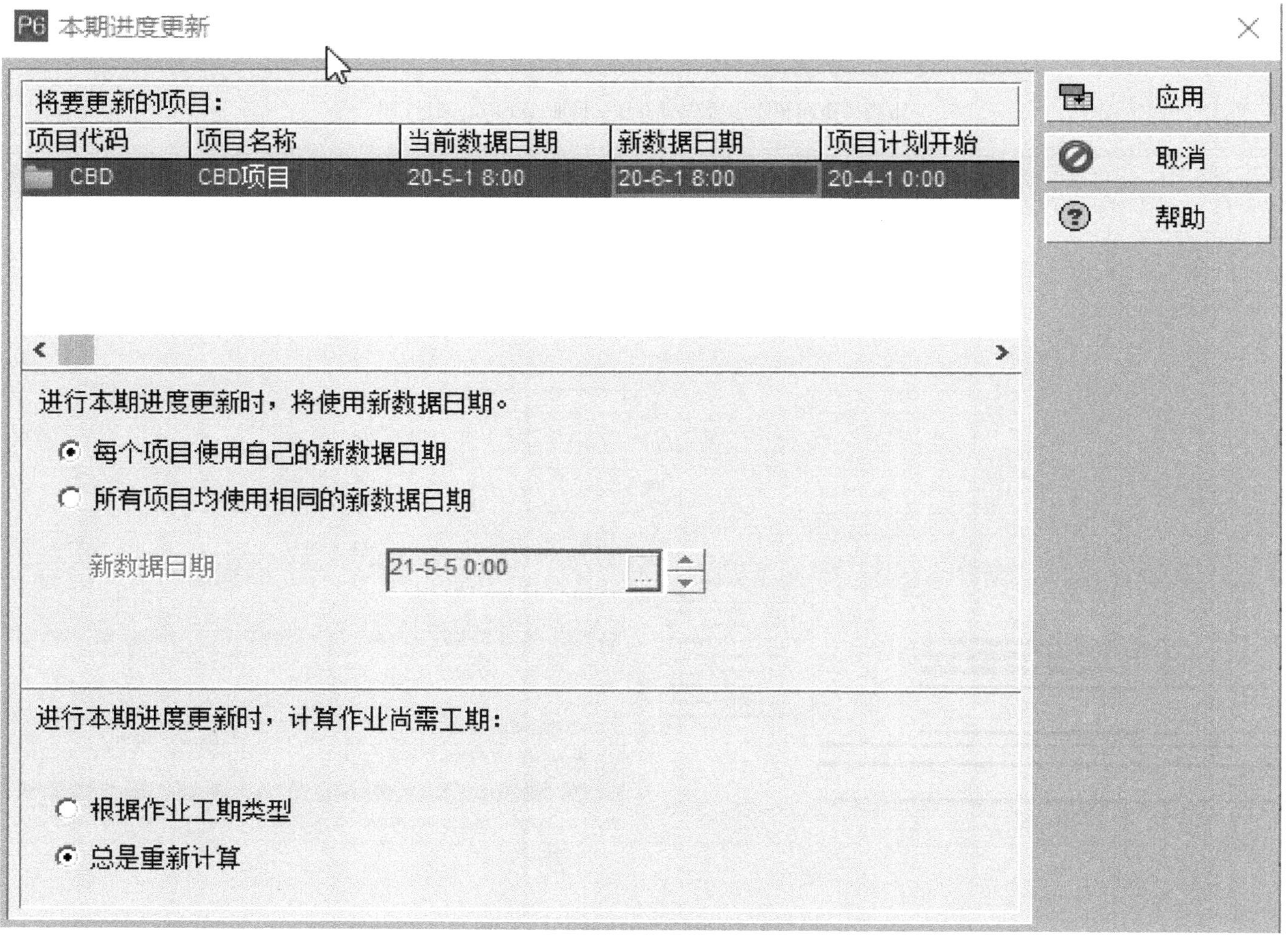

图 3-15 “CBD”项目 5 月份的数据执行“本期进度更新”

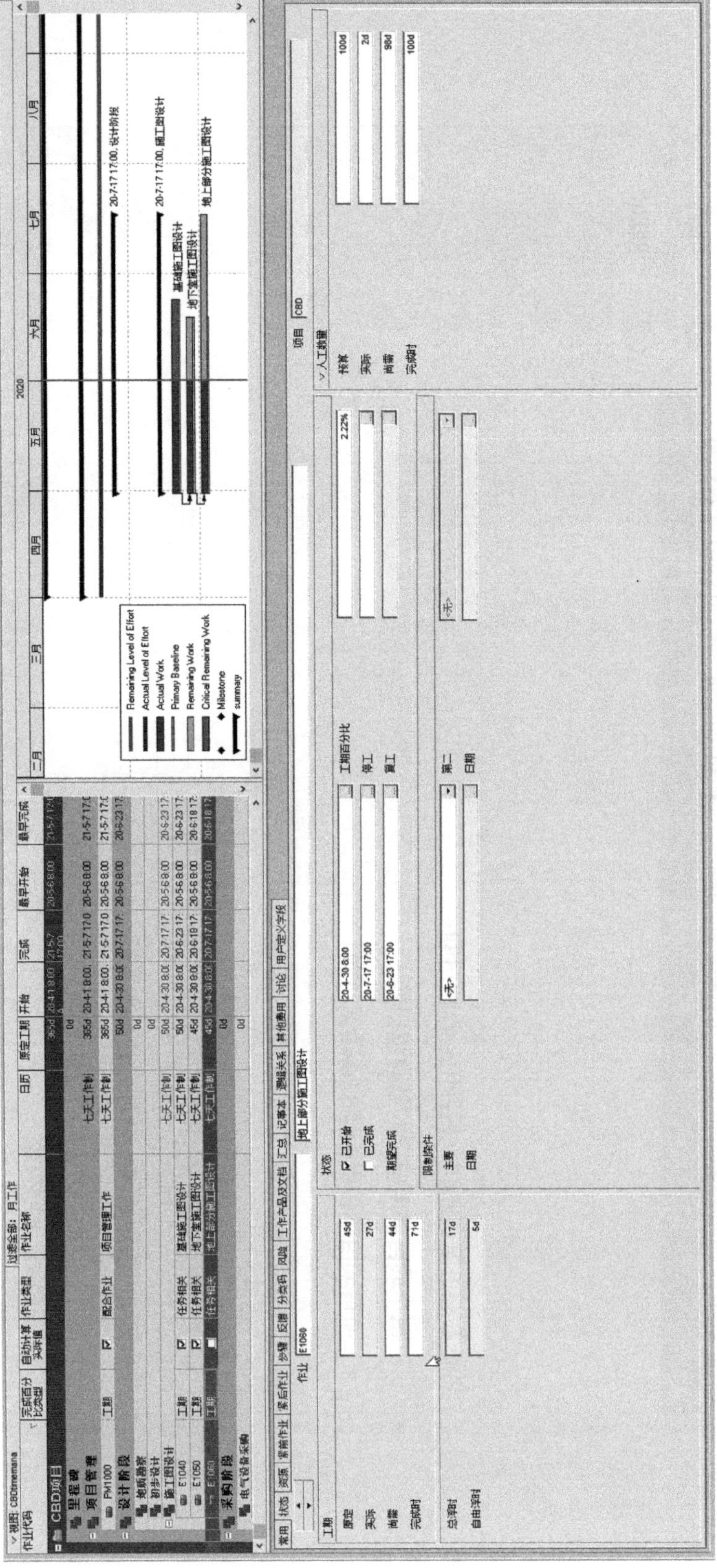

图 3-16 “CBD”项目 5 月份的数据本期进度更新结果

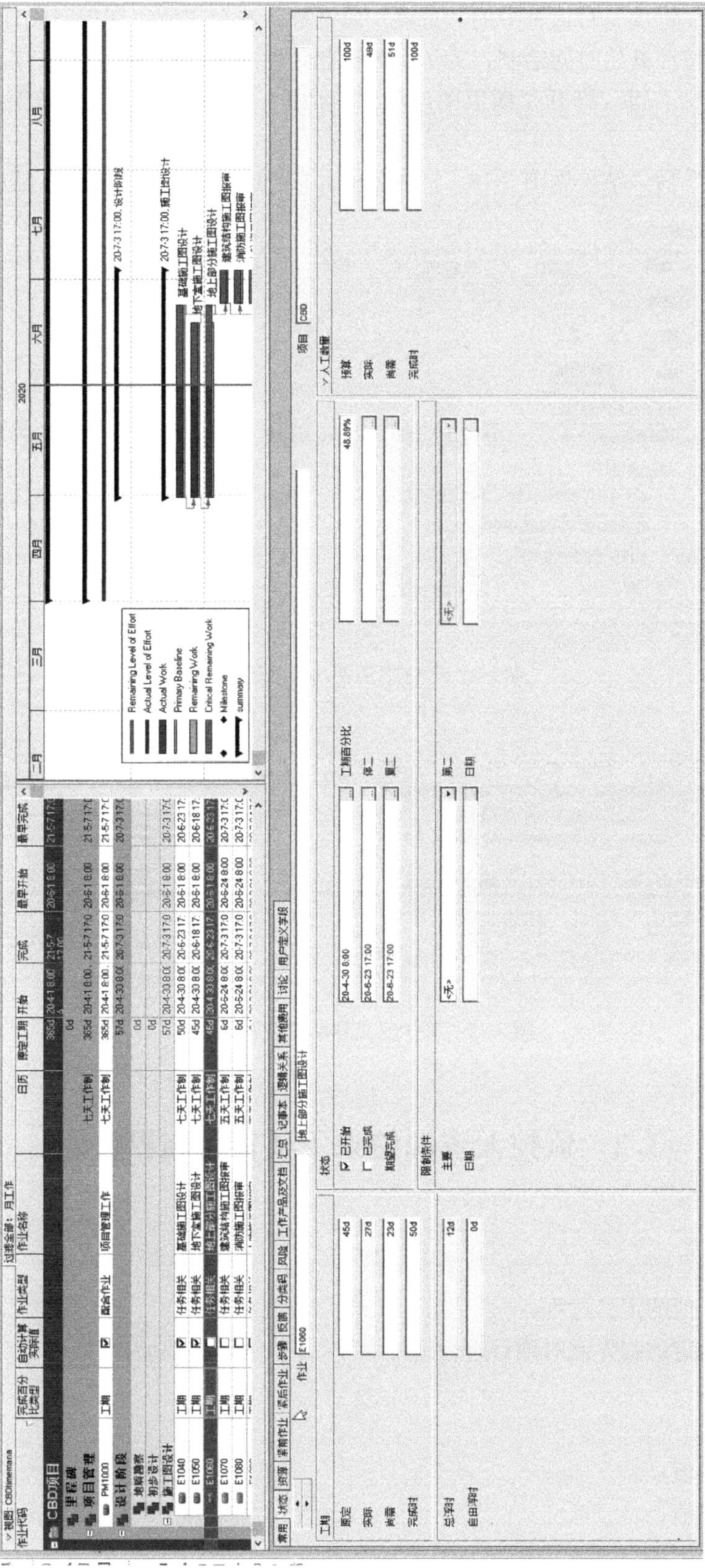

图 3-17　CBD 项目执行到 5 月 31 日的进度计算结果

这里需要在“进度”对话框中的·“选项”对话框，选择“使用期望完成日期”。

如果进展线按照开始时间绘制，为了反映作业延迟对完成日期的影响，需要通过在横道图区域单击鼠标右键，打开“横道图选项”对话框，将进展线调整为按照完成日期绘制，见图 3-18。

点击“确定”后，结果见图 3-19。图中显示，“地上部分施工图设计”延迟完成。

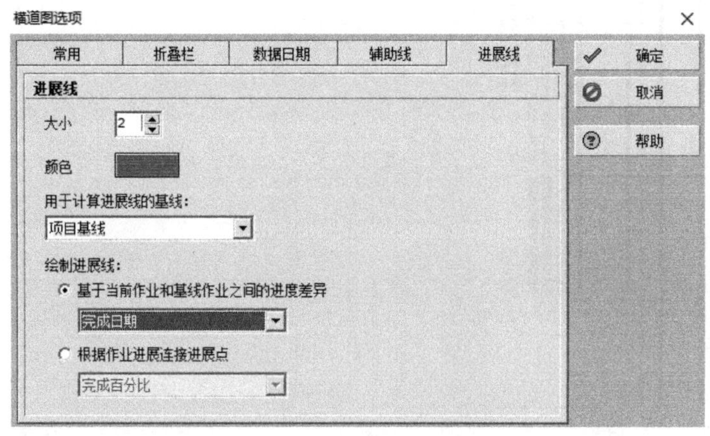

图 3-18 “横道图选项进展线”

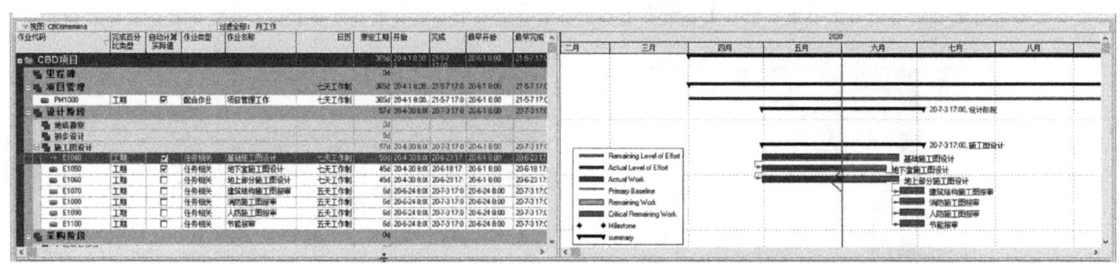

图 3-19 基于完成日期的进展线

3.2 监控无资源约束下项目的临界值

➢ 熟悉临界值的定义过程；
➢ 能够用设定的临界值对项目进行监控。

➢ 定义临界值；
➢ 监控临界值；
➢ 增加问题记事。

1. 定义临界值

在临界值窗口定义临界值，临界值的监控方案见图 3-20。

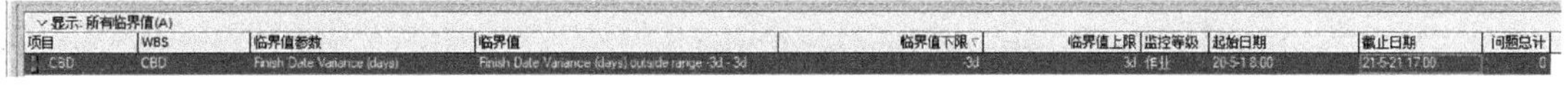

图 3-20　定义临界值

2. 监控临界值

对项目临界值进行监控，监控窗口见图 3-21。

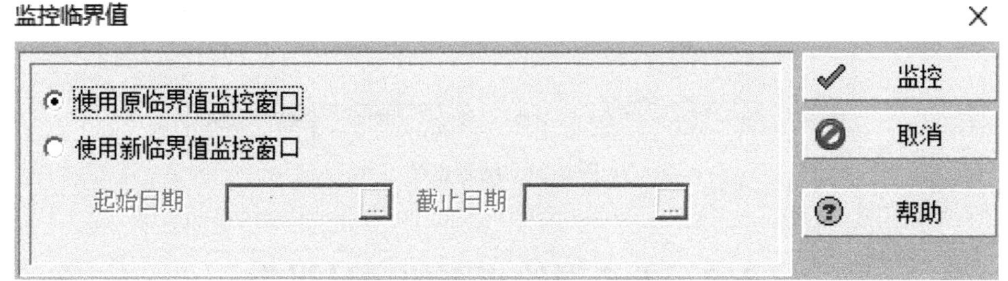

图 3-21　“监控临界值”对话框

进度监控结果如图 3-22 所示。

3. 增加问题记事

在“项目问题”窗口的“备注”页面，可以增加“问题记事”追踪该问题的详情，见图 3-23。

可以在“备注”页面增加“问题记事”，以便后续跟踪该问题的处理结果。

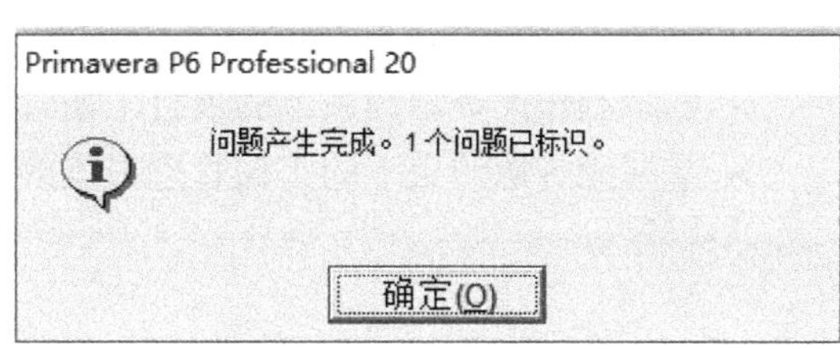

图 3-22　监控结果

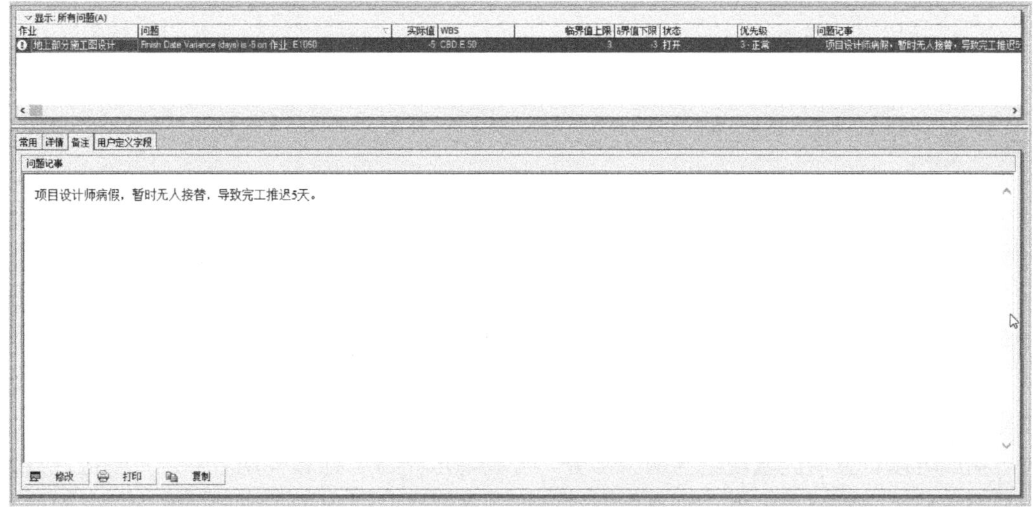

图 3-23　增加问题记事

在问题窗口，选择对应的问题，单击鼠标右键，选择“问题历史”对话框，增加“记事”，记录问题的处理进展，见图 3-24。

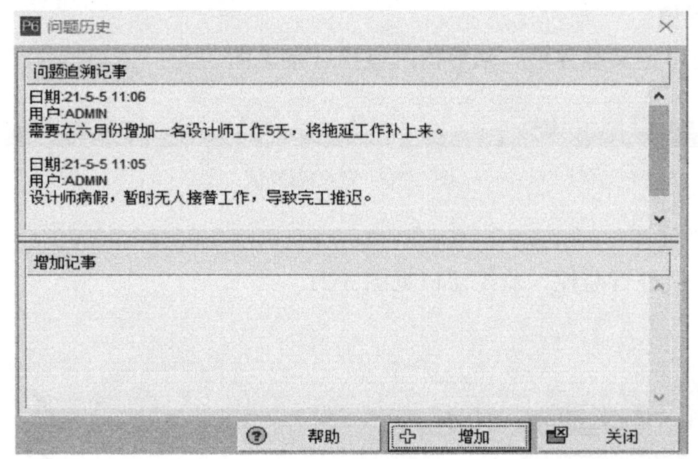

图 3-24　问题追溯

3.3　无资源约束下的项目报告

实验目的

- 熟悉制作无资源约束下的项目工期管理视图的过程；
- 掌握无资源约束下的工期管理报表的定制过程。

实验内容

- 输出工期管理视图；
- 定制工期管理视图；
- 启动报表向导；
- 定制报表与输出报表。

1. 输出工期管理视图

打印项目 2020 年 9 月份的执行情况，点击“打印预览”，见图 3-25。

进入“打印预览”对话框后，点击打印设置“ ”，进入“页面设置”对话框，见图 3-26。

如图 3-26 所示，页面设置包括纸张的选择、方向设置、页边距以及页眉、页脚的设置等内容。

例如可以将页眉区域设置为两个部分，分别显示项目名称和视图名称。页脚区域设定为三个部分，分别显示图例、审批框及“CBD”项目 9 月份报告。通过调整缩放比例将相关作业显示出来。时间标尺的开始日期从 4 月 1 日开始，结束日期 2020 年 10 月 1 日。打

CBD项目　　CBDtimemana　　21-5-5 13:22

作业代码	完成百分比类型	自动计算实际值	作业类型	作业名称	日历	原定工期	开始	完成	最早开始	最早完成	实际开
CBD项目						376d	20-4-1	21-5-18	20-10-1 8:00	21-5-18 17:00	20-
里程碑					七天工作制	376d	20-4-1 8:0	21-5-18 1	20-10-1 8:00	21-5-18 17:00	20-
M1000	工期	☑	开始里程碑	项目启动	七天工作制	0d	20-4-1 8:0		20-10-1 8:00		20-
M1010	工期	☑	完成里程碑	施工图设计完成	七天工作制	0d		20-7-3 17:		20-10-1 8:00	
M1020	工期	☑	完成里程碑	开工典礼	七天工作制	0d		20-9-6 17:		20-10-1 8:00	
M1030	工期	☐	完成里程碑	基础出正负零	七天工作制	0d		20-12-20		20-12-20 17:00	
M1040	工期	☐	完成里程碑	主体结构验收	七天工作制	0d		21-1-17 1		21-1-17 17:00	
M1050	工期	☐	完成里程碑	项目结束	七天工作制	0d		21-5-18 1		21-5-18 17:00	
项目管理					七天工作制	365d	20-4-1 8:0	21-5-18 1	20-10-9 8:00	21-5-18 17:00	20-
PM1000	工期	☑	配合作业	项目管理工作	七天工作制	365d	20-4-1 8:0	21-5-18 1	20-10-9 8:00	21-5-18 17:00	20-
设计阶段						83d	20-4-1 8:0	20-7-3 17:	20-10-1 8:00	20-10-1 8:00	20-
地质勘察					七天工作制	10d	20-4-1 8:0	20-4-13 1	20-10-1 8:00	20-10-1 8:00	20-
E1000	工期	☑	任务相关	地质初勘	七天工作制	3d	20-4-1 8:0	20-4-3 17:	20-10-1 8:00	20-10-1 8:00	20-
E1010	工期	☑	任务相关	地质详勘	七天工作制	7d	20-4-7 8:0	20-4-13 1	20-10-1 8:00	20-10-1 8:00	20-
初步设计						16d	20-4-14 8	20-4-29 1	20-10-1 8:00	20-10-1 8:00	20-
E1020	工期	☑	任务相关	初步设计	七天工作制	8d	20-4-14 8	20-4-21 1	20-10-1 8:00	20-10-1 8:00	20-
E1030	工期	☑	任务相关	初步设计报审	五天工作制	6d	20-4-22 8	20-4-29 1	20-10-1 8:00	20-10-1 8:00	20-
施工图设计						57d	20-4-30 8	20-7-3 17:	20-10-1 8:00	20-10-1 8:00	20-
E1040	工期	☑	任务相关	基础施工图设计	七天工作制	50d	20-4-30 8	20-6-23 1	20-10-1 8:00	20-10-1 8:00	20-
E1050	工期	☑	任务相关	地下室施工图设计	七天工作制	45d	20-4-30 8	20-6-18 1	20-10-1 8:00	20-10-1 8:00	20-
E1060	工期	☑	任务相关	地上部分施工图设	七天工作制	45d	20-4-30 8	20-6-18 1	20-10-1 8:00	20-10-1 8:00	20-
E1070	工期	☑	任务相关	建筑结构施工图报	五天工作制	6d	20-6-24 8	20-7-3 17:	20-10-1 8:00	20-10-1 8:00	20-
E1080	工期	☑	任务相关	消防施工图报审	五天工作制	6d	20-6-24 8	20-7-3 17:	20-10-1 8:00	20-10-1 8:00	20-
E1090	工期	☑	任务相关	人防施工图报审	五天工作制	6d	20-6-24 8	20-7-3 17:	20-10-1 8:00	20-10-1 8:00	20-
E1100	工期	☑	任务相关	节能报审	五天工作制	6d	20-6-24 8	20-7-3 17:	20-10-1 8:00	20-10-1 8:00	20-
采购阶段					七天工作制	131d	20-10-20	21-3-9 17:	20-10-20 8:0	21-3-9 17:00	
电气设备采购					七天工作制	41d	20-11-5 8	20-12-15	20-11-5 8:00	20-12-15 17:00	
PA1000	工期	☐	任务相关	电气设备采购	七天工作制	41d	20-11-5 8	20-12-15	20-11-5 8:00	20-12-15 17:00	
暖通设备采购					七天工作制	56d	20-12-19	21-2-22 1	20-12-19 8:0	21-2-22 17:00	
PA1230	工期	☐	任务相关	暖通设备采购	七天工作制	56d	20-12-19	21-2-22 1	20-12-19 8:0	21-2-22 17:00	
电梯采购					七天工作制	131d	20-10-20	21-3-9 17:	20-10-20 8:0	21-3-9 17:00	
P1A230	工期	☐	任务相关	电梯设备采购	七天工作制	131d	20-10-20	21-3-9 17:	20-10-20 8:0	21-3-9 17:00	

Remaining Level of Effort　Actual Work　Actual Level of Effort　Primary Ba...　Page 1 of 9　TASK filter: 所有作业　© Oracle Corporation

图 3-25　“打印预览”页面

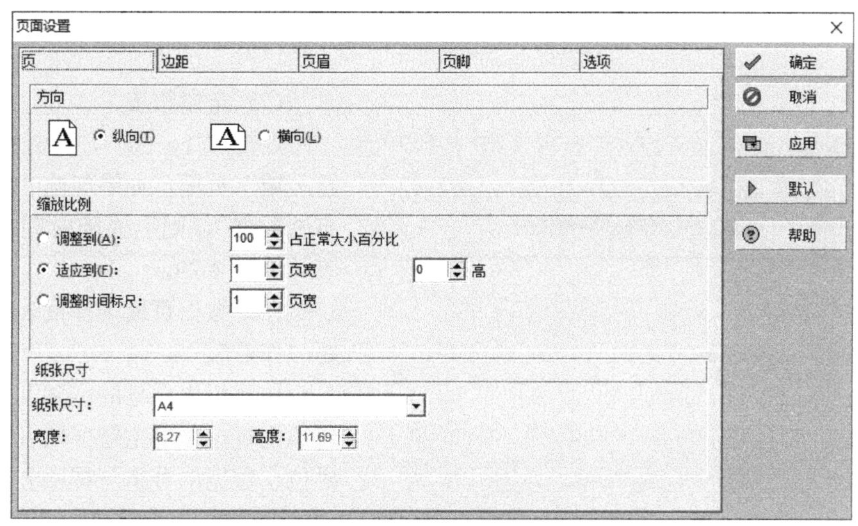

图 3-26　“页面设置”对话框

印内容仅打印横道图，整个视图的定制结果见图 3-27。

报告可以直接打印，或者安装 PDF 打印机功能，转换成 PDF 文件提供给项目相关方。

2. 输出工期管理报表

通过“工具-报表向导”启动报表向导，说明报表文件的制作过程。

（1）启动报表向导

在当前窗口，依次选择菜单“工具/报表向导”，打开“报表向导”对话框后，选择“新报表”选项或者是选择菜单“工具/报表”，打开报表窗口后，点击“增加”，启动“报表生成向导”，见图 3-28。

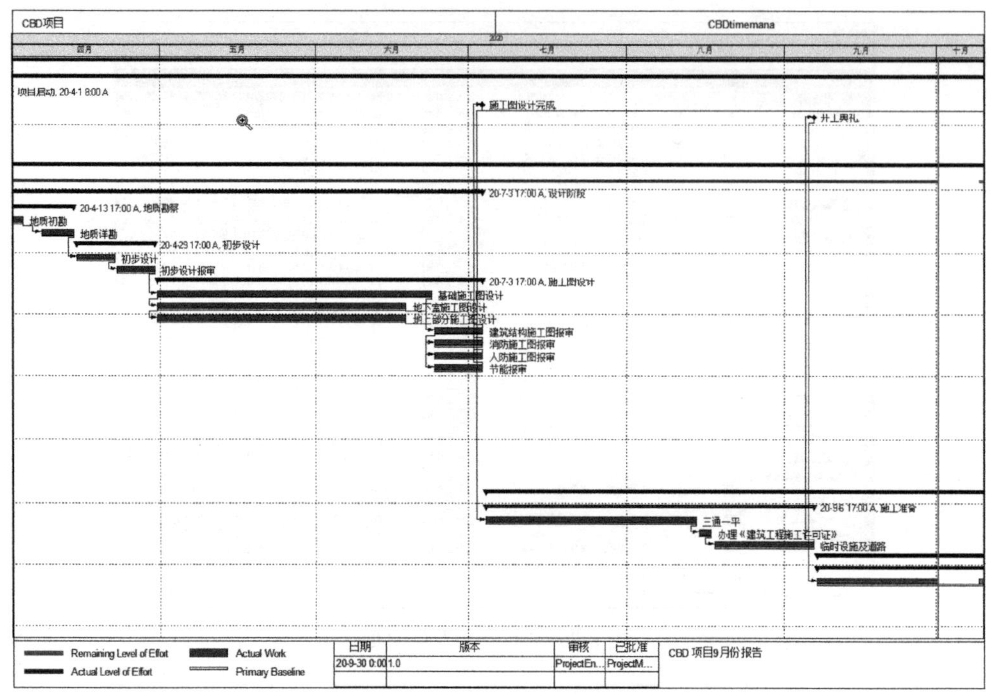

图 3-27 “CBD”项目 9 月份报告

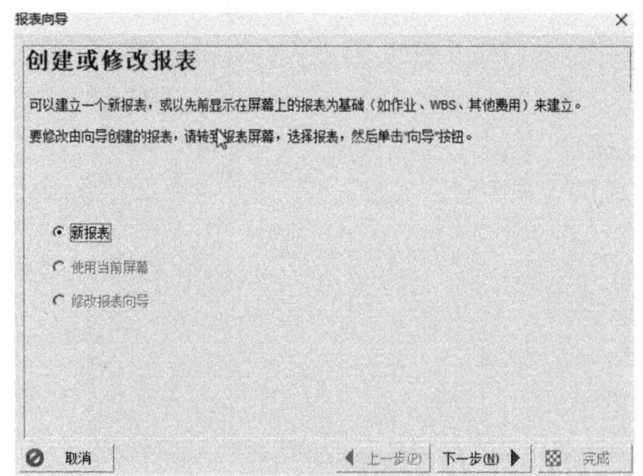

图 3-28 启动“报表向导”

(2) 定制报表

点击“下一步”，打开“选择主题区域”页面，如果勾选“随时间分布的数据”，则生成随时间分布的报表，见图 3-29。

在该数据页面选择报表的数据主题“作业”。

按照报表向导的步骤，定制报表包括配置选中的主题区域（定制显示栏位、数据的分组与排序方式以及数据过滤器等）、定义“报表标题”（这里录入“项目作业时间参数”）。

(3) 运行报表，查看报表格式与内容

点击“下一步”，在打开的“报表已生成”页面中点击“运行报表”，查看报表的格式与内容，见图 3-30。

运行报表后，在“打印预览”窗口，通过“页面设置”继续设置报表的显示方式，对页眉、页脚、边距、页面等进行设置，最终结果见图 3-31。

(4) 保存报表

报表会保存到报表窗口中，将来可以在报表窗口中直接调用，见图 3-32。

点击“保存报表”，则报表以报表标题名称保存在报表窗口的相关主题的报表分类目录下。

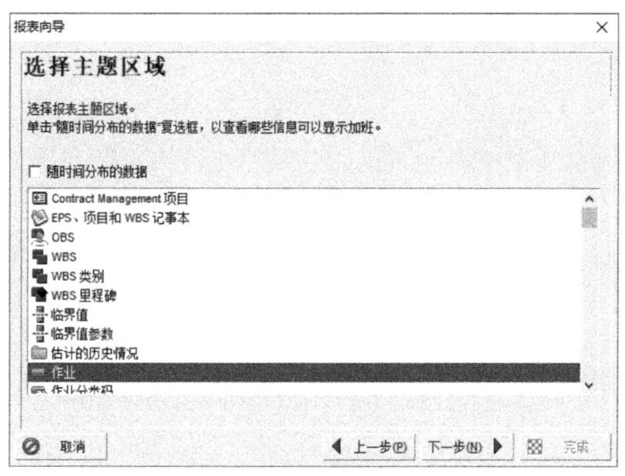

图 3-29 选择主题区域

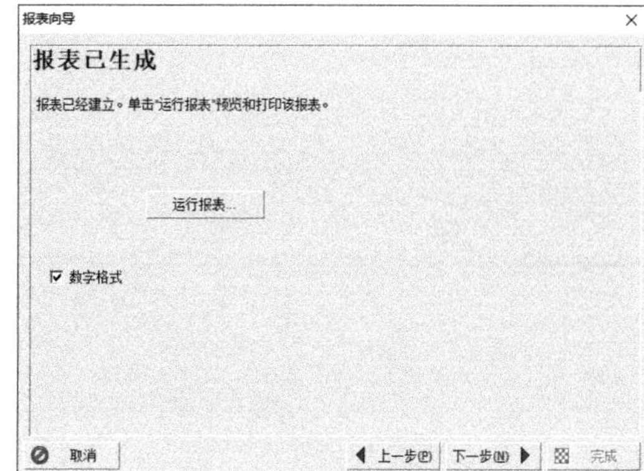

图 3-30 运行报表

CBD项目

项目作业时间参数

WBS 作业代码	作业名称	原定工期	日历	开始	完成	最早开始	最早完成	最晚开始	最晚完成
CBD项目									
里程碑									
M1000	项目启动	0d	七天工作制	20-4-1 8:00 A		20-10-1 8:00		20-10-12 8:00	
M1010	施工图设计完成	0d	七天工作制		20-7-3 17:00 A		20-10-1 8:00		20-10-12 8:00
M1020	开工典礼	0d	七天工作制		20-9-6 17:00 A		20-10-1 8:00		20-10-12 8:00
M1030	基础出正负零	0d	七天工作制		20-12-20 17:00		20-12-20 17:00		20-12-23 17:00
M1040	主体结构验收	0d	七天工作制		21-1-17 17:00		21-1-17 17:00		21-1-20 17:00
M1050	项目结束	0d	七天工作制		21-5-18 17:00		21-5-18 17:00		21-5-21 17:00
项目管理									
PM1000	项目管理工作	365d	七天工作制	20-4-1 8:00 A	21-5-18 17:00	20-10-9 8:00	21-5-18 17:00	20-10-12 8:00	21-5-21 17:00
设计阶段									
地质勘察									
E1000	地质初勘	3d	七天工作制	20-4-1 8:00 A	20-4-3 17:00 A	20-10-1 8:00	20-10-1 8:00	20-10-12 8:00	20-10-12 8:00
E1010	地质详勘	7d	七天工作制	20-4-7 8:00 A	20-4-13 17:00A	20-10-1 8:00	20-10-1 8:00	20-10-12 8:00	20-10-12 8:00
初步设计									
E1020	初步设计	8d	七天工作制	20-4-14 8:00 A	20-4-21 17:00A	20-10-1 8:00	20-10-1 8:00	20-10-12 8:00	20-10-12 8:00
E1030	初步设计报审	6d	五天工作制	20-4-22 8:00 A	20-4-29 17:00A	20-10-1 8:00	20-10-1 8:00	20-10-12 8:00	20-10-12 8:00
施工图设计									
E1040	基础施工图设计	50d	七天工作制	20-4-30 8:00 A	20-6-23 17:00A	20-10-1 8:00	20-10-1 8:00	20-10-12 8:00	20-10-12 8:00
E1050	地下室施工图设计	45d	七天工作制	20-4-30 8:00 A	20-6-18 17:00A	20-10-1 8:00	20-10-1 8:00	20-10-12 8:00	20-10-12 8:00
E1060	地上部分施工图设计	45d	七天工作制	20-4-30 8:00 A	20-6-18 17:00A	20-10-1 8:00	20-10-1 8:00	20-10-12 8:00	20-10-12 8:00
E1070	建筑结构施工图报审	6d	五天工作制	20-6-24 8:00 A	20-7-3 17:00 A	20-10-1 8:00	20-10-1 8:00	20-10-12 8:00	20-10-12 8:00
E1080	消防施工图报审	6d	五天工作制	20-6-24 8:00 A	20-7-3 17:00 A	20-10-1 8:00	20-10-1 8:00	20-10-12 8:00	20-10-12 8:00
E1090	人防施工图报审	6d	五天工作制	20-6-24 8:00 A	20-7-3 17:00 A	20-10-1 8:00	20-10-1 8:00	20-10-12 8:00	20-10-12 8:00
E1100	节能报审	6d	五天工作制	20-6-24 8:00 A	20-7-3 17:00 A	20-10-1 8:00	20-10-1 8:00	20-10-12 8:00	20-10-12 8:00
采购阶段									
电气设备采购									

图 3-31 报表的显示结果定制

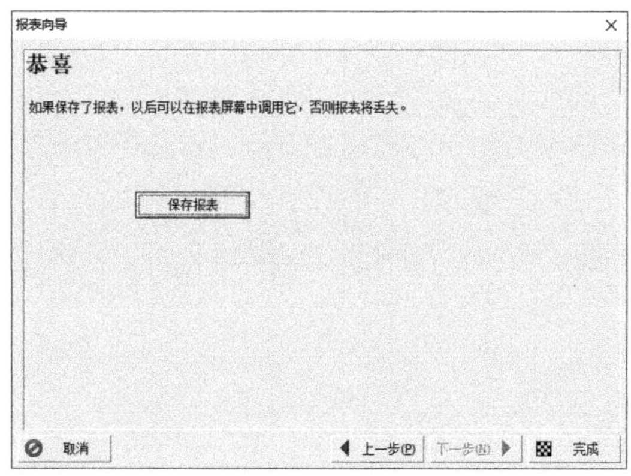

图 3-32 保存报表

第4章

资源约束下的项目计划

4.1 配置与资源（费用）相关的默认设置

➢ 掌握资源（费用）计划相关的默认设置。这些默认设置包括适用于所有用户的默认设置，也包括针对单一用户的默认设置，还包括项目层面的默认设置。

➢ 设定在制定资源计划的默认设置。包括设置与资源有关货币单位的选择、资源价格的设置、资源计量单位的设置等内容。

实验步骤

1. 资源计量单位、单价的设置与选择

（1）资源计量单位的设置

在“用户设置”对话框中，在“单位格式”区域进行时间单位的设置，见图 4-1。

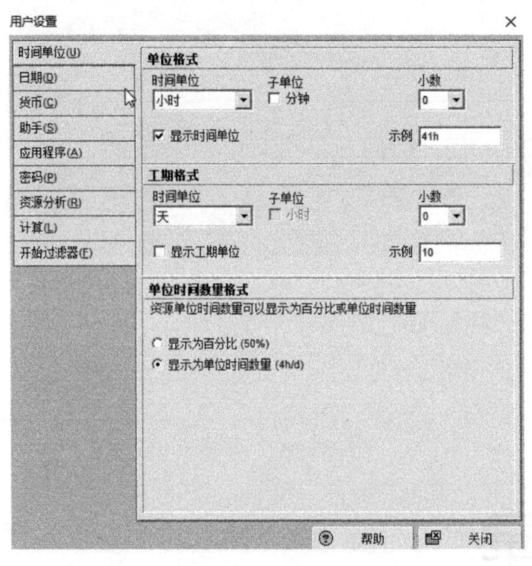

图 4-1 “用户设置-单位格式”对话框

这里设置时间单位为“小时”，同时设置了“显示时间单位”，则在作业窗口的“作业详情表”-“资源”页面显示人工和非人工资源的预算数量时显示为小时的单位符号英文缩写 h（在“管理设置”对话框的“时间周期”页面设置），见图 4-2。

对于材料类资源的计量单位的设置需要依次选择“管理员/管理类别/计量单位”，在“计量单位”页面进行设置，见图 4-3。

（2）资源单价类型的设置与选择

P6 提供了 5 种单价类型供用户在分配资源单价时使用，除此之外用户还可以编辑单价类型的显示标题。该项操作通过依次选择“管理员/管理设置/单价类型”进行设置，见图 4-4。

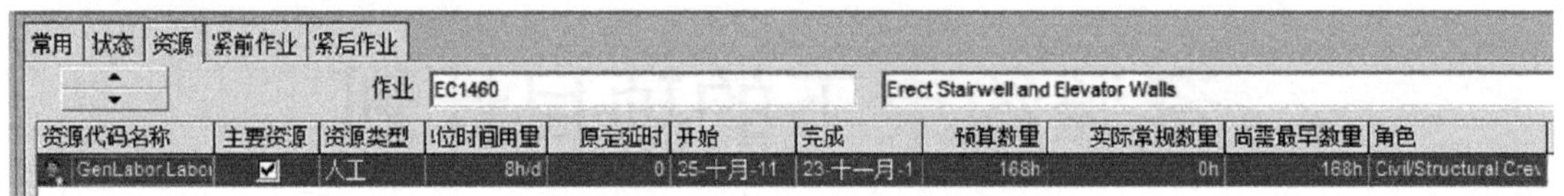

图 4-2 “作业详情表-资源”页面

在该页面中，可以为企业项目中的同一资源定义多个单价，从而在编制项目计划时，在同一时间周期范围内可以使用不同的资源单价。在“单价类型”页面设置了不同类型的单价显示标题后，可以在项目窗口的“详情-资源”页面为资源指定默认的单价类型，也可以在作业窗口的“作业详情表-资源”页面的“单价类型”栏位为不同的资源选择单价

图 4-3 “管理类别-计量单位”页面　　　图 4-4 “管理设置-单价类型”页面

类型。

2. 货币的设置与选择

(1) 货币及汇率的设置

依次选择“管理员/货币【Currencies】”，打开“货币”对话框后，进行货币的定义与汇率的设置，见图 4-5。

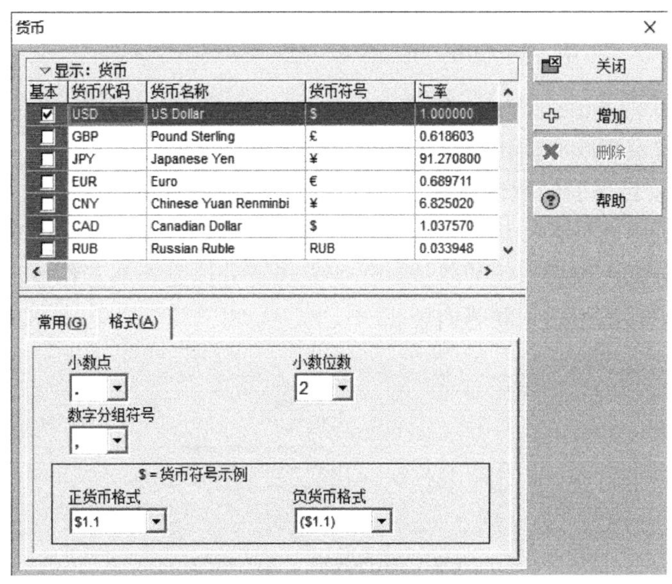

图 4-5 “货币”对话框

在“货币”对话框中显示的货币有两种类型，即基本货币与显示货币。

每个数据库只支持一种基本货币，并且总显示在第一行。其他的所有货币值在“基本货币”的数据库中转换和保存。在默认状态下基本货币为美元，显示的货币符号为“$”。可以定义货币代码、货币名称、货币符号、对应基础货币的汇率以及显示格式。

(2) 用户货币的选择

依次选择“编辑【Edit】/用户设置【User Preferences】”，打开“用户设置”对话框后，在“货币”页面中选择显示货币，见图 4-6。

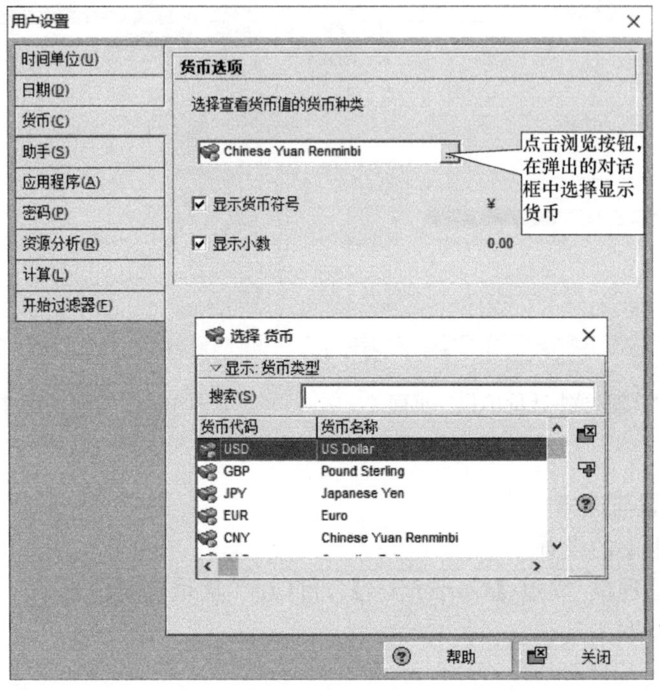

图 4-6　利用“用户设置”对话框定义显示货币

选择显示货币“Chinese Yuan Renminbi”，在 P6 中相关费用字段就会根据汇率进行相关计算。该设置只影响当前用户，不影响其他用户的相关设置。

3. 资源计算项目层面的默认设置

在项目详情页中选择“计算”页面（图 4-7）中进行作业与资源计算规则的设定与修改，包括对没有分配资源的作业的单价、作业完成百分比是否基于作业步骤计算、工期百分比以及资源数量与费用的关联等内容。

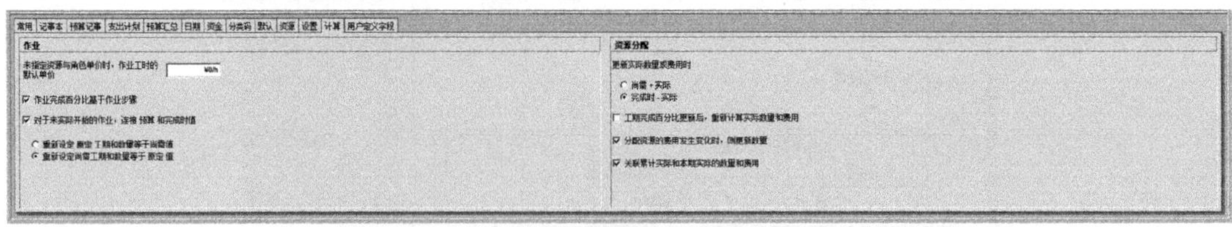

图 4-7　“项目详情-计算”页面

按照图 4-7 中勾选“作业完成百分比基于作业步骤”，其他设置按照图 4-8 进行设置。

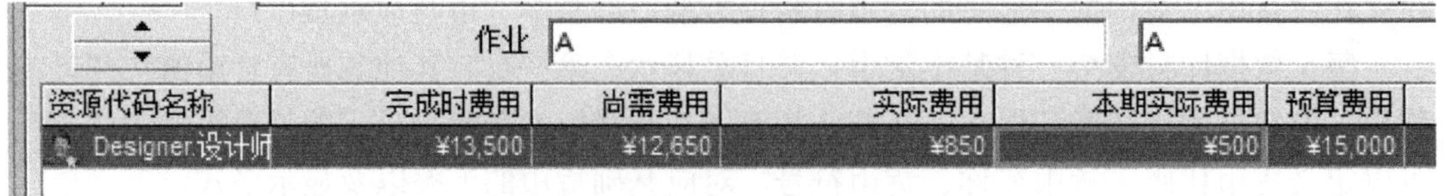

图 4-8　选中“连接实际的和本期实际的数量和费用”计算结果

4. 资源（费用）有关的设置

（1）管理员-管理设置-选项

在这里指定按计划的时间间隔自动汇总项目数据，设定 P6 Professional 联机帮助 URL，见图 4-9。

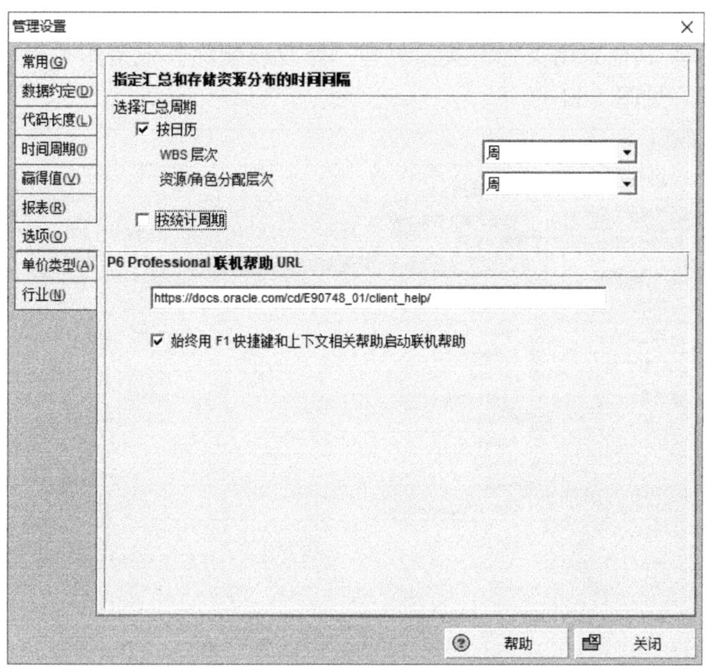

图 4-9　“管理设置-选项”页面

（2）编辑-用户设置-资源分析

这里设置在绘制资源直方图和剖析表的过程中，对数据源的一些默认设置，见图 4-10。

在“所有项目”部分，指定计算剖析表、配置和跟踪视图的尚需数量和费用时是否要从关闭的项目中收集信息及收集的范围。要包含所有打开项目中的即时数据和所有关闭项目（不包括带有模拟分析状态的项目）中的存储汇总数据，需要选择“所有关闭的项目（模拟分析项目除外）”。如果要包含所有打开项目中的即时数据和所有具有特定平衡优先级的关闭项目中的存储汇总数据，则选择“带有平衡优先级大于/等于××值的全部关闭项目”，然后指定平衡优先级。项目的平衡优先级在项目窗口的“常用”页面设置。选择“仅打开的项目”则仅使用打开的项目数据。

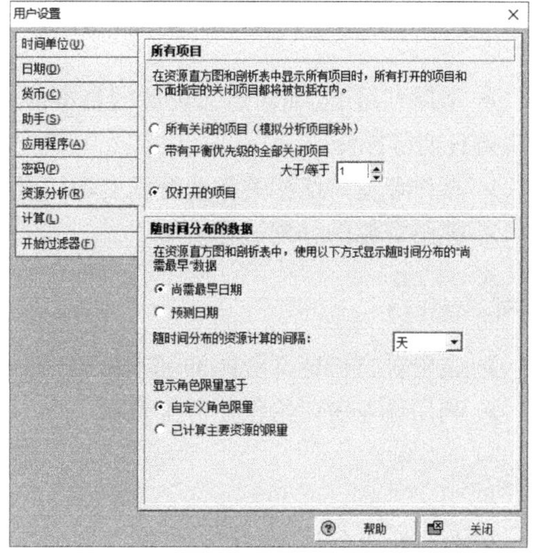

图 4-10　“用户设置-资源分析”对话框

在“随时间分布的数据”部分，选择用于计算尚需数量的起始点，以及资源直方图、剖析表显示和跟踪视图中的费用。选择针对资源直方图、剖析表以及跟踪视图执行即时资源和费用计算的间隔。仅当时间标尺间隔设置为低于“随时间分布的资源计算的间隔”字段中设置间隔时，才会影响直方图、剖析表和视图。

(3) 其他费用分类

在“管理类别-其他费用类别”页面创建、修改或删除其他费用类别，主要用于对其他费用进行分类，见图 4-11。

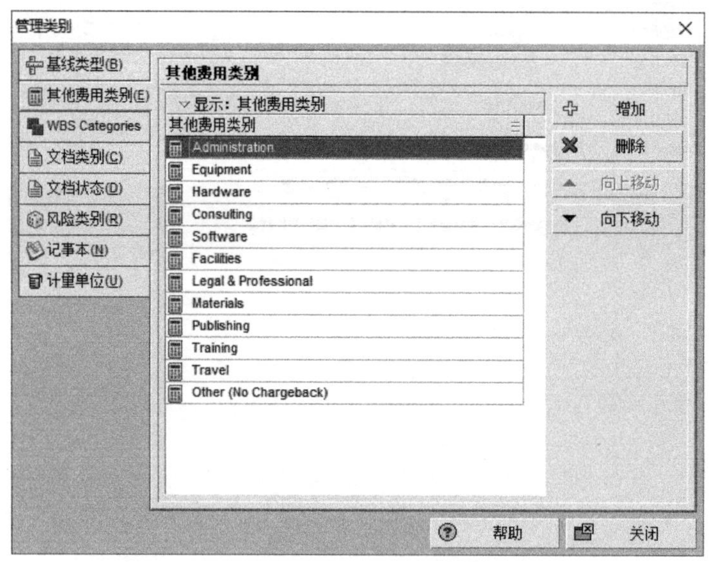

图 4-11 “管理类别-其他费用类别”页面

4.2 定义资源及分配资源

实验目的

➢ 掌握利用 P6 如何定义资源的基本信息，包括资源代码、资源名称、资源单价、资源生效日期等操作；

➢ 在作业窗口给相关作业分配资源以及资源的用量；

➢ 熟悉资源的分配过程。

实验内容

➢ 在资源窗口定义资源的基本信息；

➢ 利用作业窗口给作业分配资源。

实验步骤

依次选择“企业/资源”，打开“资源”窗口。在“资源”窗口点击命令栏中的“增加”命令“✚”，开始创建新资源。如果在“用户设置”对话框“助手”页面勾选“使用新资源向导”选项，点击“增加”时会启动“新资源生成向导”，按照该向导的提示完成新资源的创建工作，这对初学者很有用。如果不想使用向导创建新资源，则在“用户设置”对话框的“助手”页面取消勾选“使用新资源向导”选项。新资源创建完成后可以利用显示在窗口底部的“资源详情”各页面对各个资源的详情进行修改和定义。

定义资源的基本信息：

（1）创建资源

进入“资源”窗口，点击增加命令“✚”，创建资源。资源的基础信息见图 4-12。

显示: 当前项目的资源(C)

资源代码	日历	自动计算实际值	资源名称	资源类型	计量单位	默认单位时间用量	最大单位时间用量	Standard Rate	ternal Rate	ternal Rate	'rice / Unit4	Price / Unit5	从数量计算费用	允许加班	班次
资源类型: 人工						632h/d	672h/d								
ProjManager	七天工作制	☐	项目经理	人工		8h/d	8h/d	¥800/d					☑	☐	
ChiefEnge	七天工作制	☐	项目总工	人工		8h/d	8h/d	¥500/d					☑	☐	
Engieer	七天工作制	☐	专业工程师	人工		40h/d	40h/d	¥280/d					☑	☐	
Deigner	七天工作制	☐	设计师	人工		48h/d	48h/d	¥450/d					☑	☐	
Techinical	七天工作制	☐	技工	人工		400h/d	440h/d	¥300/d					☑	☐	
Labor	七天工作制	☐	普工	人工		128h/d	128h/d	¥200/d					☑	☐	
资源类型: 材料						–	–								
Concrete	五天工作制	☐	混凝土	材料	立方米	8m3/d	8m3/d	¥500/m3					☑	☐	
Cable	五天工作制	☐	电缆	材料	米	8m/d	8m/d	¥160/m					☑	☐	
Pipe	五天工作制	☐	管道	材料	米	8m/d	8m/d	¥80/m					☑	☐	
Rebar	五天工作制	☐	钢筋	材料	吨	8t/d	8t/d	¥4,200/t					☑	☐	
Vacuum	五天工作制	☐	保温板	材料	立方米	8m3/d	8m3/d	¥400/m3					☑	☐	
Defensecoil	五天工作制	☐	防水卷材	材料	平米	8M2/d	8M2/d	¥80/M2					☑	☐	
资源类型: 非人工						32h/d	40h/d								
Wheelscraper	七天工作制	☐	铲运机	非人工		8h/d	8h/d	¥700/d	¥0/d	¥0/d	¥0/d	¥0/d	☑	☐	
Excavator	七天工作制	☐	挖掘机	非人工		8h/d	16h/d	¥2,500/d					☑	☐	
Tipcart	七天工作制	☐	翻斗车	非人工		8h/d	8h/d	¥600/d					☑	☐	
Crane	七天工作制	☐	吊车	非人工		8h/d	8h/d	¥2,700/d					☑	☐	

图 4-12　资源的基础信息

（2）“详情”页面

在“详情”页面可以设置资源类型、是否加班、日历等信息，见图 4-13。这些内容也可以在资源窗口对应的栏位里进行设置。

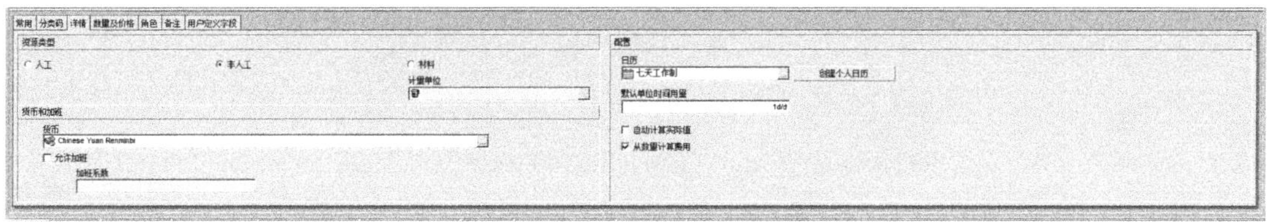

图 4-13　“资源详情-详情”页面

（3）“数量和价格”页面

在资源详情表的“数量和价格”页面（图 4-14）中，可以确定资源每一时段的资源单价、每一班次的单价以及资源的生效日期。这里统一将资源的生效日期设定为“2020-03-01”。

图 4-14　确定资源生效日期

4.3 资源加载与资源平衡

实验目的

➢ 利用“导入”“导出”功能为项目作业增加资源分配；
➢ 利用“资源分配”窗口修改资源分配、实现项目资源平衡等。

实验内容

➢ 导入项目；
➢ 利用导入项目加载资源；
➢ 利用资源分配窗口修改资源分配、执行资源平衡等内容。

1. 资源加载

（1）导入项目

通过“文件-导入”，启动“导入格式”对话框，见图 4-15。

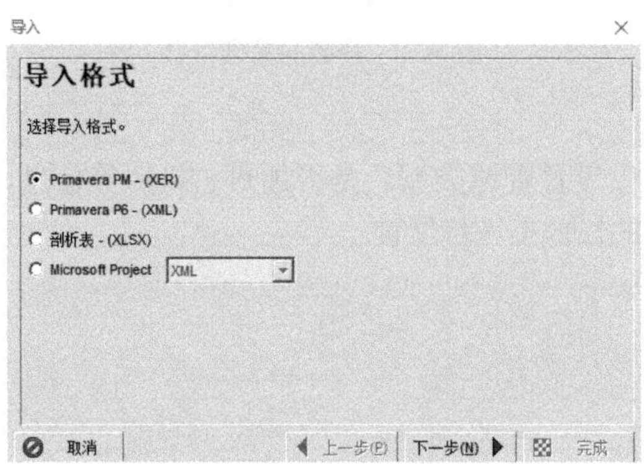

图 4-15 “导入格式”对话框

选择导入“Primavera PM-(XER)”文件，将“CBD 工期基线计划”项目导入到项目列表，在导入过程中如果项目窗口列表中有相同的“项目代码”，则需要选择，如图 4-16 所示。

这里选择“创建新项目”创建该项目，并通过“导入到”选择需要导入的 EPS 节点，将项目导入到对应的 EPS 节点下。回到项目窗口将导入的项目代码命名为“CBDresource”

（2）资源加载

1）利用“作业详情表”中的“资源”页面加载。

在“作业详情表”的“资源”页面中可以为项目的每道作业分配所需的资源，并填写资源的各种信息，例如原定工期、单价、预算数量等。以“CBD”项目为例，点击“增加资源”，在打开的“分配资源”对话框中选择“初步设计”作业所需的资源“设计师”，点

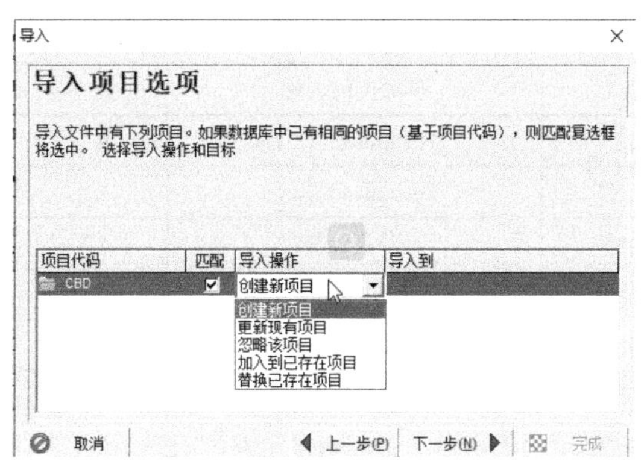

图 4-16　导入“项目选项”-选择“创建新项目”对话框

击“分配”，将设计师分配给初步设计作业。分配资源后，在“资源”页面下的各个字段中输入资源的预算数量、每个资源使用的单价类型等信息。如果在分配资源前在相关页面进行了相应的设置，则预算费用以及尚需费用和尚需数量会根据预算数量结算出来，见图 4-17。

常用 | 状态 | 资源 | 分类码 | 逻辑关系 | 记事本 | 步骤 | 反馈 | 工作产品及文档 | 风险 | 其他费用 | 汇总

作业 E1020　初步设计

资源代码名称	单价	单价类型	价格来源	从数量计算费用	预算数量	预算费用	实际数量	尚需单位时间用量	角色
Engeer.设计师	¥450.00/d	Standard Rate	资源	☑	480.00h	¥27,000.00	0.00h	80.00h/d	

图 4-17　给“初步设计”作业分配资源

按照上述过程可以继续完成其他作业的资源分配计划，见表 4-1。

资源消耗表　　　　**表 4-1**

作业代码	作业名称	资源代码名称	资源类型	预算数量	单价
PM1000	项目管理工作	ProjManager. 项目经理	人工	2952h	¥800/d
PM1000	项目管理工作	ChiefEnge. 项目总工	人工	2952h	¥500/d
PM1000	项目管理工作	Engieer. 专业工程师	人工	14760h	¥280/d
E1020	初步设计	Designer. 设计师	人工	384h	¥450/d
E1040	基础施工图设计	Designer. 设计师	人工	800h	¥450/d
E1050	地下室施工图设计	Designer. 设计师	人工	800h	¥450/d
E1060	地上部分施工图设计	Designer. 设计师	人工	800h	¥450/d
CA1002	基础施工	Techinical. 技工	人工	22800h	¥300/d
CA1000	一层结构施工	Techinical. 技工	人工	3200h	¥300/d
CA1012	二层结构施工	Techinical. 技工	人工	3200h	¥300/d
CA1022	三层结构施工	Techinical. 技工	人工	3200h	¥300/d
A1000	一层砌体砌筑	Techinical. 技工	人工	1000h	¥300/d
A1070	二层砌体砌筑	Techinical. 技工	人工	1000h	¥300/d
A1080	三层砌体砌筑	Techinical. 技工	人工	1000h	¥300/d
A1010	屋面工程	Techinical. 技工	人工	240h	¥300/d
A1020	电气设备安装	Techinical. 技工	人工	720h	¥300/d
A1030	暖通设备安装	Techinical. 技工	人工	720h	¥300/d

续表

作业代码	作业名称	资源代码名称	资源类型	预算数量	单价
A1040	电梯安装	Techinical. 技工	人工	1440h	¥300/d
A1090	消防设备安装	Techinical. 技工	人工	720h	¥300/d
A1060	一层装饰装修	Techinical. 技工	人工	1280h	¥300/d
A1100	二层装饰装修	Techinical. 技工	人工	1280h	¥300/d
A1110	三层装饰装修	Techinical. 技工	人工	1280h	¥300/d
CA1002	基础施工	Labor. 普工	人工	3200h	¥200/d
CA1000	一层结构施工	Labor. 普工	人工	64h	¥200/d
CA1012	二层结构施工	Labor. 普工	人工	64h	¥200/d
CA1022	三层结构施工	Labor. 普工	人工	64h	¥200/d
A1000	一层砌体砌筑	Labor. 普工	人工	520h	¥200/d
A1070	二层砌体砌筑	Labor. 普工	人工	520h	¥200/d
A1080	三层砌体砌筑	Labor. 普工	人工	75h	¥200/d
A1010	屋面工程	Labor. 普工	人工	320h	¥200/d
A1020	电气设备安装	Labor. 普工	人工	340h	¥200/d
A1030	暖通设备安装	Labor. 普工	人工	360h	¥200/d
A1040	电梯安装	Labor. 普工	人工	120h	¥200/d
A1090	消防设备安装	Labor. 普工	人工	360h	¥200/d
A1060	一层装饰装修	Labor. 普工	人工	680h	¥200/d
A1100	二层装饰装修	Labor. 普工	人工	680h	¥200/d
A1110	三层装饰装修	Labor. 普工	人工	680h	¥200/d
C1000	三通一平	Labor. 普工	人工	1680h	¥200/d
CA1002	基础施工	Concrete. 混凝土	材料	2100.00m^3	¥500/m^3
CA1000	一层结构施工	Concrete. 混凝土	材料	600.00m^3	¥500/m^3
CA1012	二层结构施工	Concrete. 混凝土	材料	600.00m^3	¥500/m^3
CA1022	三层结构施工	Concrete. 混凝土	材料	600.00m^3	¥500/m^3
A1000	一层砌体砌筑	Concrete. 混凝土	材料	20.00m^3	¥500/m^3
A1070	二层砌体砌筑	Concrete. 混凝土	材料	20.00m^3	¥500/m^3
A1080	三层砌体砌筑	Concrete. 混凝土	材料	20.00m^3	¥500/m^3
A1010	屋面工程	Concrete. 混凝土	材料	160.00m^3	¥500/m^3
CA1002	基础施工	Cable. 电缆	材料	2700.00m	¥160/m
A1020	电气设备安装	Cable. 电缆	材料	2700.00m	¥160/m
CA1002	基础施工	Pipe. 管道	材料	3510.00m	¥80/m
A1030	暖通设备安装	Pipe. 管道	材料	2000.00m	¥80/m
A1090	消防设备安装	Pipe. 管道	材料	2000.00m	¥80/m
CA1002	基础施工	Rebar. 钢筋	材料	160.00t	¥4200/t
CA1000	一层结构施工	Rebar. 钢筋	材料	90.00t	¥4200/t

续表

作业代码	作业名称	资源代码名称	资源类型	预算数量	单价
CA1012	二层结构施工	Rebar. 钢筋	材料	90.00t	￥4200/t
CA1022	三层结构施工	Rebar. 钢筋	材料	90.00t	￥4200/t
A1000	一层砌体砌筑	Rebar. 钢筋	材料	2.00t	￥4200/t
A1070	二层砌体砌筑	Rebar. 钢筋	材料	2.00t	￥4200/t
A1080	三层砌体砌筑	Rebar. 钢筋	材料	2.00t	￥4200/t
A1010	屋面工程	Vacuum. 保温板	材料	200.00m^3	￥400/m^3
A1010	屋面工程	Defensecoil. 防水卷材	材料	3000.00m^2	￥80/m^2
C1000	三通一平	Wheelscraper. 铲运机	非人工	240h	￥700/d
CA1002	基础施工	Excavator. 挖掘机	非人工	160h	￥2500/d
C1000	三通一平	Excavator. 挖掘机	非人工	240h	￥2500/d
CA1002	基础施工	Tipcart. 翻斗车	非人工	320h	￥600/d
C1000	三通一平	Tipcart. 翻斗车	非人工	80h	￥600/d
A1000	一层砌体砌筑	Crane. 吊车	非人工	48h	￥2700/d
A1070	二层砌体砌筑	Crane. 吊车	非人工	48h	￥2700/d
A1080	三层砌体砌筑	Crane. 吊车	非人工	48h	￥2700/d
A1010	屋面工程	Crane. 吊车	非人工	48h	￥2700/d
A1020	电气设备安装	Crane. 吊车	非人工	544h	￥2700/d
A1030	暖通设备安装	Crane. 吊车	非人工	64h	￥2700/d
A1040	电梯安装	Crane. 吊车	非人工	32h	￥2700/d
A1090	消防设备安装	Crane. 吊车	非人工	64h	￥2700/d
A1060	一层装饰装修	Crane. 吊车	非人工	48h	￥2700/d
A1100	二层装饰装修	Crane. 吊车	非人工	48h	￥2700/d
A1110	三层装饰装修	Crane. 吊车	非人工	48h	￥2700/d

2）利用资源分配窗口修改资源分配。

详细的资源分配可以通过“资源分配”窗口进行分配。这里要求进入“资源分配”窗口后，修改“基础施工”作业挖掘机和翻斗车的资源分配，见图 4-18。

2. 资源平衡

（1）查看资源分配情况

在作业窗口中，选择菜单“显示/显示于底部【Show on Bottom】/资源直方图【Resource Usage Profile】”。利用直方图可以查看资源与角色的负荷状况。为了查看资源每天的分配详情，可以在直方图区域单击鼠标右键，利用弹出的快捷菜单选择“时间标尺”，将时间标尺调整为“周/天”，在“显示选定内容的作业”中勾选“资源”，显示加载普工的作业，见图 4-19。

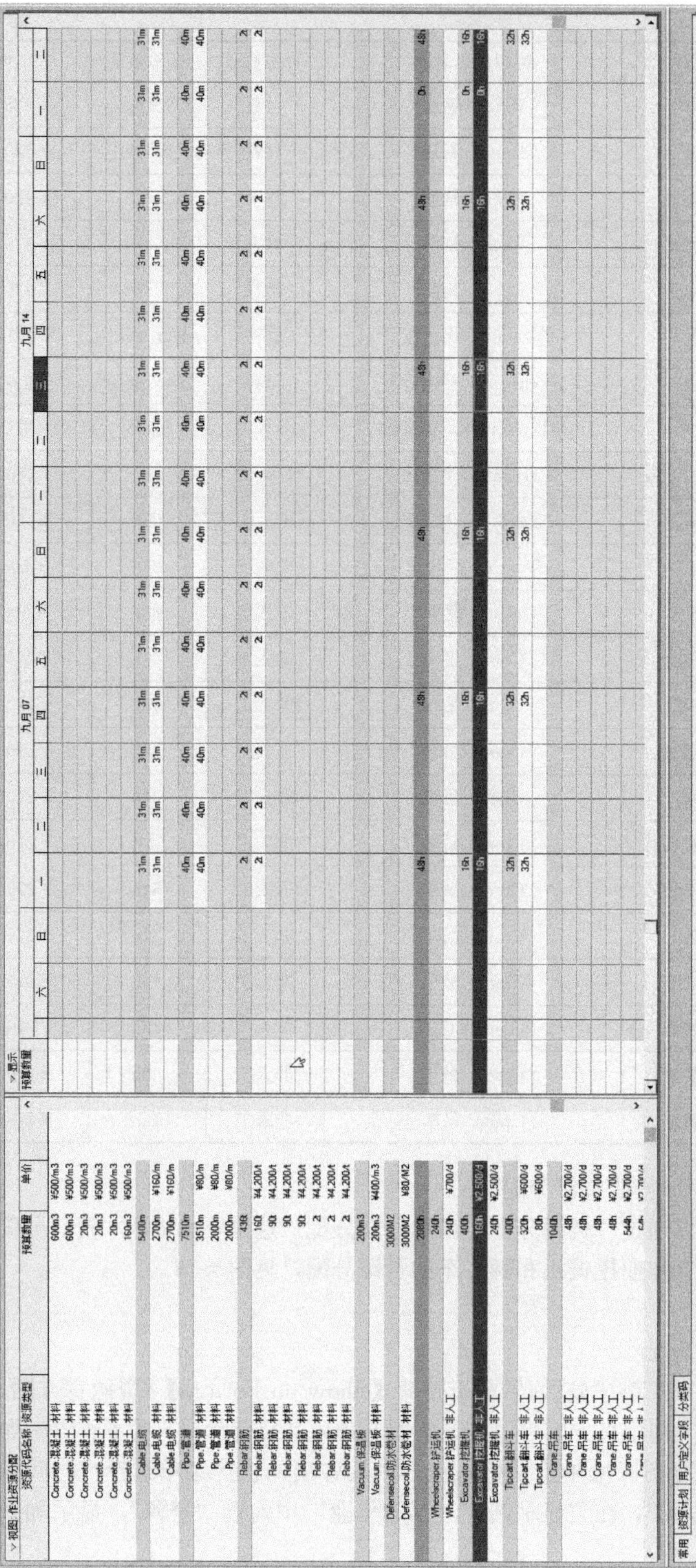

图 4-18 “资源分配”-修改“基础施工”作业挖掘机和翻斗车的资源分配窗口

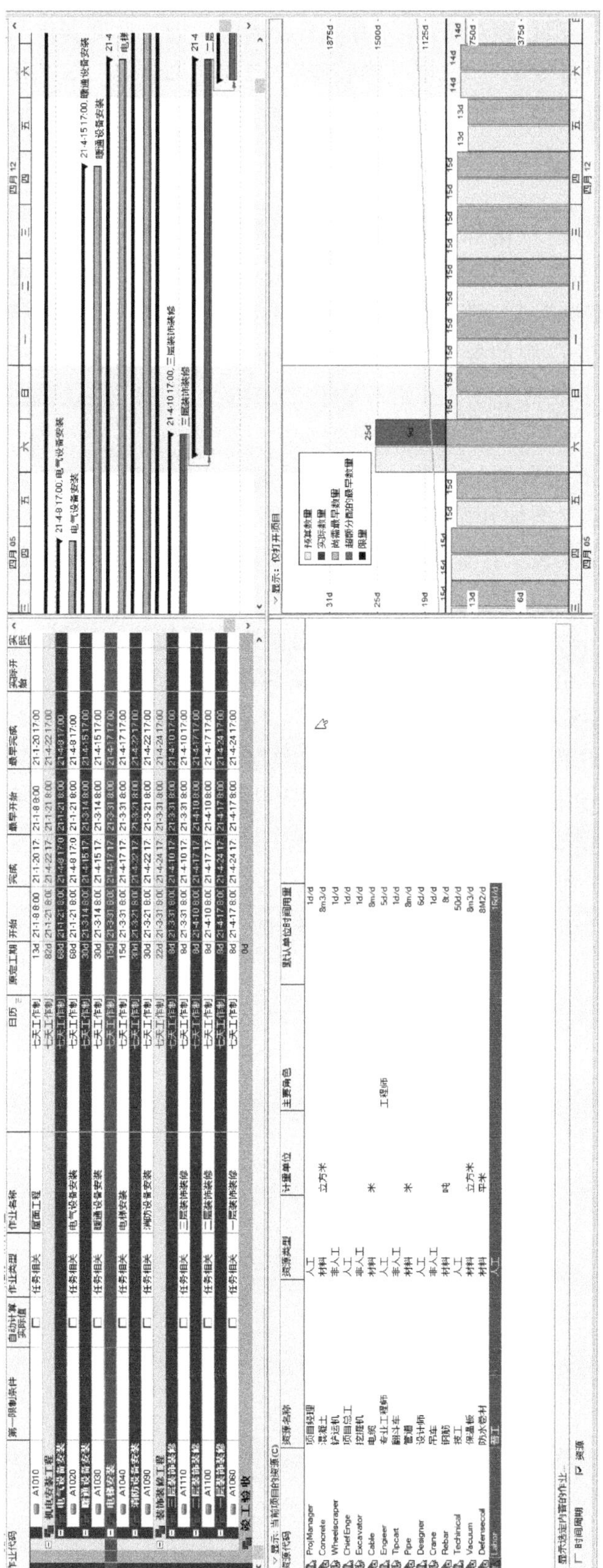

图 4-19　查看资源分配情况

如图 4-19 所示“CBDresouce”项目在 2021 年 4 月 5 日开始的一周，这周安排了“电梯安装”“暖通设备安装”“消防设备安装”“三层装饰装修”“二层装饰装修”等工作，而这些工作同时需要普工的参与，导致普工的需求超过了单位时间供给的最大量（每日 16 人，每周 112 人）。

（2）资源平衡

借助给作业加载限制条件、修改（增加）逻辑关系等手段实现资源的平衡。目前，“三层装饰装修”和“二层装饰装修”为关键作业，需要优先保障资源的供给。“电梯安装”“暖通设备安装”“消防设备安装”三个作业的总浮时大于 14d，可以增加限制条件推迟作业的最早开始日期，以便降低资源的复合。这里给总浮时最大的“暖通设备安装”（总浮时等于 22d）增加开始不早于限制条件（开始不早于 2021 年 4 月 11 日），试图降低周六对普工的需求，见图 4-20。

如图 4-20 所示，部分作业降低了资源的负荷。除了“暖通设备安装”作业外，还可以给拥有总浮时的作业“电梯安装”增加开始不早于 4 月 11 日的限制条件，见图 4-21。

同样的方法可以给“消防设备安装”作业增加开始不早于 4 月 11 日的限制条件，见图 4-22。

通过上述方法似乎降低了周六的资源负荷，但是并没有解决资源超载的问题。同时，由于增加了限制条件，使得三道作业变成关键作业并且导致“消防设备安装”的总浮时小于 0。可见通过增加限制条件的方案不可行。

可以通过资源分配解决资源的超载问题。目前“二层装饰装修”工作已经成为关键作业，可以通过资源分配解决 4 月 10 日的资源冲突问题。进入“资源分配”窗口，重新进行装饰装修等工作普工的分配，见图 4-23。

返回作业窗口，普工的资源平衡问题得以解决，见图 4-24。

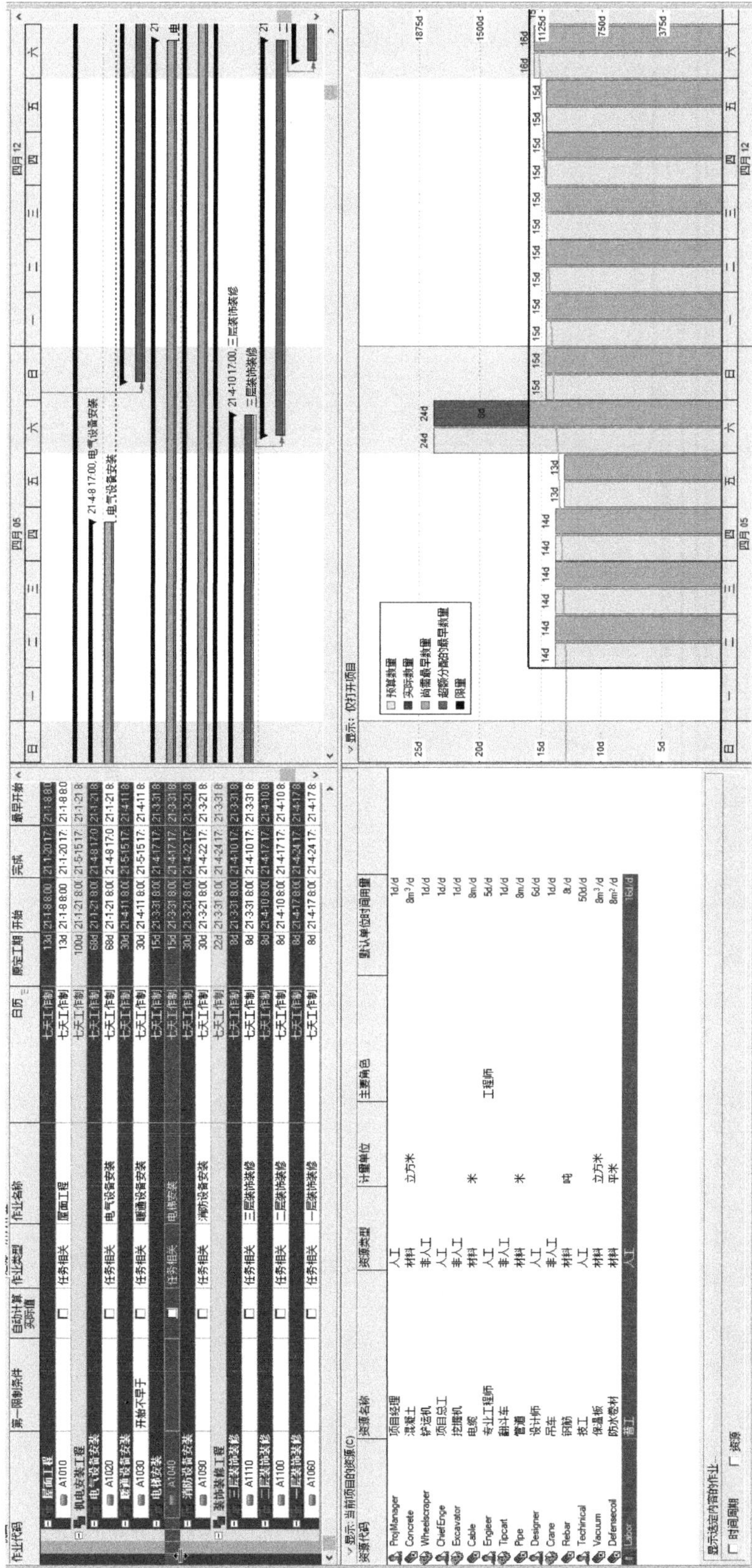

图 4-20 “暖通设备安装” 增加开始不早于限制条件

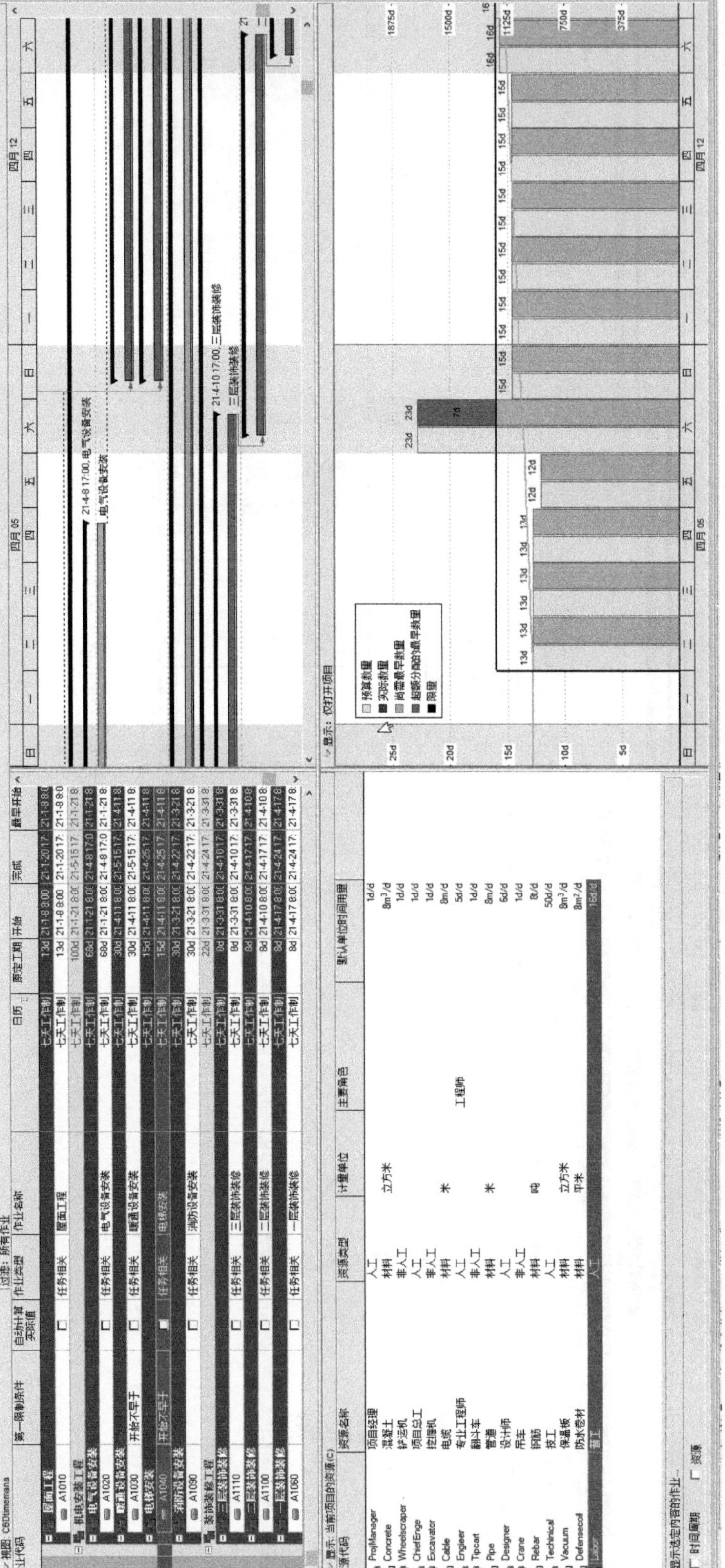

图 4-21 “电梯安装”增加开始不早于限制条件

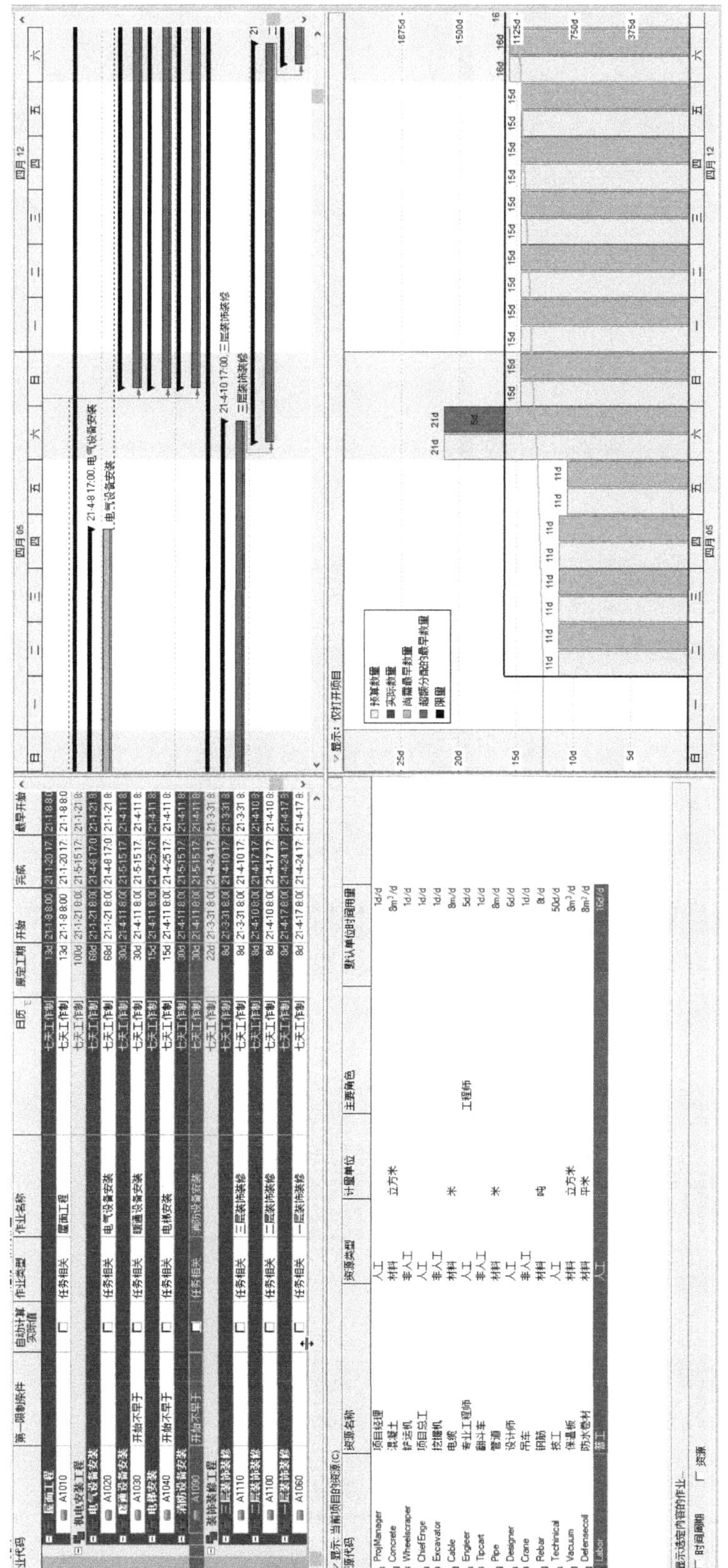

图 4-22　给“消防设备安装”作业增加开始不早于限制条件

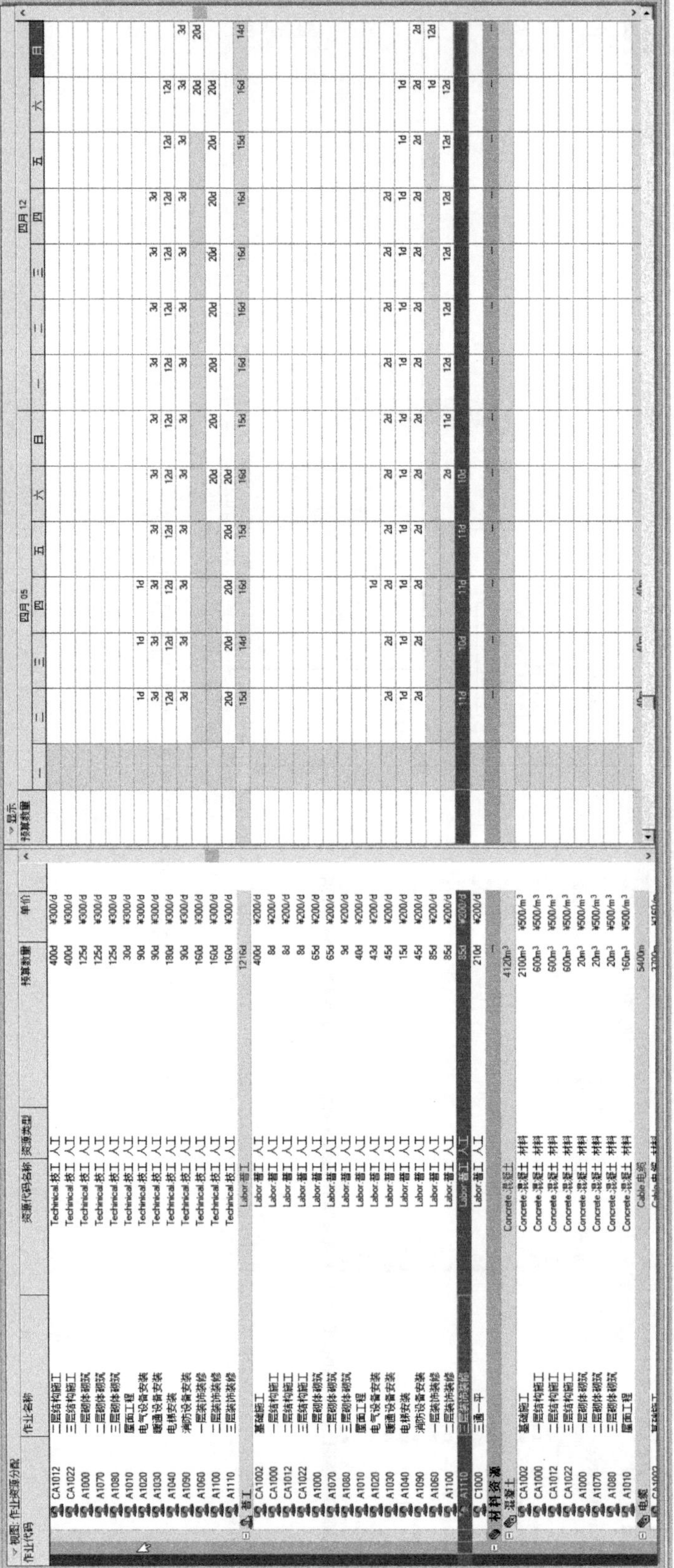

图 4-23　利用资源分配窗口实现资源平衡

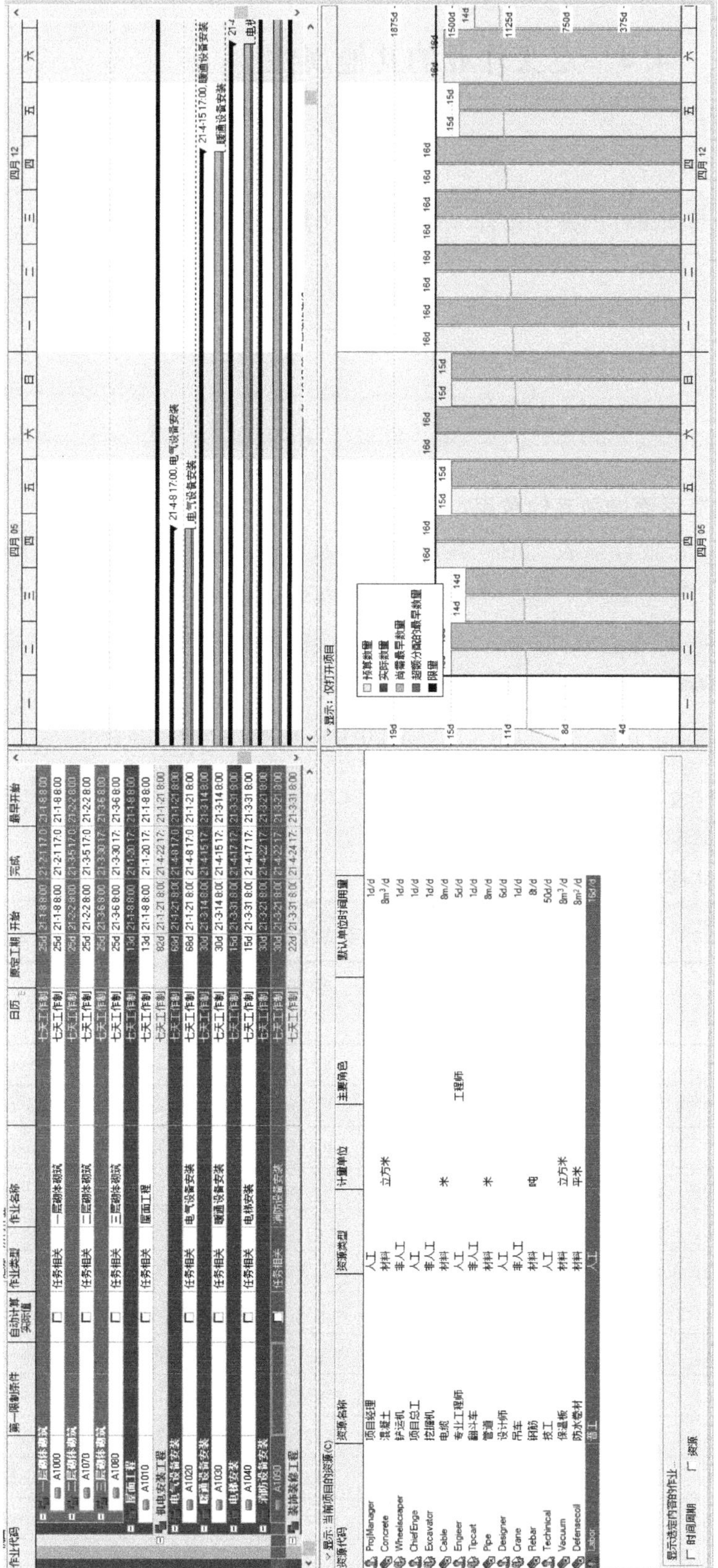

图 4-24　资源平衡后的结果

4.4 定义作业的其他属性

➢ 掌握为作业增加其他属性的操作过程（包括增加“其他费用”、作业步骤等）。

➢ 为作业增加其他费用；
➢ 增加作业步骤。

实验步骤

1. 利用“其他费用”页面增加其他费用

进入作业窗口，在“作业详情表”的“其他费用”页面中对选中的作业增加其他费用，例如给“地质详勘”作业增加一笔总的预算费用 6 万元，见图 4-25。

图 4-25　在“作业详情表”的“其他费用”页面中对选中的作业增加其他费用

在这个页面中可以定义其他费用的详情，比如“其他费用条目”“自动计算实际值”“其他费用类别”“分布类型”等信息。

其他作业需要增加其他费用的详情见表 4-2。

其他作业费用需要增加其他费用详情表　　**表 4-2**

作业名称	作业代码	其他费用条目	自动计算实际值	预算费用	分布类型	其他费用类别
初步设计	E1020	间接费和利润	否	￥3240	随工期均匀分布	Administration
基础施工图设计	E1040	基础施工图设计	否	￥6750	随工期均匀分布	Administration
地下室施工图设计	E1050	地下室施工图设计	否	￥6750	随工期均匀分布	Administration
地上部分施工图设计	E1060	地上部分施工图设计	否	￥6750	随工期均匀分布	Administration
三通一平	C1000	三通一平	否	￥21600	随工期均匀分布	Administration
基础施工	CA1002	基础施工	否	￥187921	随工期均匀分布	Administration
一层结构施工	CA1000	一层结构施工	否	￥121290	随工期均匀分布	Administration
二层结构施工	CA1012	二层结构施工	否	￥121290	随工期均匀分布	Administration
三层结构施工	CA1022	三层结构施工	否	￥121290	随工期均匀分布	Administration
一层砌体砌筑	A1000	一层砌体砌筑	否	￥12765	随工期均匀分布	Administration
二层砌体砌筑	A1070	二层砌体砌筑	否	￥12765	随工期均匀分布	Administration
三层砌体砌筑	A1080	三层砌体砌筑	否	￥12765	随工期均匀分布	Administration
屋面工程	A1010	屋面工程	否	￥64980	随工期均匀分布	Administration

续表

作业名称	作业代码	其他费用条目	自动计算实际值	预算费用	分布类型	其他费用类别
电气设备安装	A1020	电气设备安装	否	￥97740	随工期均匀分布	Administration
暖通设备安装	A1030	暖通设备安装	否	￥32640	随工期均匀分布	Administration
电梯安装	A1040	电梯安装	否	￥10170	随工期均匀分布	Administration
消防设备安装	A1090	消防设备安装	否	￥32640	随工期均匀分布	Administration
三层装饰装修	A1110	三层装饰装修	否	￥12180	随工期均匀分布	Administration
二层装饰装修	A1100	二层装饰装修	否	￥12180	随工期均匀分布	Administration
一层装饰装修	A1060	一层装饰装修	否	￥12180	随工期均匀分布	Administration
竣工验收	H1000	竣工验收	否	￥10000	随工期均匀分布	Administration
项目启动	M1000	项目启动	否	￥10000	随工期均匀分布	Administration
开工典礼	M1020	开工典礼	否	￥10000	随工期均匀分布	Administration
主体结构验收	M1040	主体结构验收	否	￥10000	随工期均匀分布	Administration
建筑结构施工图报审	E1070	建筑结构施工图报审	否	￥2000	随工期均匀分布	Administration
消防施工图报审	E1080	消防施工图报审	否	￥2000	随工期均匀分布	Administration
人防施工图报审	E1090	人防施工图报审	否	￥2000	随工期均匀分布	Administration
节能报审	E1100	节能报审	否	￥2000	随工期均匀分布	Administration
办理《建筑工程施工许可证》	C1010	办理《建筑工程施工许可证》	否	￥2000	随工期均匀分布	Administration
临时设施及道路	C1020	临时设施及道路	否	￥160000	随工期均匀分布	Administration
初步设计报审	E1030	初步设计报审	否	￥2000	随工期均匀分布	Administration
地质详勘	E1010	地质详勘	否	￥60000	随工期均匀分布	Administration
地质初勘	E1000	地质初勘	否	￥30000	随工期均匀分布	Administration
电气设备采购	PA1000	电气设备采购预付款	否	￥80000	作业的开始	Equipment
电气设备采购	PA1000	电气设备采购到货款	否	￥720000	作业的完成	Equipment
暖通设备采购	PA1230	暖通设备采购预付款	否	￥40000	作业的开始	Equipment
暖通设备采购	PA1230	暖通设备采购到货款	否	￥360000	作业的完成	Equipment
电梯设备采购	P1A230	电梯设备采购预付款	否	￥40000	作业的开始	Equipment
电梯设备采购	P1A230	电梯设备采购到货款	否	￥360000	作业的完成	Equipment
消防设备采购	PA1240	消防设备采购预付款	否	￥80000	作业的开始	Equipment
消防设备采购	PA1240	消防设备采购到货款	否	￥720000	作业的完成	Equipment

2. 利用“其他费用”页面分配其他费用

在“其他费用”页面点击“✚”，进入“选择作业”对话框，选择需要增加“其他费用”的作业，点击分配“⊞”，可以为选中的作业增加“其他费用”，见图 4-26。

3. 增加作业步骤

给项目的作业按照表 4-3 增加步骤。

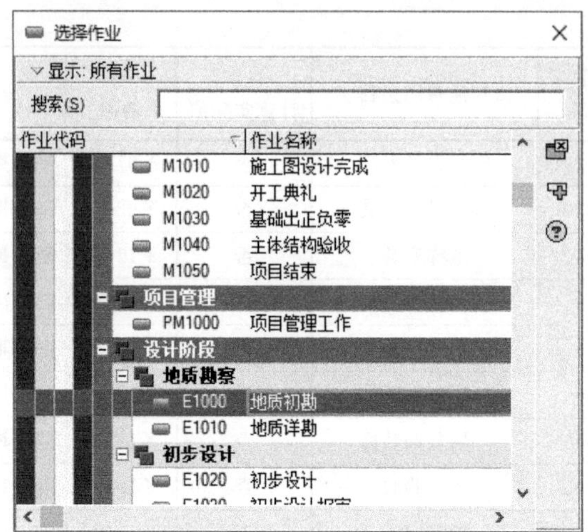

图 4-26 利用“其他费用”页面分配其他费用

作业步骤 **表 4-3**

作业代码	作业名称	步骤	步骤权重	步骤权重百分比
M1000	项目启动	项目启动	1	100
E1000	地质初勘	地质初勘开始	1	10
		地质初勘结束	9	90
E1010	地质详勘	地质详勘开始	1	10
		地质详勘结束	9	90
E1020	初步设计	开始设计	5	5
		设计	80	80
		专业审查	10	10
		发出	5	5
E1030	初步设计报审	报审开始	10	10
		审批	90	90
E1040	基础施工图设计	开始设计	5	5
		设计	80	80
		专业审查	10	10
		发出	5	5
E1050	地下室施工图设计	开始设计	5	5
		设计	80	80
		专业审查	10	10
		发出	5	5
E1060	地上部分施工图设计	开始设计	5	5
		设计	80	80
		专业审查	10	10
		发出	5	5

续表

作业代码	作业名称	步骤	步骤权重	步骤权重百分比
E1070	建筑结构施工图报审	报审开始	1	10
		审批	9	90
E1080	消防施工图报审	报审开始	1	10
		审批	9	90
E1090	人防施工图报审	报审开始	1	10
		审批	9	90
E1100	节能报审	报审开始	1	10
		审批	9	90
C1000	三通一平	三通一平开始	1	10
		三通一平结束	9	90
C1010	办理《建筑工程施工许可证》	报审开始	1	10
		审批	9	90
C1020	临时设施及道路	临时设施及道路开始	1	10
		临时设施及道路结束	9	90
M1020	开工典礼	开工典礼	1	100
CA1002	基础施工	土方开挖及基坑支护	30	33.7
		底板垫层混凝土浇筑	3	3.4
		底板防水及保护层	5	5.6
		底板钢筋制作安装	15	16.9
		底板模板制作安装	3	3.4
		底板混凝土浇筑	2	2.2
		地下室墙柱钢筋工程	5	5.6
		地下室模板工程	3	3.4
		地下室顶板钢筋工程	7	7.9
		地下室墙柱板混凝土浇筑	2	2.2
		地下室外墙防水、保温及保护墙	8	9
		基础土方回填	6	6.7
P1A230	电梯设备采购	设备采购开始	1	10
		设备采购到货	9	90
PA1000	电气设备采购	设备采购开始	1	10
		设备采购到货	9	90
CA1000	一层结构施工	柱钢筋绑扎	1	12.5
		柱模板安装	2	25
		梁板模板安装	3	37.5
		梁板钢筋绑扎	1	12.5
		混凝土浇筑	1	12.5

续表

作业代码	作业名称	步骤	步骤权重	步骤权重百分比
PA1230	暖通设备采购	设备采购开始	1	10
		设备采购到货	9	90
PA1240	消防设备采购	设备采购开始	1	10
		设备采购到货	9	90
CA1012	二层结构施工	柱钢筋绑扎	1	12.5
		柱模板安装	2	25
		梁板模板安装	3	37.5
		梁板钢筋绑扎	1	12.5
		混凝土浇筑	1	12.5
CA1022	三层结构施工	柱钢筋绑扎	1	12.5
		柱模板安装	2	25
		梁板模板安装	3	37.5
		梁板钢筋绑扎	1	12.5
		混凝土浇筑	1	12.5
M1040	主体结构验收	主体结构验收	1	100
A1000	一层砌体砌筑	放线植筋	3	16.7
		砌体砌筑	5	27.8
		构造柱施工	7	38.9
		砌体顶砖	3	16.7
A1010	屋面工程	基层找平处理	3	23.1
		保温层施工	3	23.1
		找坡层施工	2	15.4
		防水层施工	3	23.1
		屋面面层施工	2	15.4
A1020	电气设备安装	设备安装开始	1	10
		设备安装结束	9	90
A1070	二层砌体砌筑	放线植筋	3	16.7
		砌体砌筑	5	27.8
		构造柱施工	7	38.9
		砌体顶砖	3	16.7
A1080	三层砌体砌筑	放线植筋	3	16.7
		砌体砌筑	5	27.8
		构造柱施工	7	38.9
		砌体顶砖	3	16.7
A1030	暖通设备安装	设备安装开始	1	10
		设备安装结束	9	90

续表

作业代码	作业名称	步骤	步骤权重	步骤权重百分比
A1090	消防设备安装	设备安装开始	1	10
		设备安装结束	9	90
A1110	三层装饰装修	墙体挂网	2	25
		墙体抹灰	5	62.5
		地面	1	12.5
A1040	电梯安装	设备安装开始	1	10
		设备安装结束	9	90
A1100	二层装饰装修	墙体挂网	2	25
		墙体抹灰	5	62.5
		地面	1	12.5
A1060	一层装饰装修	墙体挂网	2	25
		墙体抹灰	5	62.5
		地面	1	12.5
H1000	竣工验收	竣工验收	1	100

在作业窗口的“步骤”页面对作业步骤进行定义，见图 4-27。

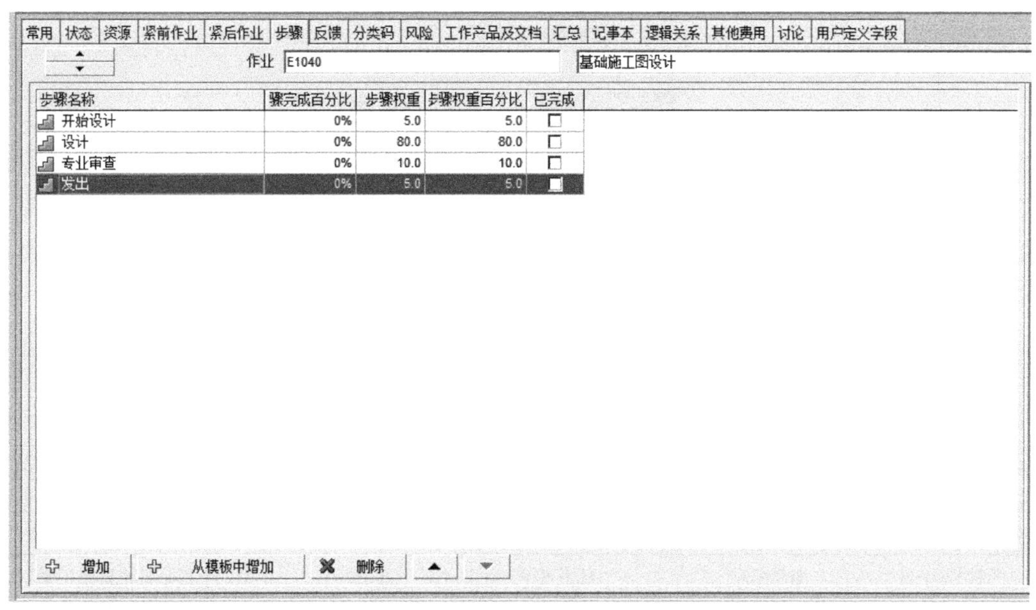

图 4-27　增加作业步骤示例

对于一些重复使用的步骤可以将步骤定义为模板，重复使用。步骤模板的定义及分配操作步骤为：

（1）选择步骤

选择“步骤”，单击鼠标右键，选择“创建模板”，见图 4-28。

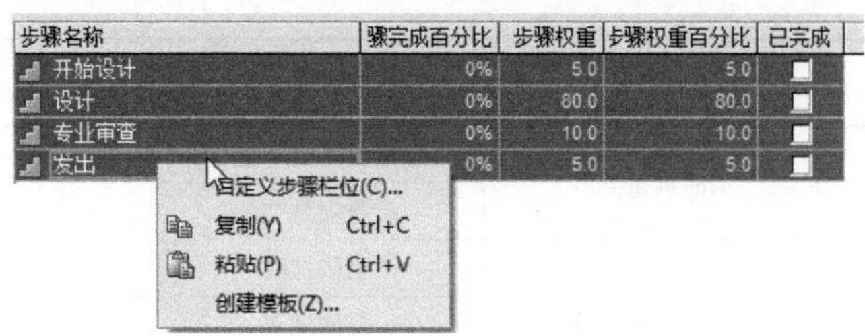

图 4-28 创建步骤模板

(2) 定义模板名称（图 4-29）

图 4-29 定义步骤模板名称

(3) 分配步骤模板给作业

现在给“地下室施工图设计”增加步骤，选择“从模板中增加”，进入“分配作业步骤模板”对话框，分配对应的模板给作业，见图 4-30。

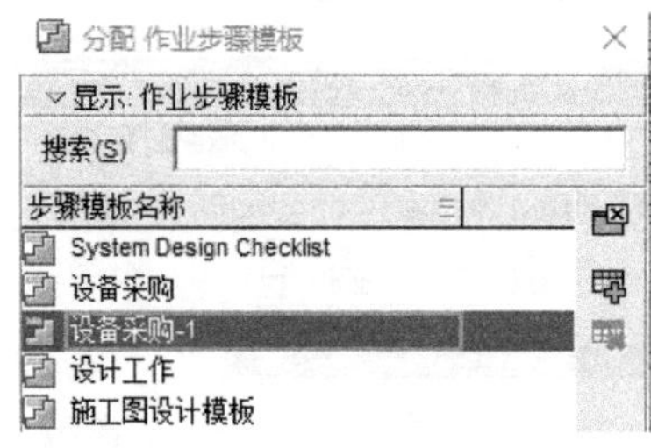

图 4-30 分配步骤模板给作业

4. 定义作业工期类型和完成百分比类型

在作业窗口中将作业类型、完成百分比类型、工期类型等栏位显示出来，按照表 4-4 的要求，修改作业的相关栏位数据。

资源相关栏位数据表 **表 4-4**

task_code	task_name	task_type	complete_pct_type	duration_type
作业代码	作业名称	(*)作业类型	完成百分比类型	(*)工期类型
E1000	地质初勘	任务相关	实际	固定工期和资源用量
E1010	地质详勘	任务相关	实际	固定工期和资源用量
E1040	基础施工图设计	任务相关	实际	固定资源用量
E1050	地下室施工图设计	任务相关	实际	固定资源用量
E1060	地上部分施工图设计	任务相关	实际	固定资源用量
E1070	建筑结构施工图报审	任务相关	实际	固定工期和资源用量
E1080	消防施工图报审	任务相关	实际	固定工期和资源用量

续表

task_code	task_name	task_type	complete_pct_type	duration_type
作业代码	作业名称	（*）作业类型	完成百分比类型	（*）工期类型
E1090	人防施工图报审	任务相关	实际	固定工期和资源用量
E1100	节能报审	任务相关	实际	固定工期和资源用量
E1030	初步设计报审	任务相关	实际	固定资源用量
E1020	初步设计	任务相关	实际	固定资源用量
C1020	临时设施及道路	任务相关	实际	固定工期和资源用量
C1000	三通一平	任务相关	实际	固定工期和资源用量
C1010	办理《建筑工程施工许可证》	任务相关	实际	固定工期和资源用量
M1020	开工典礼	完成里程碑	实际	固定工期和单位时间用量
M1030	基础出正负零	完成里程碑	工期	固定工期和单位时间用量
H1000	竣工验收	任务相关	实际	固定工期和资源用量
M1000	项目启动	开始里程碑	实际	固定工期和单位时间用量
M1010	施工图设计完成	完成里程碑	实际	固定工期和单位时间用量
PM1000	项目管理工作	配合作业	工期	固定工期和资源用量
M1050	项目结束	完成里程碑	工期	固定工期和单位时间用量
M1040	主体结构验收	完成里程碑	实际	固定工期和单位时间用量
CA1000	一层结构施工	任务相关	实际	固定工期和资源用量
CA1002	基础施工	任务相关	实际	固定工期和资源用量
A1000	一层砌体砌筑	任务相关	实际	固定工期和资源用量
A1010	屋面工程	任务相关	实际	固定工期和资源用量
A1020	电气设备安装	任务相关	实际	固定工期和资源用量
A1030	暖通设备安装	任务相关	实际	固定工期和资源用量
A1040	电梯安装	任务相关	实际	固定工期和资源用量
A1060	一层装饰装修	任务相关	实际	固定工期和资源用量
CA1012	二层结构施工	任务相关	实际	固定工期和资源用量
CA1022	三层结构施工	任务相关	实际	固定工期和资源用量
A1070	二层砌体砌筑	任务相关	实际	固定工期和资源用量
A1080	三层砌体砌筑	任务相关	实际	固定工期和资源用量
A1090	消防设备安装	任务相关	实际	固定工期和资源用量
A1100	二层装饰装修	任务相关	实际	固定工期和资源用量
A1110	三层装饰装修	任务相关	实际	固定工期和资源用量
PA1000	电气设备采购	任务相关	实际	固定工期和资源用量
PA1230	暖通设备采购	任务相关	实际	固定工期和资源用量
P1A230	电梯设备采购	任务相关	实际	固定工期和资源用量
PA1240	消防设备采购	任务相关	实际	固定工期和资源用量

4.5　分配基线

- 掌握基线的内涵；
- 掌握基线的定义过程以及基线的分配与使用。

- 基线定义；

➢ 基线分配。

一个项目可以建立多个基线项目，如果在创建项目的基线项目后，不进行基线项目的分配（激活），只是复制了一个副本而已，并没有真正作为当前项目的参照基准用于对比分析。因此在创建基线项目后，可以激活其中的 4 个基线项目作为当前项目的比较基准。只要在作业视图中将基线项目的栏位与横道显示出来，就可以制作当前项目计划与基线项目（一个或多个）对比分析与统计视图。

这里为“CBD”项目设定用于评价与监控项目的基线，见图 4-31。

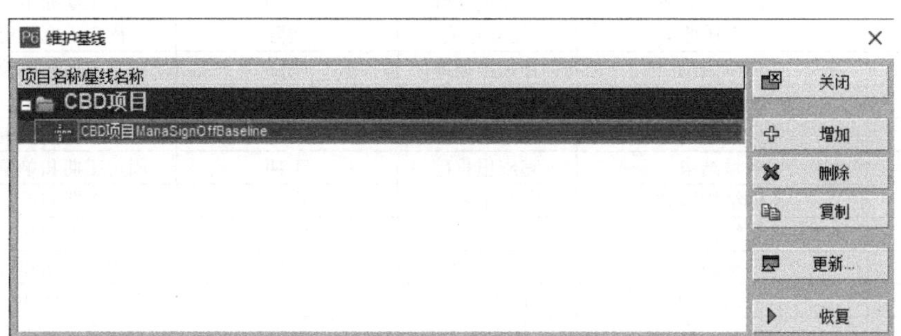

图 4-31 “维护基线”对话框

打开要分配基线的项目，依次选择“项目/分配基线【Assign Baselines】”，打开“分配基线”对话框后，在“项目”下拉列表中选择要分配基线的项目，分别在各个字段区域分配具体的目标计划给特定的项目，在默认状态下为当前项目，见图 4-32。

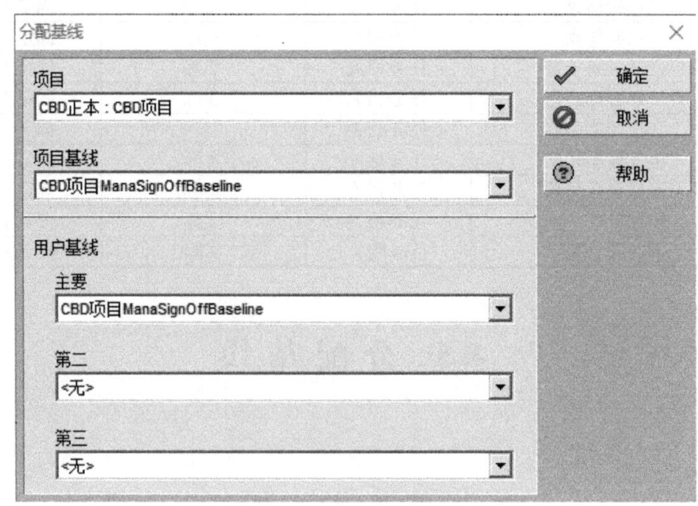

图 4-32 “分配基线”对话框

可以同时分配 4 个基线给当前项目。可以在横道窗口将分配的基线横道显示出来。例如，将“CBD 项目 Baseline”作为项目基线和主要用户基线分别分配给“CBDrescource”项目。由于横道最多可以显示 3 行，因此在作业横道窗口将项目基线和用户主要基线同时显示出来，见图 4-33。

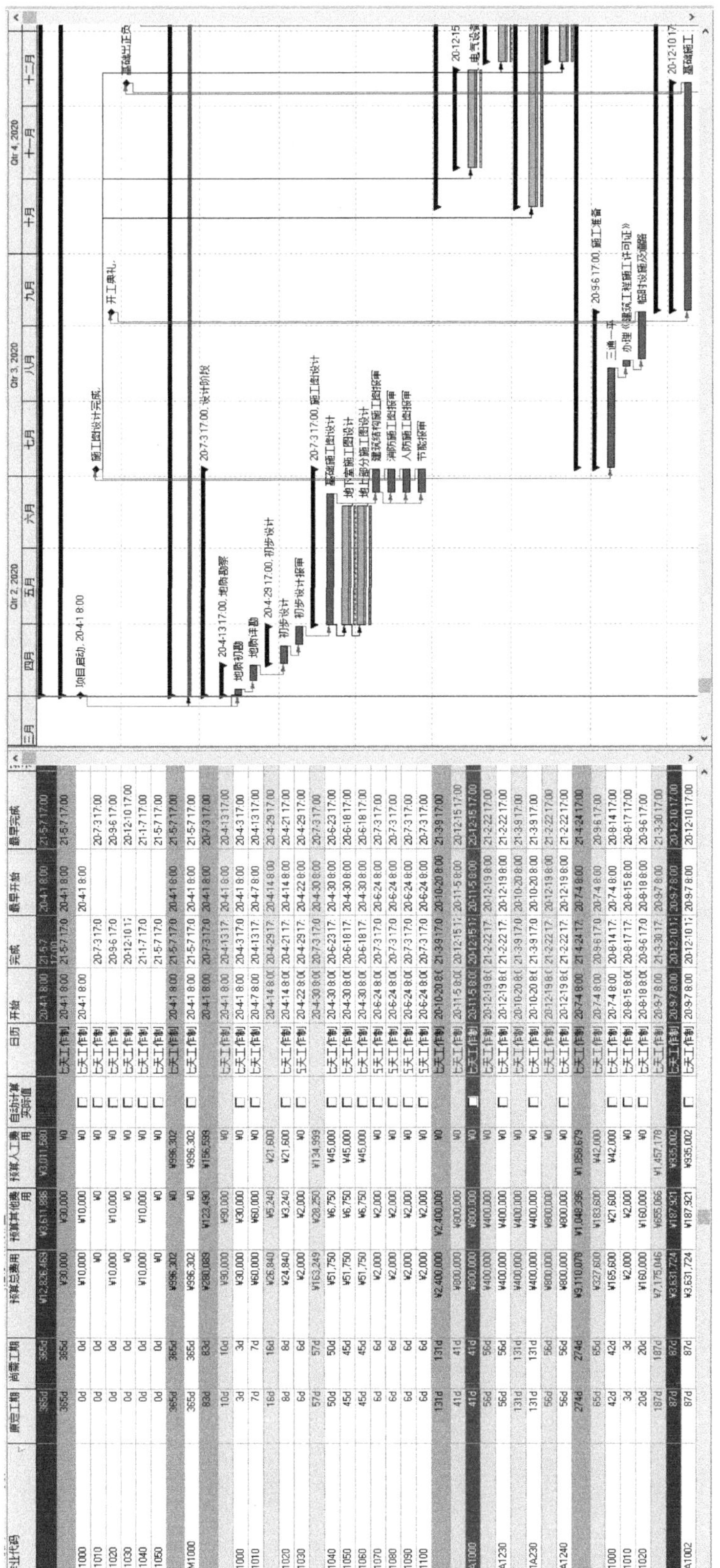

图 4-33　多个基线的对比视图

4.6 资源约束下的项目报告

➢ 掌握各类项目报告以及报表的定制过程。

➢ 资源直方图的输出；
➢ 剖析表的输出；
➢ Web 站点的创建。

1. 资源直方图的输出

如果想输出资源直方图，在作业窗口中选择某一资源后，通过“打印预览-页面设置”（图 4-34）可以打印某一资源的直方图，勾选“配置”。在“页眉”页面左下方点击“修改”，将显示文本定义为“普工资源直方图”，见图 4-35。

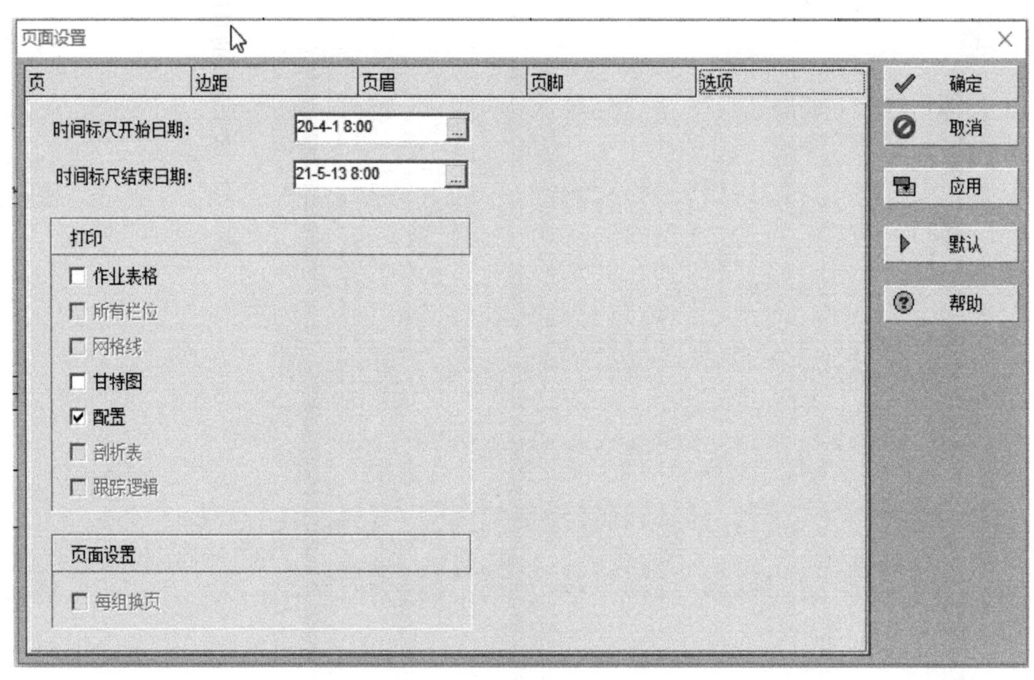

图 4-34 “页面设置/选项页面”

在“页脚”页面左下方点击“修改”，将文本第三部分显示内容修改为“CBD 项目部”，见图 4-36。

点击“确定”，回到“打印预览”界面，见图 4-37。

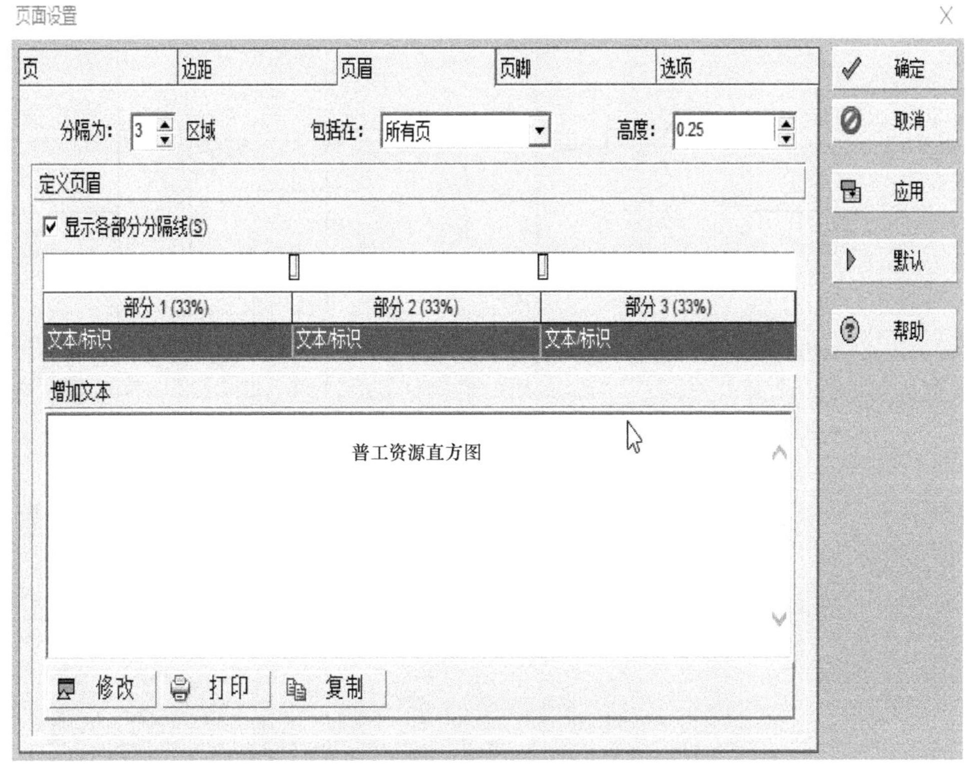

图 4-35　“页面设置/页眉”页面

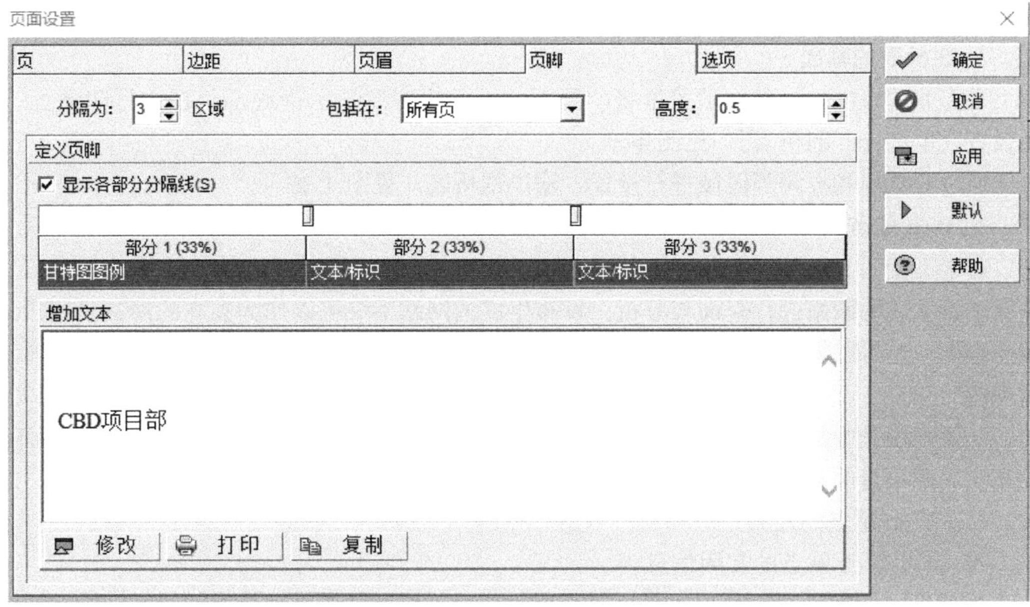

图 4-36　“页面设置/页脚”页面

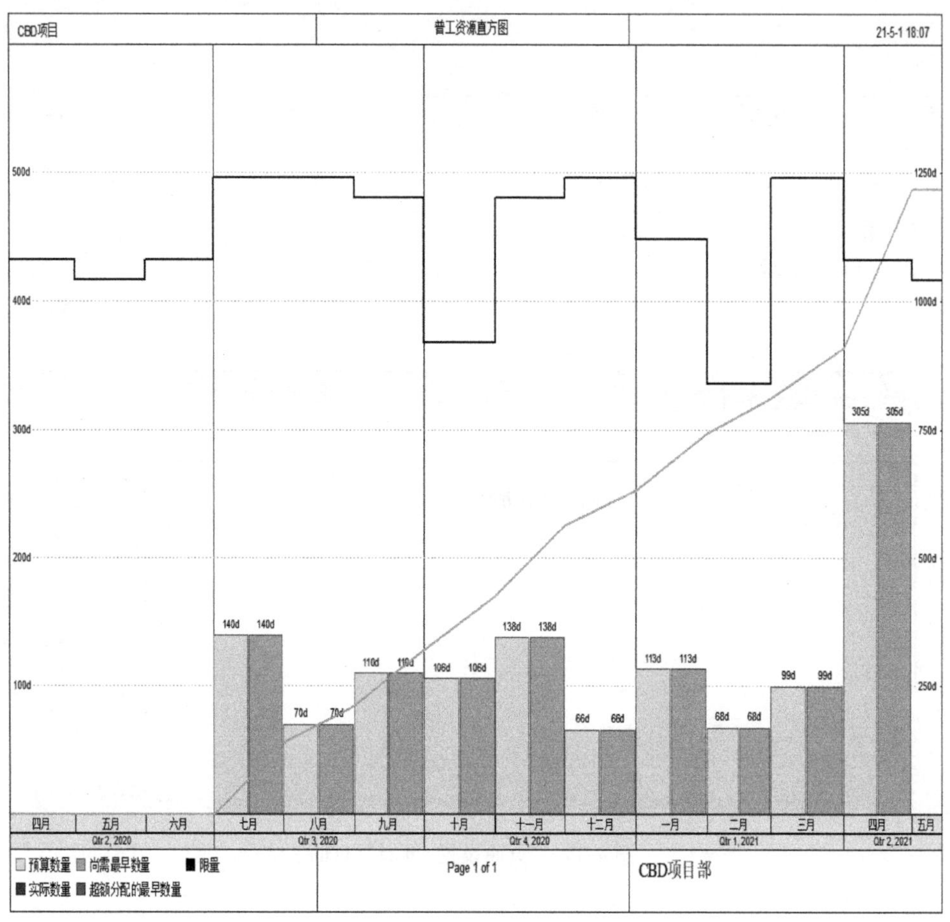

图 4-37　打印预览直方图

2. 剖析表的输出

在作业窗口中，通过显示菜单将“资源使用剖析表”显示于底部。在“打印预览-页面设置”里选择“剖析表”，见图 4-38。

通过对页眉和页脚等区域进行设置，输出剖析表，见图 4-39。

3. Web 站点

对于不使用 P6 进行项目进度计划查询与分析的人员，可以通过软件提供的项目信息发布工具生成的网站进行查询与分析。发布生成的网站不仅可以作为独立的网站供用户访问与查询，也可以将项目 Web 站点与公司的网站链接起来，形成项目进度信息在公司范围内的共享。

一般来说是为每一个项目发布生成项目网站，也可以在同时打开多个项目的情况下，发布生成多项目的共用项目网站。

(1) Web 站点的发布

1) 项目 Web 站点的常用信息。

打开相应的项目，依次选择菜单“工具/发布”，打开“发布项目 Web 站点”对话框。选择“常用”页面进行 Web 站点的名称、说明、发布目录和配置等信息设置，见图 4-40。

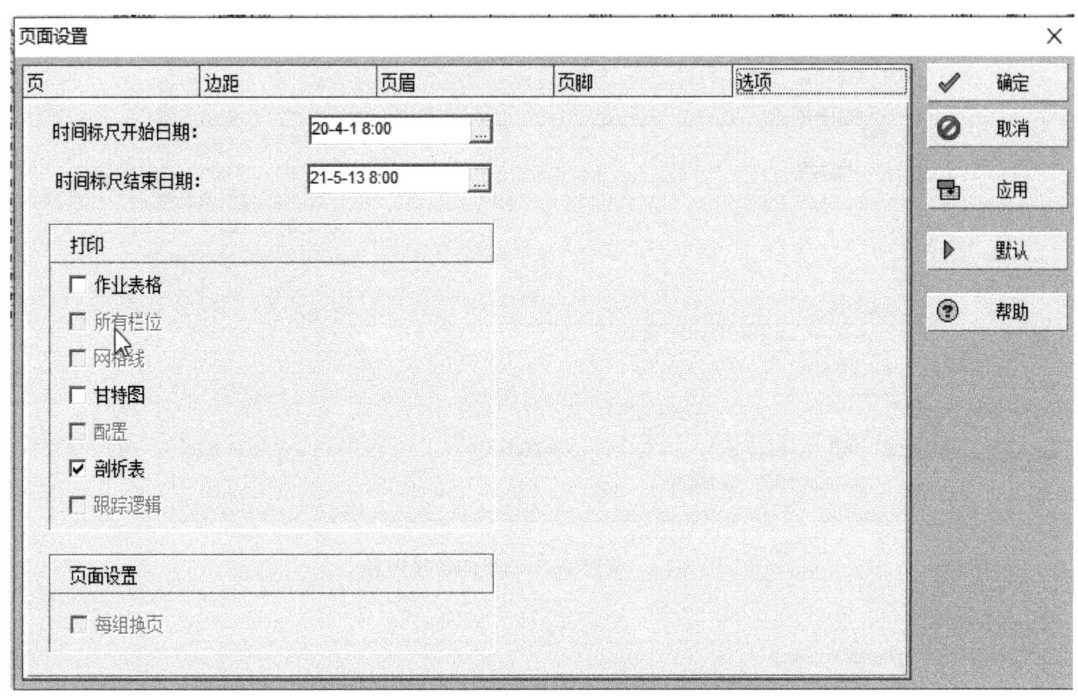

图 4-38　利用“页面设置”输出剖析表

				普工资源剖析表															21-7-7 15:12
作业代码	开始	完成	尚需数量	Qtr 2, 2020			Qtr 3, 2020			Qtr 4, 2020			Qtr 1, 2021			Qtr 2, 2021	
				四月	五月	六月	七月	八月	九月	十月	十一月	十二月	一月	二月	三月	四月	五月
CBD建筑项目资源组	20-7-4 8:00	21-4-24 17:00					140d	70d	110d	106d	138d	66d	113d	68d	99d	305d	
人力资源	20-7-4 8:00	21-4-24 17:00					140d	70d	110d	106d	138d	66d	113d	68d	99d	305d	
普工	20-7-4 8:00	21-4-24 17:00					140d	70d	110d	106d	138d	66d	113d	68d	99d	305d	
CA1002	20-9-7 8:00	20-12-10 17:00							110d	106d	138d	48d					
CA1000	20-12-11 8:00	20-12-18 17:00										8d					
CA1012	20-12-20 8:00	20-12-27 17:00										8d					
CA1022	20-12-28 8:00	21-1-7 17:00										4d	4d				
A1000	21-1-8 8:00	21-2-1 17:00											62d	3d			
A1070	21-2-2 8:00	21-3-5 17:00												52d	13d		
A1080	21-3-6 8:00	21-3-30 17:00													9d		
A1010	21-1-8 8:00	21-1-20 17:00											40d				
A1020	21-1-21 8:00	21-4-8 17:00											7d	13d	22d	1d	
A1030	21-3-14 8.00	21-4-15 17:00													27d	18d	
A1040	21-3-31 8:00	21-4-17 17:00													1d	14d	
A1090	21-3-21 8:00	21-4-22 17:00													18d	28d	
A1060	21-4-17 8:00	21-4-24 17:00														85d	
A1100	21-4-10 8.00	21-4-17 17:00														85d	
A1110	21-3-31 8:00	21-4-10 17:00													10d	75d	
C1000	20-7-4 8:00	20-8-14 17:00					140d	70d									

日期	版本	审核	已批准
	1.0	CBD Enger	CBD manager

图 4-39　输出剖析表

2）项目 Web 站点的主题信息。

在“发布项目 Web 站点”对话框中，选择“主题”页面确定在项目 Web 站点中将要显示哪些主题，见图 4-41。

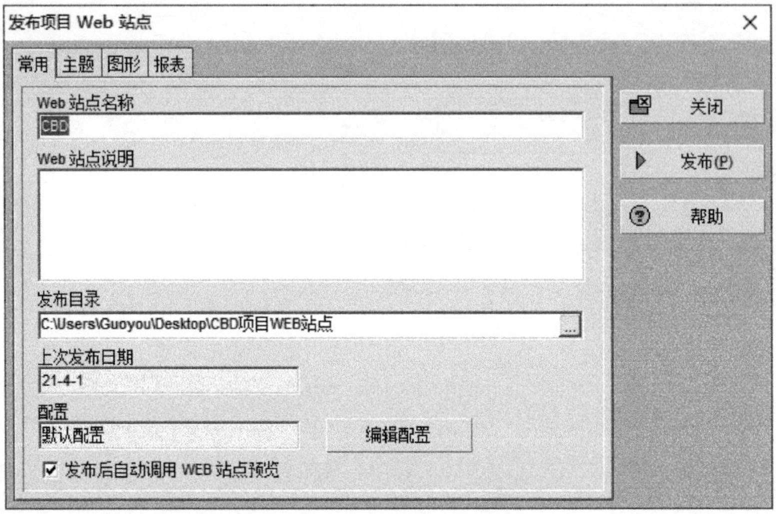

图 4-40　项目 Web 站点的常用信息

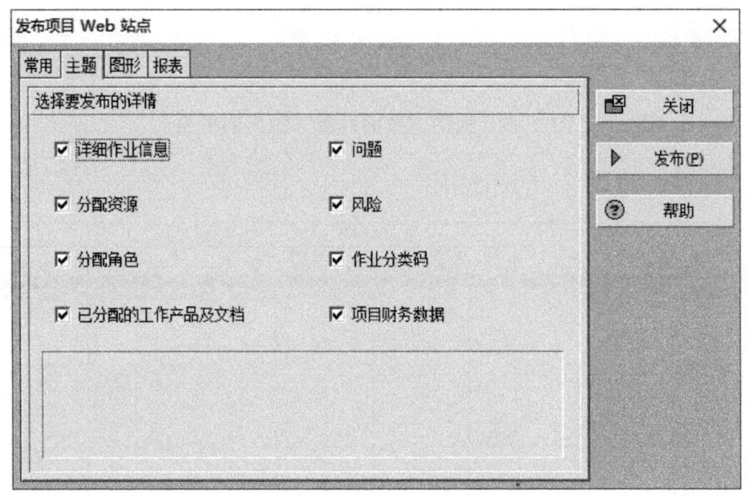

图 4-41　项目 Web 站点的主题信息

3）项目 Web 站点的视图信息。

在“发布项目 Web 站点”对话框中，选择“图形”页面确定在项目 Web 站点中包含的作业视图与跟踪视图，见图 4-42。

4）项目 Web 站点的报表信息。

在“发布项目 Web 站点”对话框中，选择“报表”页面确定在项目 Web 站点中包含的报表，见图 4-43。

(2) 项目 Web 站点的发布与内容查看

在完成项目 Web 站点配置的所有设置后，在其“常用”页面中点击“发布”，形成项目网站，见图 4-44。

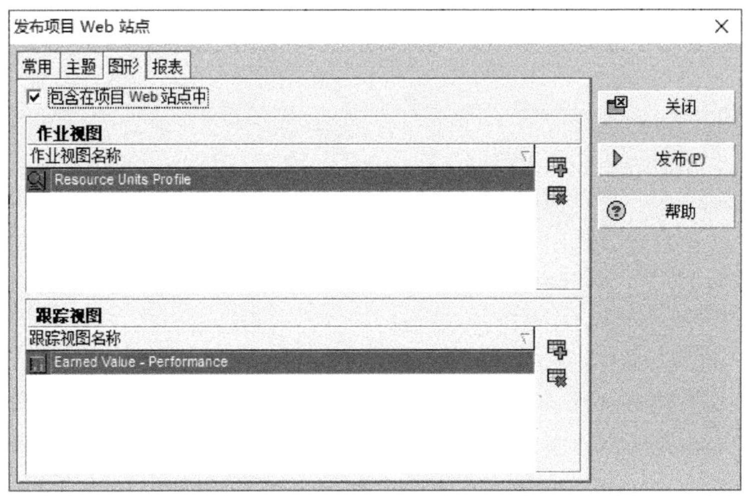

图 4-42　项目 Web 站点的视图信息

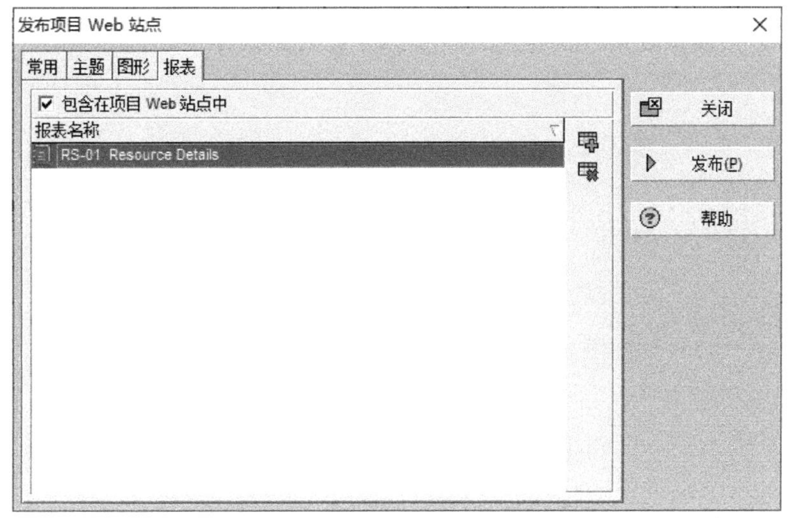

图 4-43　项目 Web 站点的报表信息

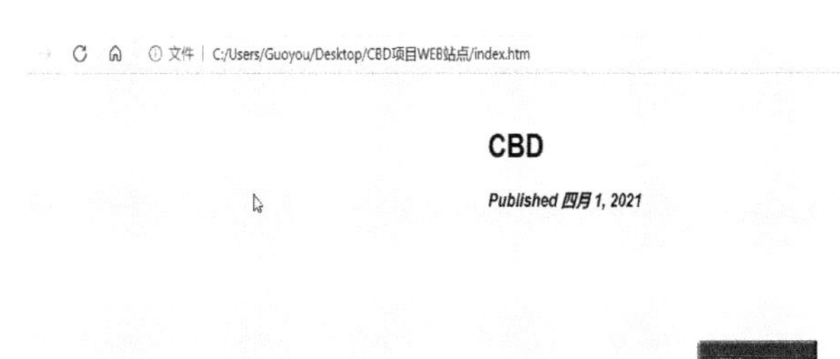

图 4-44　项目 Web 站点

第5章

资源约束下的项目控制

5.1 赢得值计算有关的默认设置

- ➢ 掌握赢得值计算的默认设置。

- ➢ 赢得值基线的设置；
- ➢ 计算执行完成百分比的方法；
- ➢ 完成时估计值的计算方法。

实验步骤

1. 赢得值基线的设置

赢得值基线的设置可以在“项目详情-设置”页面中，选择用于赢得值计算的基线是基于“项目基线”还是“用户第一基线”，这里选择“项目基线”，见图 5-1。

图 5-1　选择赢得值计算基线

2. 计算执行完成百分比的方法

计算执行完成百分比的方法有：①WBS 里程碑。②作业完成百分比。作业完成百分比包括数量百分比、工期百分比和实际百分比。其中，如果在“项目详情/常用”页面勾选了“作业完成百分比基于作业步骤”，则实际百分比的计算根据作业步骤的权重完成情况计算。③固定任务法，包括“50/50 完成百分比”“0/100 完成百分比”和“自定义完成百分比”。

赢得值计算方法的设置可以在“管理员-管理设置-赢得值”页面进行设置和选择，见图 5-2。

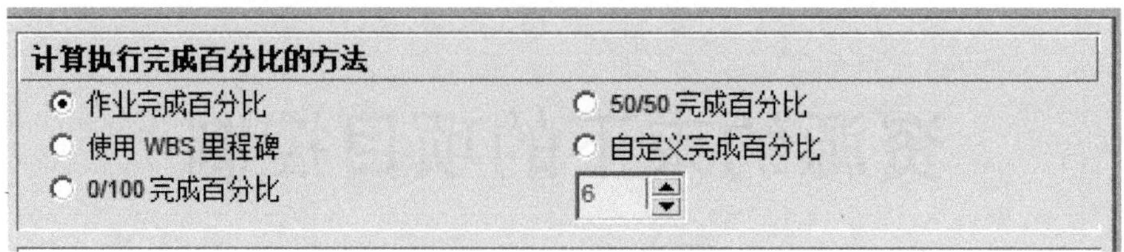

图 5-2　设置“计算执行完成百分比方法”

也可以针对具体项目及 WBS 节点设置赢得值的计算方法，具体操作：进入 WBS 窗口，通过“显示-显示于底部-详情”，在 WBS 详情中的“赢得值”页面进行设置。这里先选择 WBS 节点，然后在赢得值页面进行设置。这里对“CBD”项目设置为按照作业完成百分比法计算赢得值。

3. 完成时估计值

EAC（Estimate at Completion）是作业完成时的估计费用。EAC = 实际费用（Actual Cost）+ETC（Estimate to Complete），其中 ETC 是尚需工作的估算成本。尚需工作的估算成本的计算方法依赖于“WBS 详情/赢得值”页面的设置，也可以在“管理员/管理设置/赢得值/计算 ETC 的方法”区域进行设置。对于“CBD”项目，将计算尚需完成值的方法设定为“PF=1/费用绩效指数”，见图 5-3。

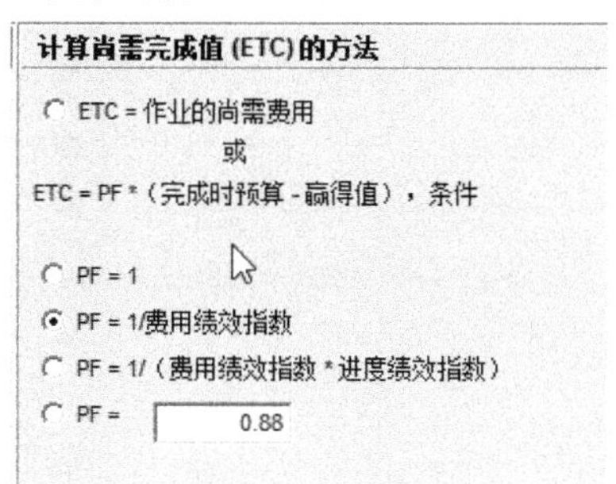

图 5-3　设置“计算尚需完成值（ETC）的方法”

5.2　资源加载项目基线选择与更新周期

➢ 掌握项目基线的选择过程、统计周期的定义与选择过程。

➢ 资源加载项目基线选择和设置数据统计周期。

1. 资源加载项目基线选择

资源加载下项目基线的选择如图 5-4 所示。

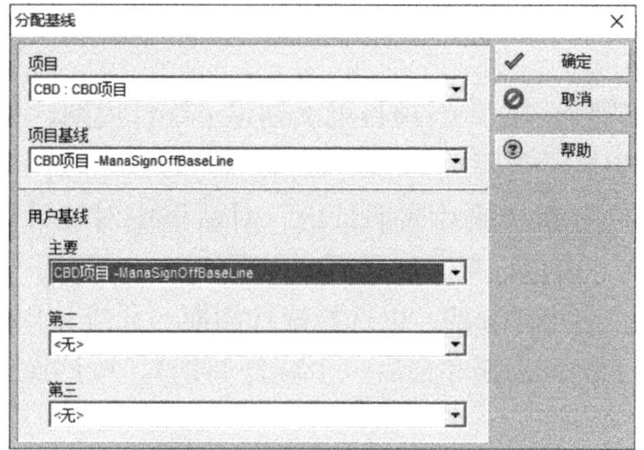

图 5-4　“分配基线”对话框

2. 设置数据统计周期

(1)“管理员-统计周期”设置统计周期(图 5-5)

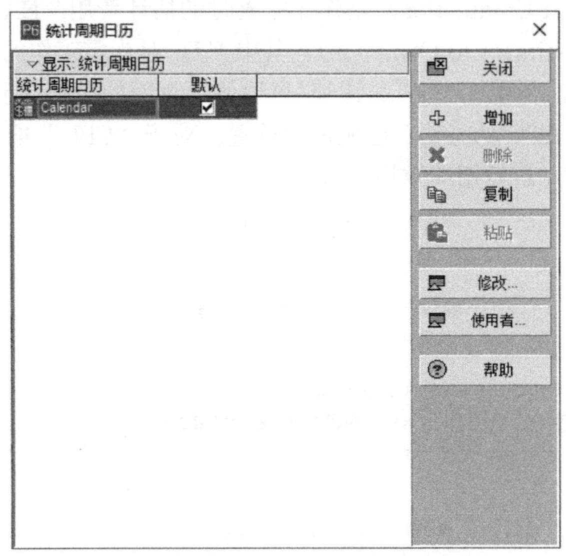

图 5-5 “统计周期日历”选择对话框

点击“增加”,打开“统计周期”对话框,见图 5-6。

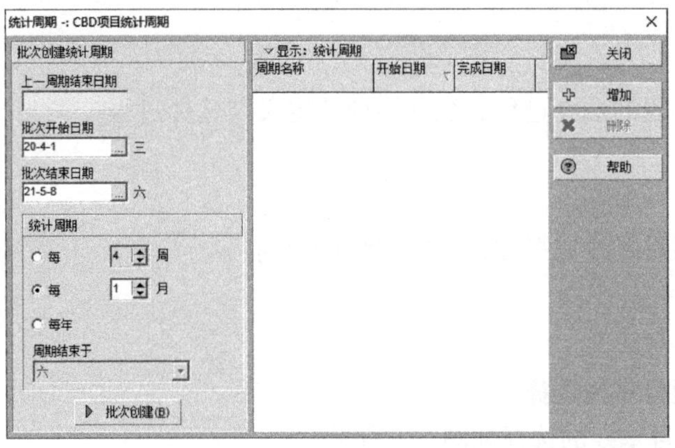

图 5-6 “统计周期”对话框

点击“批次创建”,则为“CBD”项目批次创建了统计周期,见图 5-7。

(2) 设定统计周期的显示范围

显示统计周期的前提是在“统计周期日历”对话框中对统计周期进行了定义。通过“编辑/用户设置”,打开“用户设置”对话框,见图 5-8。

在“栏位”部分中,点击“...”,以选择统计周期(此统计周期表示要显示为栏位的统计周期范围中的第一个统计周期和最后一个统计周期),按照图示的周期设定统计周期范围。

(3)“项目详情-常用”页面选择统计周期日历

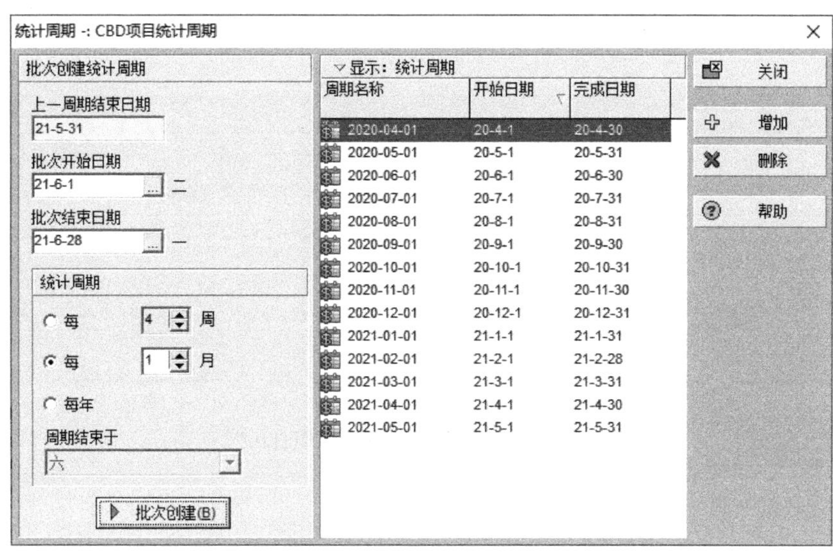

图 5-7　批次创建统计周期

图 5-8　设定统计周期的显示范围

P6 允许为每个项目定制自己的统计周期，以方便项目管理的需要。在项目窗口的项目详情中“常用”页面选择项目的“统计周期日历”，见图 5-9。

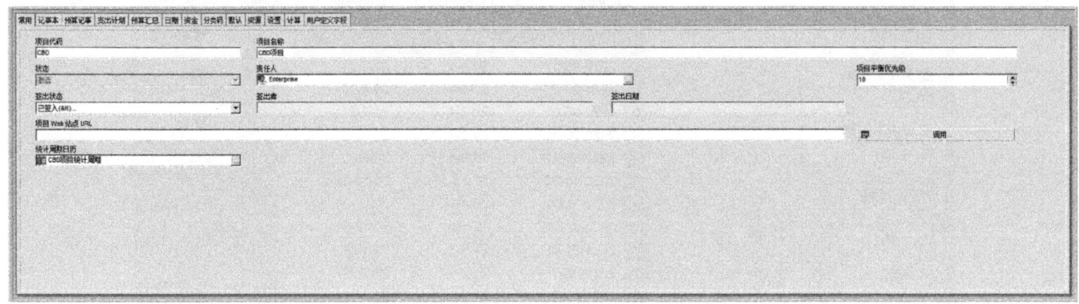

图 5-9　选择项目的“统计周期日历”

5.3　进度更新及进度计算

实验目的

➢ 熟悉资源加载下项目周期数据的更新方法；
➢ 进一步熟悉资源加载下进度计算的过程及结果。

实验内容

➢ 自动更新首期进度；
➢ 保存周期执行情况；
➢ 采用自动更新与手工更新相结合的方法更新本期数据；
➢ 进度计算结果查看及分析。

实验步骤

1. 自动更新首期进度

（1）自动更新进展数据

可以通过“更新进展”操作来自动更新作业的实际进展情况。打开要更新进展的项目，依次选择“工具/更新进展【Update Progress】”，打开“更新进展”对话框（图 5-10），选择新的数据日期（也可以通过聚光灯实现）与相关选项后，点击“应用”就可自动更新高亮显示的作业或选中作业的实际进展。

各个选项的解释如下：①新数据日期：用户自己选择新的数据日期，或者使用“进展聚光灯”进行界定；②所有高亮显示的作业：更新进展操作将会应用到所有高亮显示选中的作业（黄色高亮）；③仅选中的作业：更新进展操作只是应用到当前选中的作业；④根据作业工期类型：选中该选项后，会根据作业的工期类型计算；⑤总是重新计算：选中该选项后，会以固定资源用量与固定单位时间用量计算。

项目从 4 月 1 日开始执行，见图 5-11。

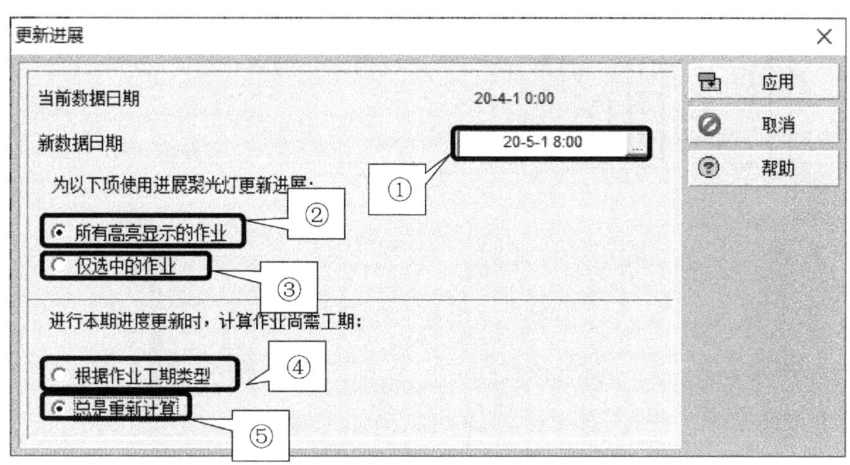

图 5-10　“更新进展”对话框

针对“CBD”项目到 4 月 30 日为止，项目计划中的作业“项目启动”“地质初勘”“地质详勘”“初步设计”“初步设计报审”“基础施工图设计”“地下室施工图设计”“地上部分施工图设计”都按照计划顺利开展。应用“更新进展”功能对项目进行更新。应用“更新进展”功能，需要将相关作业设定为“自动计算实际值”。由于作业完成百分比类型为实际百分比，并且基于步骤。在“步骤”页面，将相关作业的完成情况进行勾选。这里“基础施工图设计”“地下室施工图设计”“地上部分施工图设计”仅完成第一个步骤“开始设计”，其他相关作业的步骤已经完成。勾选完步骤数据后，在“更新进展”对话框中点击“应用”，见图 5-12。

将实际值、尚需值应用到项目进展中，见图 5-13。

依次选择“工具/本期进度更新”，打开“本期进度更新”对话框，见图 5-14。

选择新的数据日期为 5 月 1 日，执行“本期进度更新”，结果见图 5-15。

本期进度更新的一个重要作用是将作业的实际值应用到计划中。本期进度更新的实际值只会影响本次更新周期范围内的作业，不会影响不在该更新周期内的作业，即使它们之间存在逻辑关系。

(2) 保存周期执行情况

执行完“本期进度更新”命令后需要执行“周期执行情况”操作。保存周期执行情况的作用有：①将资源本期实际数量清零，便于下期输入新的本期实际数量；②将作业的本期实际值保存到相应的统计周期中，便于查询与分析作业的历史本期值；③能实现更加准确的赢得值计算与分析。该操作不能撤销，在执行完本期进度更新前需要确认所有的选项后才能进行该项操作。

依次选择“工具/保存本期完成值【Store Period Performance】”，打开“保存周期执行情况”对话框，选择相应的统计周期，点击“立即保存”，见图 5-16。

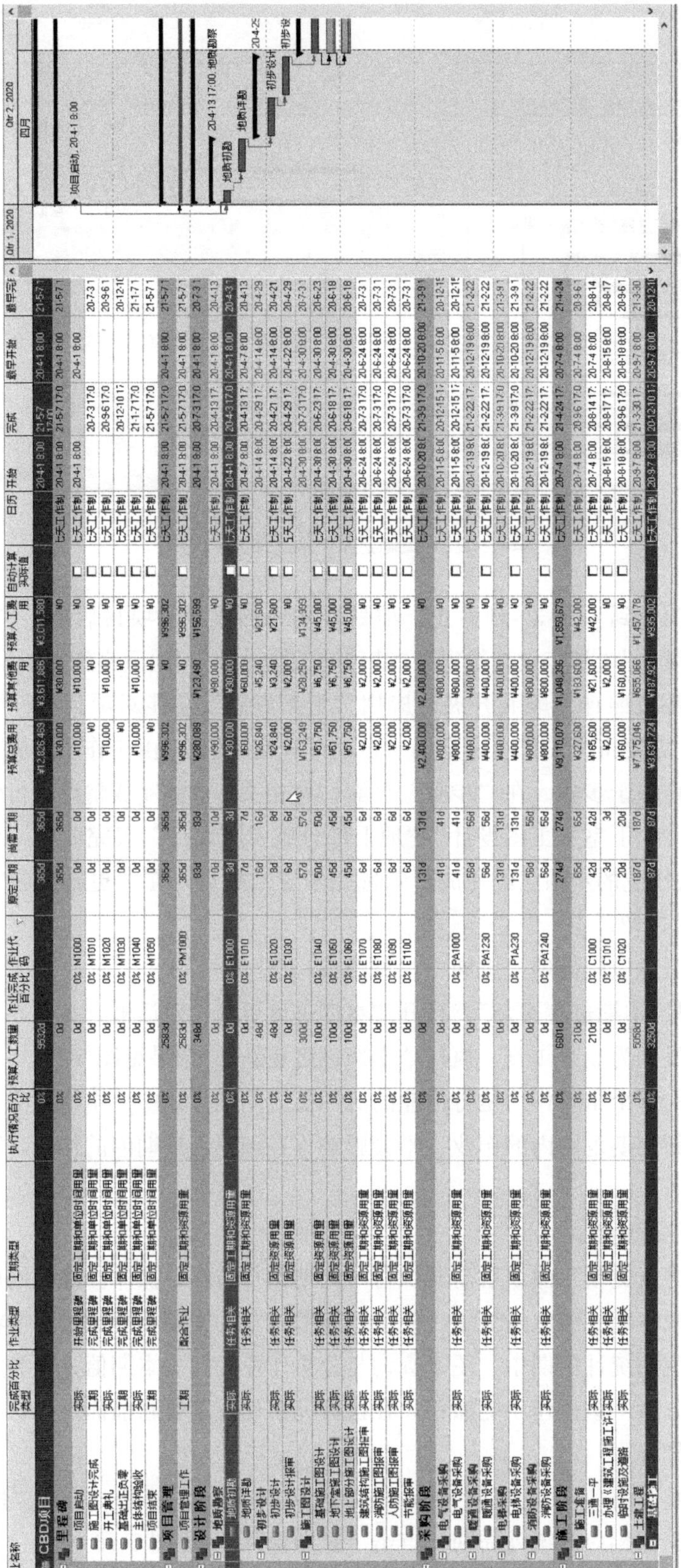

图 5-11　项目从 4 月 1 日开始执行前的视图

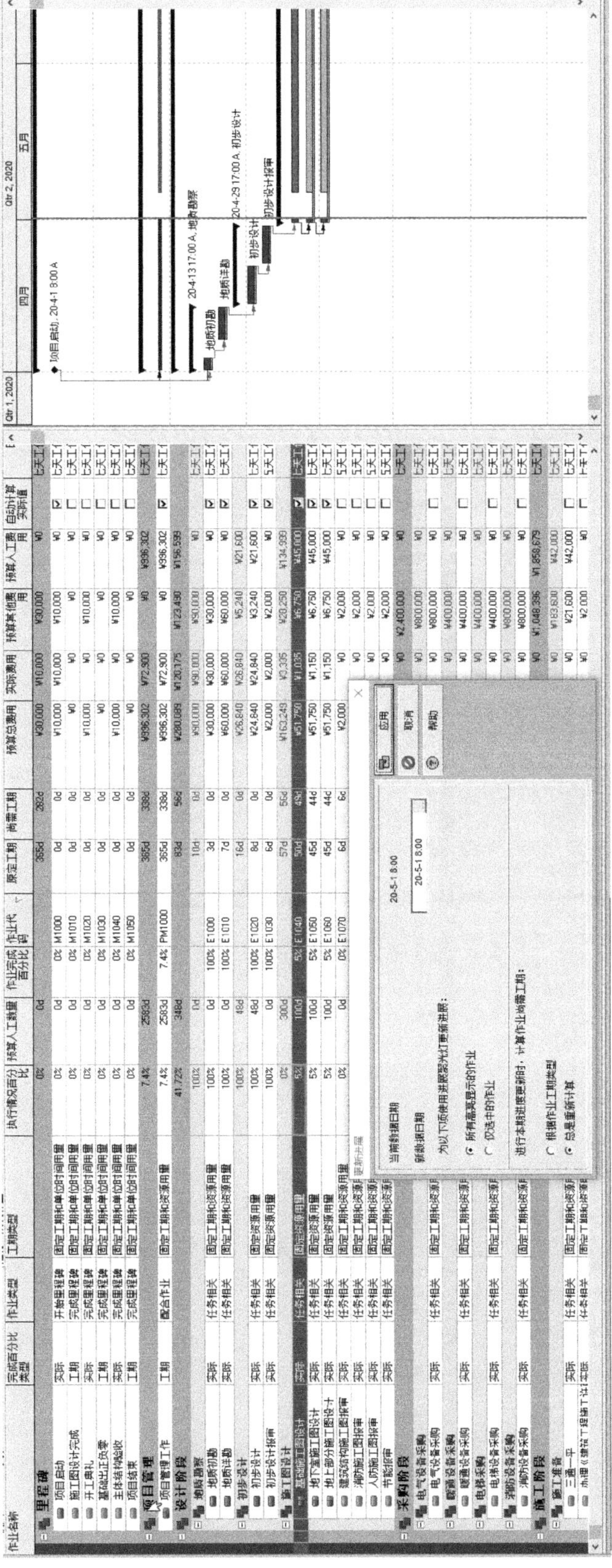

图 5-12　利用“更新进展”功能自动更新实际数据

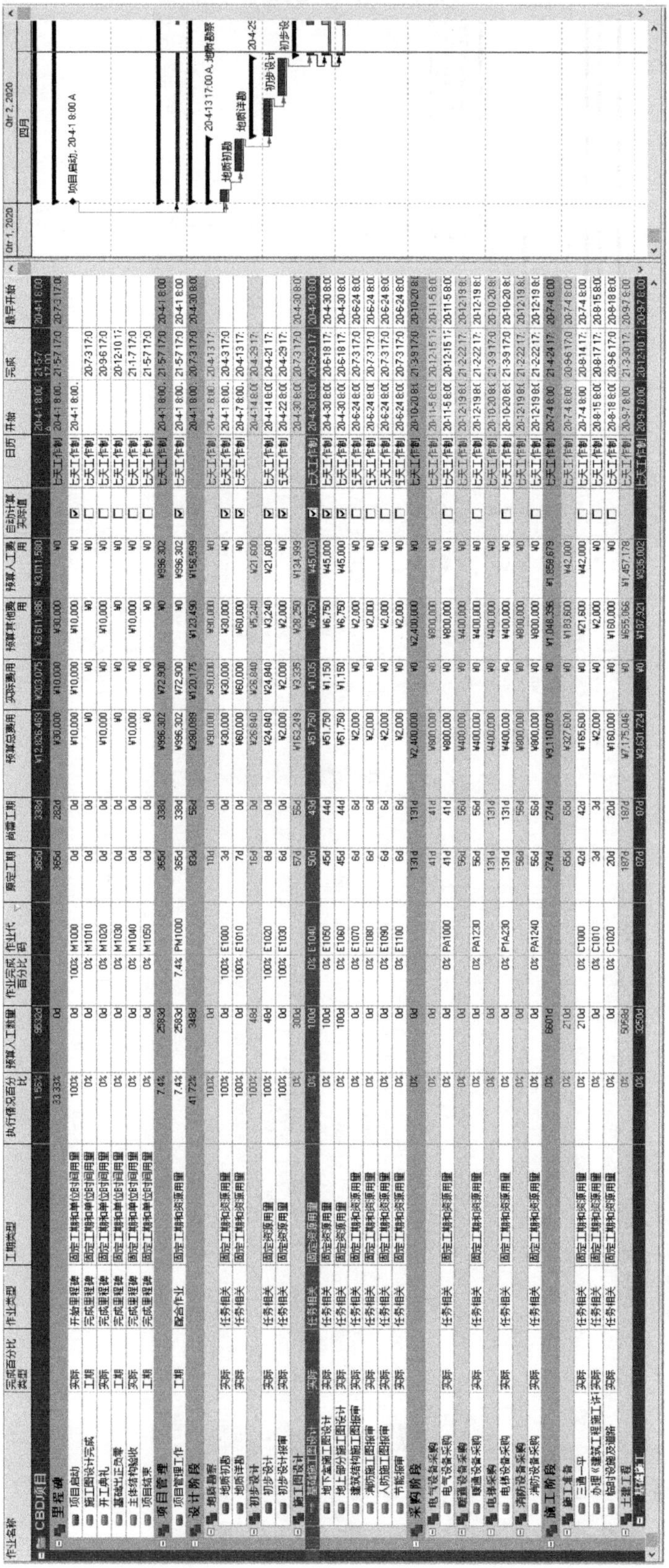

作业名称	完成百分比类型	作业类型	工期类型	执行情况百分比	预算人工数量	作业完成百分比	作业代码	原定工期	尚需工期	预算总费用	实际费用	预算其他费用	预算人工费用	自动计算实际值	日历	开始	完成	最早开始
CBDJ项目				1.56%	9532d			365d	338d	¥12,826,463	¥203,075	¥3,611,886	¥3,011,580			20-4-1 8:00 A	21-5-7 17:00	20-4-1 8:00
里程碑				33.33%	0d			365d	282d	¥30,000	¥10,000	¥30,000	¥0		七天工作制	20-4-1 8:00.	21-5-7 17:0	20-7-3 17:0(
项目启动	实际	开始里程碑	固定工期和单位时间用量	100%	0d	100%	M1000	0d	0d	¥10,000	¥10,000	¥10,000	¥0	☑	七天工作制	20-4-1 8:00.		
施工图设计完成	工期	完成里程碑	固定工期和单位时间用量	0%	0d	0%	M1010	0d	0d	¥0	¥0	¥0	¥0	☐	七天工作制		20-7-3 17:0	
开工典礼	实际	完成里程碑	固定工期和单位时间用量	0%	0d	0%	M1020	0d	0d	¥10,000	¥0	¥10,000	¥0	☐	七天工作制		20-9-6 17:0	
基础出正负零	工期	完成里程碑	固定工期和单位时间用量	0%	0d	0%	M1030	0d	0d	¥0	¥0	¥0	¥0	☐	七天工作制		20-12-10 17	
主体结构验收	实际	完成里程碑	固定工期和单位时间用量	0%	0d	0%	M1040	0d	0d	¥10,000	¥0	¥10,000	¥0	☐	七天工作制		21-1-7 17:0	
项目结束	工期	完成里程碑	固定工期和单位时间用量	0%	0d	0%	M1050	0d	0d	¥0	¥0	¥0	¥0	☐	七天工作制		21-5-7 17:0	
项目管理				7.4%	2583d			365d	338d	¥996,302	¥72,900	¥0	¥996,302		七天工作制	20-4-1 8:00.	21-5-7 17:0	20-4-1 8:00
项目管理工作	工期	配合作业	固定工期和资源用量	7.4%	2583d	7.4%	PM1000	365d	338d	¥996,302	¥72,900	¥0	¥996,302	☑	七天工作制	20-4-1 8:00.	21-5-7 17:0	20-4-1 8:00
设计阶段				41.72%	348d			83d	56d	¥280,089	¥120,175	¥123,490	¥156,599			20-4-1 8:00.	20-7-3 17:0	20-4-30 8:0(
地质勘察				100%	0d			10d	0d	¥90,000	¥90,000	¥90,000	¥0		七天工作制	20-4-1 8:00.	20-4-13 17:	
地质初勘	实际	任务相关	固定工期和资源用量	100%	0d	100%	E1000	3d	0d	¥30,000	¥30,000	¥30,000	¥0	☑	七天工作制	20-4-1 8:00.	20-4-3 17:0	
地质详勘	实际	任务相关	固定工期和资源用量	100%	0d	100%	E1010	7d	0d	¥60,000	¥60,000	¥60,000	¥0	☑	七天工作制	20-4-7 8:00.	20-4-13 17:	
初步设计				100%	48d			16d	0d	¥26,840	¥26,840	¥5,240	¥21,600			20-4-14 8:0(	20-4-29 17:	
初步设计	实际	任务相关	固定资源用量	100%	48d	100%	E1020	8d	0d	¥24,840	¥24,840	¥3,240	¥21,600	☑	七天工作制	20-4-14 8:0(	20-4-21 17:	
初步设计报审	实际	任务相关	固定资源用量	100%	0d	100%	E1030	6d	0d	¥2,000	¥2,000	¥2,000	¥0	☑	五天工作制	20-4-22 8:0(	20-4-29 17:	
施工图设计				0%	300d			57d	56d	¥163,249	¥3,335	¥28,250	¥134,999			20-4-30 8:0(	20-7-3 17:0	20-4-30 8:0(
基础施工图设计	实际	任务相关	固定资源用量	0%	100d	0%	E1040	50d	43d	¥51,750	¥1,035	¥6,750	¥45,000	☑	七天工作制	20-4-30 8:0(	20-6-23 17:	20-4-30 8:0(
地下室施工图设计	实际	任务相关	固定资源用量	0%	100d	0%	E1050	45d	44d	¥51,750	¥1,150	¥6,750	¥45,000	☑	七天工作制	20-4-30 8:0(	20-6-18 17:	20-4-30 8:0(
地上部分施工图设计	实际	任务相关	固定资源用量	0%	100d	0%	E1060	45d	44d	¥51,750	¥1,150	¥6,750	¥45,000	☑	七天工作制	20-4-30 8:0(	20-6-18 17:	20-4-30 8:0(
建筑结构施工图报审	实际	任务相关	固定工期和资源用量	0%	0d	0%	E1070	6d	6d	¥2,000	¥0	¥2,000	¥0	☐	五天工作制	20-6-24 8:0(	20-7-3 17:0	20-6-24 8:0(
消防施工图报审	实际	任务相关	固定工期和资源用量	0%	0d	0%	E1080	6d	6d	¥2,000	¥0	¥2,000	¥0	☐	五天工作制	20-6-24 8:0(	20-7-3 17:0	20-6-24 8:0(
人防施工图报审	实际	任务相关	固定工期和资源用量	0%	0d	0%	E1090	6d	6d	¥2,000	¥0	¥2,000	¥0	☐	五天工作制	20-6-24 8:0(	20-7-3 17:0	20-6-24 8:0(
节能报审	实际	任务相关	固定工期和资源用量	0%	0d	0%	E1100	6d	6d	¥2,000	¥0	¥2,000	¥0	☐	五天工作制	20-6-24 8:0(	20-7-3 17:0	20-6-24 8:0(
采购阶段				0%	0d			131d	131d	¥2,400,000	¥0	¥2,400,000	¥0		七天工作制	20-10-20 8:(	21-3-9 17:0	20-10-20 8:(
电气设备采购				0%	0d			41d	41d	¥800,000	¥0	¥800,000	¥0		七天工作制	20-11-5 8:0(	20-12-15 17	20-11-5 8:0(
电气设备采购	实际	任务相关	固定工期和资源用量	0%	0d	0%	PA1000	41d	41d	¥800,000	¥0	¥800,000	¥0	☐	七天工作制	20-11-5 8:0(	20-12-15 17	20-11-5 8:0(
暖通设备采购				0%	0d			56d	56d	¥400,000	¥0	¥400,000	¥0		七天工作制	20-12-19 8:(	21-2-22 17:	20-12-19 8:(
暖通设备采购	实际	任务相关	固定工期和资源用量	0%	0d	0%	PA1230	56d	56d	¥400,000	¥0	¥400,000	¥0	☐	七天工作制	20-12-19 8:(	21-2-22 17:	20-12-19 8:(
电梯采购				0%	0d			131d	131d	¥400,000	¥0	¥400,000	¥0		七天工作制	20-10-20 8:(	21-3-9 17:0	20-10-20 8:(
电梯设备采购	实际	任务相关	固定工期和资源用量	0%	0d	0%	P1A230	131d	131d	¥400,000	¥0	¥400,000	¥0	☐	七天工作制	20-10-20 8:(	21-3-9 17:0	20-10-20 8:(
消防设备采购				0%	0d			56d	56d	¥800,000	¥0	¥800,000	¥0		七天工作制	20-12-19 8:(	21-2-22 17:	20-12-19 8:(
消防设备采购	实际	任务相关	固定工期和资源用量	0%	0d	0%	PA1240	56d	56d	¥800,000	¥0	¥800,000	¥0	☐	七天工作制	20-12-19 8:(	21-2-22 17:	20-12-19 8:(
施工阶段				0%	6601d			274d	274d	¥9,110,078	¥0	¥1,048,396	¥1,858,679		七天工作制	20-7-4 8:00	21-4-24 17:	20-7-4 8:00
施工准备				0%	210d			65d	65d	¥327,600	¥0	¥183,600	¥42,000		七天工作制	20-7-4 8:00	20-9-6 17:0	20-7-4 8:00
三通一平	实际	任务相关	固定工期和资源用量	0%	210d	0%	C1000	42d	42d	¥165,600	¥0	¥21,600	¥42,000	☐	七天工作制	20-7-4 8:00	20-8-14 17:	20-7-4 8:00
办理《建筑工程施工许	实际	任务相关	固定工期和资源用量	0%	0d	0%	C1010	3d	3d	¥2,000	¥0	¥2,000	¥0	☐	七天工作制	20-8-15 8:0(	20-8-17 17:	20-8-15 8:0(
临时设施及道路	实际	任务相关	固定工期和资源用量	0%	0d	0%	C1020	20d	20d	¥160,000	¥0	¥160,000	¥0	☐	七天工作制	20-8-18 8:0(	20-9-6 17:0	20-8-18 8:0(
土建工程				0%	5058d			187d	187d	¥7,175,046	¥0	¥655,066	¥1,457,178		七天工作制	20-9-7 8:00	21-3-30 17:	20-9-7 8:00
基础施工				0%	3250d			87d	87d	¥3,631,724	¥0	¥187,921	¥935,002		七天工作制	20-9-7 8:00	20-12-10 17	20-9-7 8:00

图 5-13　显示自动更新的作业实际值

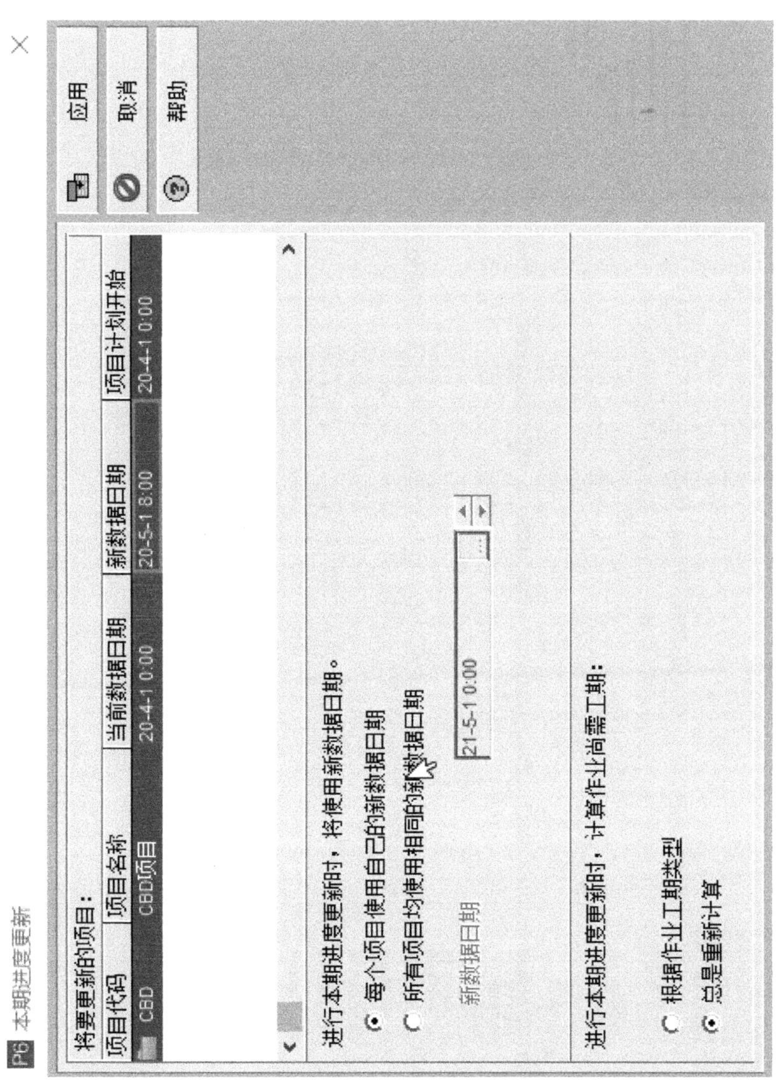

图 5-14　“本期进度更新”对话框

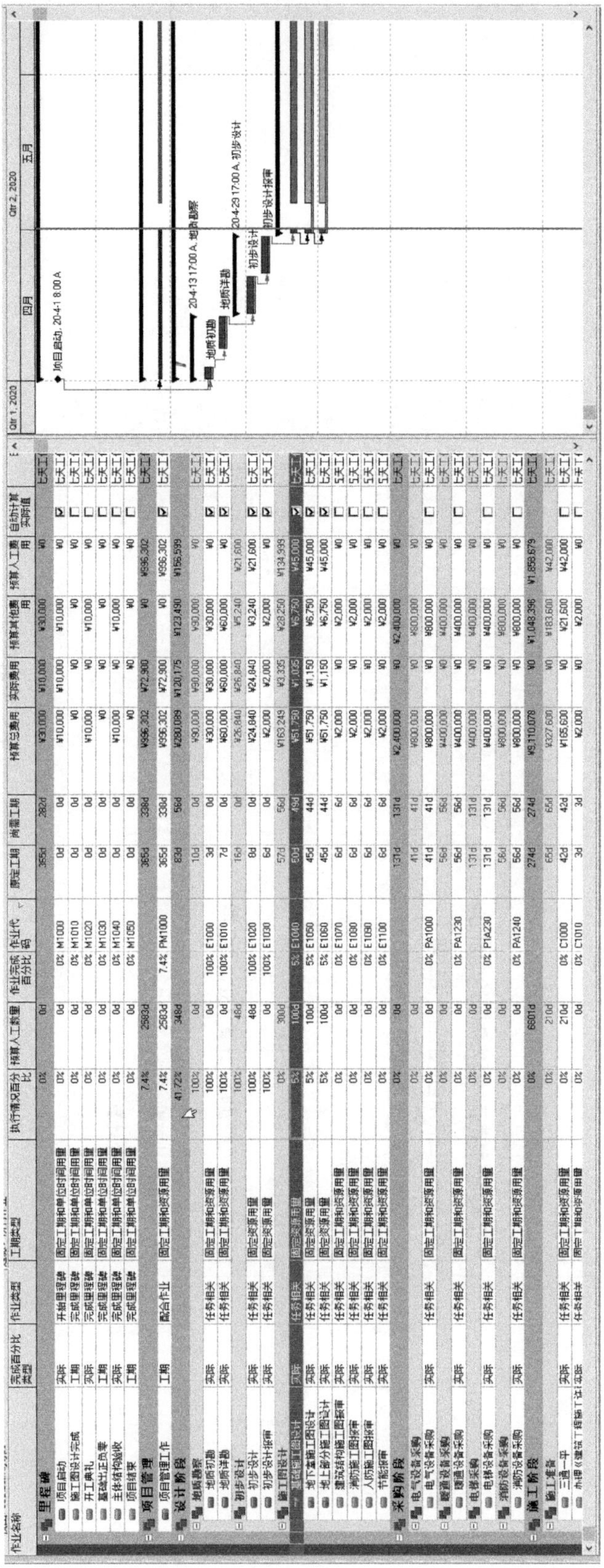

图 5-15　4 月份数据本期进度更新结果

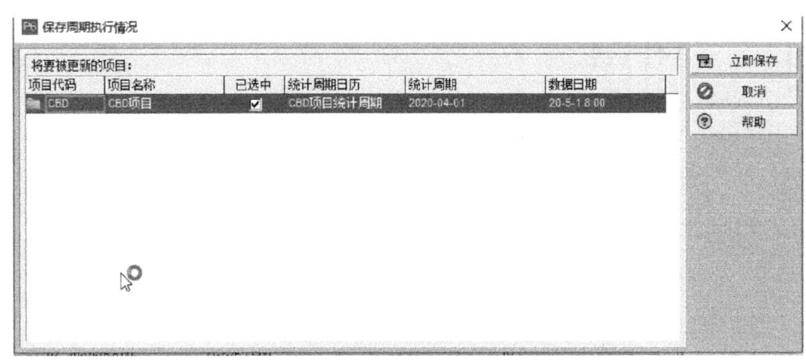

图 5-16　保存本期完成值

执行操作后作业的本期值将累加到实际值中，同时本期值栏位数据清空，见图 5-17。

(3) 进度计算

保存完本期实际值后，即可进行进度计算，结果如图 5-18 所示。

由于项目完全按照计划进行无须进行进度监控，可以直接下达下一个月的计划。

2. 更新项目 5 月份进展

假如项目执行到 5 月 31 日，点击“聚光灯”，将 5 月份的作业高亮显示出来。同时取消施工图设计相关作业的“自动计算实际值”选项，见图 5-19。

在执行过程中，“基础施工图设计”和“地下室施工图设计”工作按照计划执行，这两道作业的更新可以选择使用更新进展功能，见图 5-20。

对于“地上部分施工图设计”作业，由于参与“地上部分施工图设计”的设计师生病请假 5d，致使这部分工作预期完工要推迟 5d，期望完成日期变成 6 月 23 日。本期实际数量为 42d，见图 5-21。

执行完上述操作后，执行本期进度更新功能并保存本期完成值，然后执行进度计算。在栏位里将“差值-基线项目完成日期”显示出来，结果见图 5-22。

3. 更新项目 6 月份进展

项目执行到 6 月份，高亮显示 6 月份作业，见图 5-23。

除了“地上部分施工图设计”作业外，其他作业按照计划执行，可以选择“更新进展”，对按照计划执行的作业自动更新进展，见图 5-24。

对于“地上部分施工图设计”采用手工更新的方式更新数据，设定尚需最早完成日期为 6 月 18 日和计划完成日期相等，则需要增加单位时间资源用量，见图 5-25。

本期实际数量为 56d，在作业详情的“状态”页面将“地上部分施工图设计”完成日期设定为 6 月 18 日。同时将三个施工图设计作业的全部步骤勾选完成。同时勾选相关的报审工作步骤已经开始，但没有完成。依次执行“本期进度更新”“保存本期完成值”和“进度计算”，结果见图 5-26。

4. 更新项目 7 月份进展

7 月份项目按照计划执行。7 月份按照计划执行的作业包括完成里程碑作业“施工图设计完成”“建筑结构施工图报审”“消防施工图报审”“人防施工图报审”“节能报审”以及“三通一平”等作业。勾选相关作业，将相关作业的自动计算实际值勾选，通过“更新进展”更新本期项目实际值，然后通过“本期进度更新”以及“保存本期完成时值”实现本期值数据累加到项目实际值中。最后选择新的数据日期“8 月 1 日 8：00”进行进度更新，结果见图 5-27。

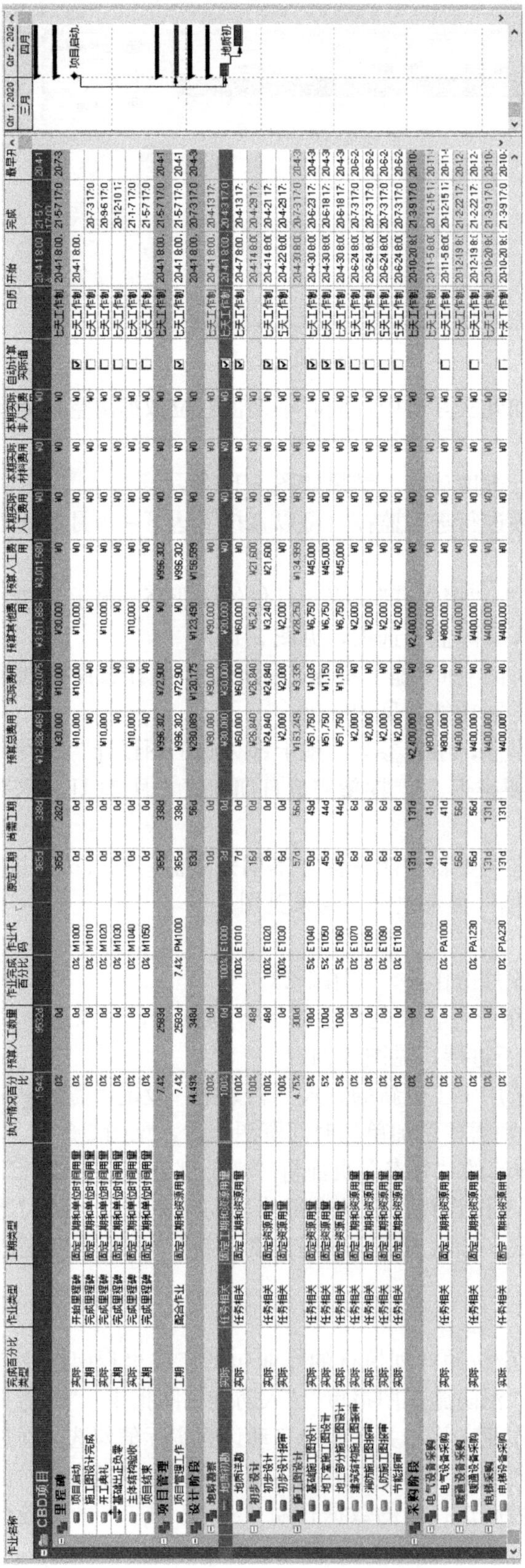

作业名称	完成百分比类型	作业类型	工期类型	执行情况百分比	预算人工数量	作业完成百分比	作业代码	原定工期	尚需工期	预算总费用	实际费用	预算其他费用	预算人工费用	本期实际人工费用	本期实际材料费用	本期实际非人工费用	自动计算实际值	日历	开始	完成	最早开
CBD项目				1.54%	9532d			365d	338d	¥12,826,469	¥203,075	¥3,611,886	¥3,011,580	¥0	¥0	¥0			20-4-1 8:00	21-5-7 17:00	20-4-1
里程碑				0%	0d			365d	282d	¥30,000	¥10,000	¥30,000	¥0	¥0	¥0	¥0		七天工作制	20-4-1 8:00.	21-5-7 17:0	20-7-3
项目启动	实际	开始里程碑	固定工期和单位时间用量	0%	0d	0%	M1000	0d	0d	¥10,000	¥10,000	¥10,000	¥0	¥0	¥0	¥0	☑	七天工作制	20-4-1 8:00.		
施工图设计完成	工期	完成里程碑	固定工期和单位时间用量	0%	0d	0%	M1010	0d	0d	¥0	¥0	¥0	¥0	¥0	¥0	¥0	☐	七天工作制		20-7-3 17:0	
开工典礼	实际	完成里程碑	固定工期和单位时间用量	0%	0d	0%	M1020	0d	0d	¥10,000	¥0	¥10,000	¥0	¥0	¥0	¥0	☐	七天工作制		20-9-6 17:0	
基础出正负零	工期	完成里程碑	固定工期和单位时间用量	0%	0d	0%	M1030	0d	0d	¥0	¥0	¥0	¥0	¥0	¥0	¥0	☐	七天工作制		20-12-10 17	
主体结构验收	实际	完成里程碑	固定工期和单位时间用量	0%	0d	0%	M1040	0d	0d	¥10,000	¥0	¥10,000	¥0	¥0	¥0	¥0	☐	七天工作制		21-1-7 17:0	
项目结束	工期	完成里程碑	固定工期和单位时间用量	0%	0d	0%	M1050	0d	0d	¥0	¥0	¥0	¥0	¥0	¥0	¥0	☐	七天工作制		21-5-7 17:0	
项目管理				7.4%	2583d			365d	338d	¥996,302	¥72,900	¥0	¥996,302	¥0	¥0	¥0		七天工作制	20-4-1 8:00.	21-5-7 17:0	20-4-1
项目管理工作	工期	配合作业	固定工期和资源用量	7.4%	2583d	7.4%	PM1000	365d	338d	¥996,302	¥72,900	¥0	¥996,302	¥0	¥0	¥0	☑	七天工作制	20-4-1 8:00.	21-5-7 17:0	20-4-1
设计阶段				44.49%	348d			83d	56d	¥280,089	¥120,175	¥123,490	¥156,599	¥0	¥0	¥0			20-4-1 8:00.	20-7-3 17:0	20-4-3
地质勘察				100%	0d			10d	0d	¥90,000	¥90,000	¥90,000	¥0	¥0	¥0	¥0		七天工作制	20-4-1 8:00.	20-4-13 17:	
地质初勘	实际	任务相关	固定工期和资源用量	100%	0d	100%	E1000	3d	0d	¥30,000	¥30,000	¥30,000	¥0	¥0	¥0	¥0	☑	七天工作制	20-4-1 8:00.	20-4-3 17:0	
地质详勘	实际	任务相关	固定工期和资源用量	100%	0d	100%	E1010	7d	0d	¥60,000	¥60,000	¥60,000	¥0	¥0	¥0	¥0	☑	七天工作制	20-4-7 8:00.	20-4-13 17:	
初步设计				100%	48d			16d	0d	¥26,840	¥26,840	¥5,240	¥21,600	¥0	¥0	¥0			20-4-14 8:0(	20-4-29 17:	
初步设计	实际	任务相关	固定资源用量	100%	48d	100%	E1020	8d	0d	¥24,840	¥24,840	¥3,240	¥21,600	¥0	¥0	¥0	☑	七天工作制	20-4-14 8:0(	20-4-21 17:	
初步设计报审	实际	任务相关	固定资源用量	100%	0d	100%	E1030	6d	0d	¥2,000	¥2,000	¥2,000	¥0	¥0	¥0	¥0	☑	5天工作制	20-4-22 8:0(	20-4-29 17:	
施工图设计				4.75%	300d			57d	56d	¥163,249	¥3,335	¥28,250	¥134,999	¥0	¥0	¥0			20-4-30 8:0(	20-7-3 17:0	20-4-3
基础施工图设计	实际	任务相关	固定资源用量	5%	100d	5%	E1040	50d	49d	¥51,750	¥1,035	¥6,750	¥45,000	¥0	¥0	¥0	☑	七天工作制	20-4-30 8:0(	20-6-23 17:	20-4-3
地下室施工图设计	实际	任务相关	固定资源用量	5%	100d	5%	E1050	45d	44d	¥51,750	¥1,150	¥6,750	¥45,000	¥0	¥0	¥0	☑	七天工作制	20-4-30 8:0(	20-6-18 17:	20-4-3
地上部分施工图设计	实际	任务相关	固定资源用量	5%	100d	5%	E1060	45d	44d	¥51,750	¥1,150	¥6,750	¥45,000	¥0	¥0	¥0	☑	七天工作制	20-4-30 8:0(	20-6-18 17:	20-4-3
建筑结构施工图报审	实际	任务相关	固定工期和资源用量	0%	0d	0%	E1070	6d	6d	¥2,000	¥0	¥2,000	¥0	¥0	¥0	¥0	☐	5天工作制	20-6-24 8:0(	20-7-3 17:0	20-6-2
消防施工图报审	实际	任务相关	固定工期和资源用量	0%	0d	0%	E1080	6d	6d	¥2,000	¥0	¥2,000	¥0	¥0	¥0	¥0	☐	5天工作制	20-6-24 8:0(	20-7-3 17:0	20-6-2
人防施工图报审	实际	任务相关	固定工期和资源用量	0%	0d	0%	E1090	6d	6d	¥2,000	¥0	¥2,000	¥0	¥0	¥0	¥0	☐	5天工作制	20-6-24 8:0(	20-7-3 17:0	20-6-2
节能报审	实际	任务相关	固定工期和资源用量	0%	0d	0%	E1100	6d	6d	¥2,000	¥0	¥2,000	¥0	¥0	¥0	¥0	☐	5天工作制	20-6-24 8:0(	20-7-3 17:0	20-6-2
采购阶段				0%	0d			131d	131d	¥2,400,000	¥0	¥2,400,000	¥0	¥0	¥0	¥0		七天工作制	20-10-20 8:(	21-3-9 17:0	20-10-
电气设备采购				0%	0d			41d	41d	¥800,000	¥0	¥800,000	¥0	¥0	¥0	¥0		七天工作制	20-11-5 8:0(	20-12-15 17	20-11-
电气设备采购	实际	任务相关	固定工期和资源用量	0%	0d	0%	PA1000	41d	41d	¥800,000	¥0	¥800,000	¥0	¥0	¥0	¥0	☐	七天工作制	20-11-5 8:0(	20-12-15 17	20-11-
暖通设备采购				0%	0d			56d	56d	¥400,000	¥0	¥400,000	¥0	¥0	¥0	¥0		七天工作制	20-12-19 8:(	21-2-22 17:	20-12-
暖通设备采购	实际	任务相关	固定工期和资源用量	0%	0d	0%	PA1230	56d	56d	¥400,000	¥0	¥400,000	¥0	¥0	¥0	¥0	☐	七天工作制	20-12-19 8:(	21-2-22 17:	20-12-
电梯采购				0%	0d			131d	131d	¥400,000	¥0	¥400,000	¥0	¥0	¥0	¥0		七天工作制	20-10-20 8:(	21-3-9 17:0	20-10-
电梯设备采购	实际	任务相关	固定工期和资源用量	0%	0d	0%	P1A230	131d	131d	¥400,000	¥0	¥400,000	¥0	¥0	¥0	¥0	☐	七天工作制	20-10-20 8:(	21-3-9 17:0	20-10-

图 5-17　保存本期完成值

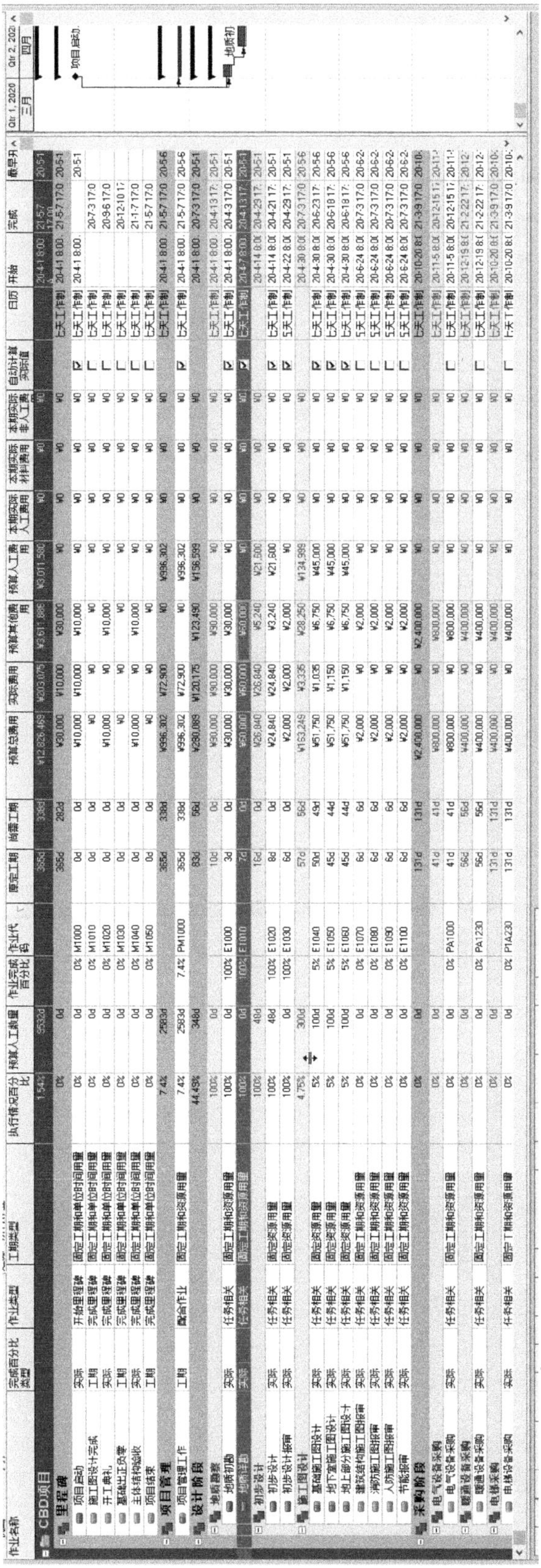

作业名称	完成百分比类型	作业类型	工期类型	执行情况百分比	预算人工数量	作业完成百分比	作业代码	原定工期	尚需工期
CBD项目				1.54%	9532d			365d	338d
里程碑				0%	0d			365d	282d
项目启动	实际	开始里程碑	固定工期和单位时间用量	0%	0d	0%	M1000	0d	0d
施工图设计完成	工期	完成里程碑	固定工期和单位时间用量	0%	0d	0%	M1010	0d	0d
开工典礼	实际	完成里程碑	固定工期和单位时间用量	0%	0d	0%	M1020	0d	0d
基础出正负零	工期	完成里程碑	固定工期和单位时间用量	0%	0d	0%	M1030	0d	0d
主体结构验收	实际	完成里程碑	固定工期和单位时间用量	0%	0d	0%	M1040	0d	0d
项目结束	工期	完成里程碑	固定工期和单位时间用量	0%	0d	0%	M1050	0d	0d
项目管理				7.4%	2583d			365d	338d
项目管理工作	工期	配合作业	固定工期和资源用量	7.4%	2583d	7.4%	PM1000	365d	338d
设计阶段				44.49%	348d			83d	56d
地质勘察				100%	0d			10d	0d
地质初勘	实际	任务相关	固定工期和资源用量	100%	0d	100%	E1000	3d	0d
地质详勘	实际	任务相关	固定工期和资源用量	100%	0d	100%	E1010	7d	0d
初步设计				100%	48d			16d	0d
初步设计	实际	任务相关	固定资源用量	100%	48d	100%	E1020	8d	0d
初步设计报审	实际	任务相关	固定资源用量	100%	0d	100%	E1030	6d	0d
施工图设计				4.75%	300d			57d	56d
基础施工图设计	实际	任务相关	固定资源用量	5%	100d	5%	E1040	50d	49d
地下室施工图设计	实际	任务相关	固定资源用量	5%	100d	5%	E1050	45d	44d
地上部分施工图设计	实际	任务相关	固定资源用量	5%	100d	5%	E1060	45d	44d
建筑结构施工图报审	实际	任务相关	固定工期和资源用量	0%	0d	0%	E1070	6d	6d
消防施工图报审	实际	任务相关	固定工期和资源用量	0%	0d	0%	E1080	6d	6d
人防施工图报审	实际	任务相关	固定工期和资源用量	0%	0d	0%	E1090	6d	6d
节能报审	实际	任务相关	固定工期和资源用量	0%	0d	0%	E1100	6d	6d
采购阶段				0%	0d			131d	131d
电气设备采购				0%	0d			41d	41d
电气设备采购	实际	任务相关	固定工期和资源用量	0%	0d	0%	PA1000	41d	41d
暖通设备采购				0%	0d			56d	56d
暖通设备采购	实际	任务相关	固定工期和资源用量	0%	0d	0%	PA1230	56d	56d
电梯采购				0%	0d			131d	131d
电梯设备采购	实际	任务相关	固定工期和资源用量	0%	0d	0%	P1A230	131d	131d

作业名称	预算总费用	实际费用	预算其他费用	预算人工费用	本期实际人工费用	本期实际材料费用	本期实际非人工费用	自动计算实际值	日历	开始	完成	最早开
CBD项目	¥12,826,469	¥203,075	¥3,611,886	¥3,011,580	¥0	¥0	¥0			20-4-1 8:00	21-5-7 17:00	20-5-1
里程碑	¥30,000	¥10,000	¥30,000	¥0	¥0	¥0	¥0		七天工作制	20-4-1 8:00	21-5-7 17:0	20-5-1
项目启动	¥10,000	¥10,000	¥10,000	¥0	¥0	¥0	¥0	☑	七天工作制	20-4-1 8:00		20-5-1
施工图设计完成	¥0	¥0	¥0	¥0	¥0	¥0	¥0	☐	七天工作制		20-7-3 17:0	
开工典礼	¥10,000	¥0	¥10,000	¥0	¥0	¥0	¥0	☐	七天工作制		20-9-6 17:0	
基础出正负零	¥0	¥0	¥0	¥0	¥0	¥0	¥0	☐	七天工作制		20-12-10 17	
主体结构验收	¥10,000	¥0	¥10,000	¥0	¥0	¥0	¥0	☐	七天工作制		21-1-7 17:0	
项目结束	¥0	¥0	¥0	¥0	¥0	¥0	¥0	☐	七天工作制		21-5-7 17:0	
项目管理	¥996,302	¥72,900	¥0	¥996,302	¥0	¥0	¥0		七天工作制	20-4-1 8:00	21-5-7 17:0	20-5-6
项目管理工作	¥996,302	¥72,900	¥0	¥996,302	¥0	¥0	¥0	☑	七天工作制	20-4-1 8:00	21-5-7 17:0	20-5-6
设计阶段	¥280,089	¥120,175	¥123,490	¥156,599	¥0	¥0	¥0			20-4-1 8:00	20-7-3 17:0	20-5-1
地质勘察	¥90,000	¥90,000	¥90,000	¥0	¥0	¥0	¥0		七天工作制	20-4-1 8:00	20-4-13 17:	20-5-1
地质初勘	¥30,000	¥30,000	¥30,000	¥0	¥0	¥0	¥0	☑	七天工作制	20-4-1 8:00	20-4-3 17:0	20-5-1
地质详勘	¥60,000	¥60,000	¥60,000	¥0	¥0	¥0	¥0	☑	七天工作制	20-4-7 8:00	20-4-13 17:	20-5-1
初步设计	¥26,840	¥26,840	¥5,240	¥21,600	¥0	¥0	¥0			20-4-14 8:0(	20-4-29 17:	20-5-1
初步设计	¥24,840	¥24,840	¥3,240	¥21,600	¥0	¥0	¥0	☑	七天工作制	20-4-14 8:0(	20-4-21 17:	20-5-1
初步设计报审	¥2,000	¥2,000	¥2,000	¥0	¥0	¥0	¥0	☑	5天工作制	20-4-22 8:0(	20-4-29 17:	20-5-1
施工图设计	¥163,249	¥3,335	¥28,250	¥134,999	¥0	¥0	¥0			20-4-30 8:0(	20-7-3 17:0	20-5-6
基础施工图设计	¥51,750	¥1,035	¥6,750	¥45,000	¥0	¥0	¥0	☑	七天工作制	20-4-30 8:0(	20-6-23 17:	20-5-6
地下室施工图设计	¥51,750	¥1,150	¥6,750	¥45,000	¥0	¥0	¥0	☑	七天工作制	20-4-30 8:0(	20-6-18 17:	20-5-6
地上部分施工图设计	¥51,750	¥1,150	¥6,750	¥45,000	¥0	¥0	¥0	☑	七天工作制	20-4-30 8:0(	20-6-18 17:	20-5-6
建筑结构施工图报审	¥2,000	¥0	¥2,000	¥0	¥0	¥0	¥0	☐	5天工作制	20-6-24 8:0(	20-7-3 17:0	20-6-2
消防施工图报审	¥2,000	¥0	¥2,000	¥0	¥0	¥0	¥0	☐	5天工作制	20-6-24 8:0(	20-7-3 17:0	20-6-2
人防施工图报审	¥2,000	¥0	¥2,000	¥0	¥0	¥0	¥0	☐	5天工作制	20-6-24 8:0(	20-7-3 17:0	20-6-2
节能报审	¥2,000	¥0	¥2,000	¥0	¥0	¥0	¥0	☐	5天工作制	20-6-24 8:0(	20-7-3 17:0	20-6-2
采购阶段	¥2,400,000	¥0	¥2,400,000	¥0	¥0	¥0	¥0		七天工作制	20-10-20 8:(	21-3-9 17:0	20-10-
电气设备采购	¥800,000	¥0	¥800,000	¥0	¥0	¥0	¥0		七天工作制	20-11-5 8:0(	20-12-15 17	20-11-
电气设备采购	¥800,000	¥0	¥800,000	¥0	¥0	¥0	¥0	☐	七天工作制	20-11-5 8:0(	20-12-15 17	20-11-
暖通设备采购	¥400,000	¥0	¥400,000	¥0	¥0	¥0	¥0		七天工作制	20-12-19 8:(	21-2-22 17:	20-12-
暖通设备采购	¥400,000	¥0	¥400,000	¥0	¥0	¥0	¥0	☐	七天工作制	20-12-19 8:(	21-2-22 17:	20-12-
电梯采购	¥400,000	¥0	¥400,000	¥0	¥0	¥0	¥0		七天工作制	20-10-20 8:(	21-3-9 17:0	20-10-
电梯设备采购	¥400,000	¥0	¥400,000	¥0	¥0	¥0	¥0	☐	七天工作制	20-10-20 8:(	21-3-9 17:0	20-10-

图 5-18　5 月 1 日进度计算结果

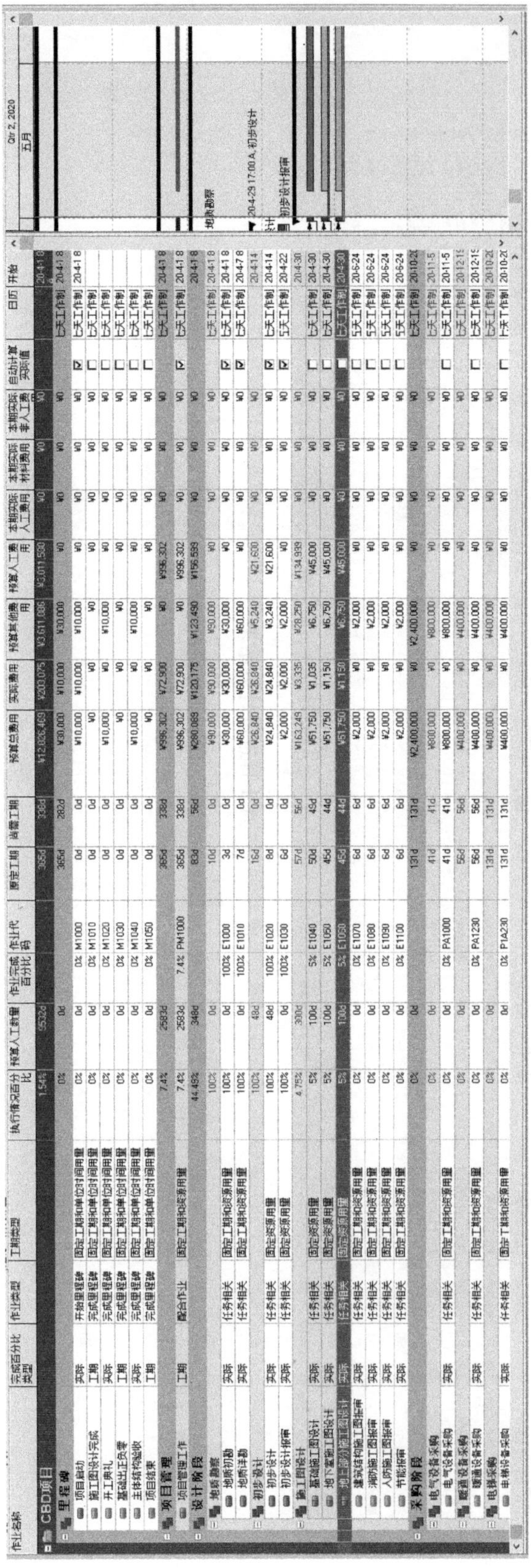

作业名称	完成百分比类型	作业类型	工期类型	执行情况百分比	预算人工数量	作业完成百分比	作业代码	原定工期	尚需工期	预算总费用	实际费用	预算其他费用	预算人工费用	本期实际人工费用	本期实际材料费用	本期实际非人工费用	自动计算实际值	日历	开始
CBD项目				1.54%	9532d			365d	338d	¥12,826,469	¥203,075	¥3,611,886	¥3,011,580	¥0	¥0	¥0			20-4-1 8
里程碑				0%	0d			365d	282d	¥30,000	¥10,000	¥30,000	¥0	¥0	¥0	¥0		七天工作制	20-4-1 8
项目启动	实际	开始里程碑	固定工期和单位时间用量	0%	0d	0%	M1000	0d	0d	¥10,000	¥10,000	¥10,000	¥0	¥0	¥0	¥0	☑	七天工作制	20-4-1 8
施工图设计完成	工期	完成里程碑	固定工期和单位时间用量	0%	0d	0%	M1010	0d	0d	¥0	¥0	¥0	¥0	¥0	¥0	¥0	☐	七天工作制	
开工典礼	实际	完成里程碑	固定工期和单位时间用量	0%	0d	0%	M1020	0d	0d	¥10,000	¥0	¥10,000	¥0	¥0	¥0	¥0	☐	七天工作制	
基础出正负零	工期	完成里程碑	固定工期和单位时间用量	0%	0d	0%	M1030	0d	0d	¥0	¥0	¥0	¥0	¥0	¥0	¥0	☐	七天工作制	
主体结构验收	实际	完成里程碑	固定工期和单位时间用量	0%	0d	0%	M1040	0d	0d	¥10,000	¥0	¥10,000	¥0	¥0	¥0	¥0	☐	七天工作制	
项目结束	工期	完成里程碑	固定工期和单位时间用量	0%	0d	0%	M1050	0d	0d	¥0	¥0	¥0	¥0	¥0	¥0	¥0	☐	七天工作制	
项目管理				7.4%	2583d			365d	338d	¥996,302	¥72,900	¥0	¥996,302	¥0	¥0	¥0		七天工作制	20-4-1 8
项目管理工作	工期	配合作业	固定工期和资源用量	7.4%	2583d	7.4%	PM1000	365d	338d	¥996,302	¥72,900	¥0	¥996,302	¥0	¥0	¥0	☑	七天工作制	20-4-1 8
设计阶段				44.49%	348d			83d	56d	¥280,089	¥120,175	¥123,490	¥156,599	¥0	¥0	¥0			20-4-1 8
地质勘察				100%	0d			10d	0d	¥90,000	¥90,000	¥90,000	¥0	¥0	¥0	¥0		七天工作制	20-4-1 8
地质初勘	实际	任务相关	固定工期和资源用量	100%	0d	100%	E1000	3d	0d	¥30,000	¥30,000	¥30,000	¥0	¥0	¥0	¥0	☑	七天工作制	20-4-1 8
地质详勘	实际	任务相关	固定工期和资源用量	100%	0d	100%	E1010	7d	0d	¥60,000	¥60,000	¥60,000	¥0	¥0	¥0	¥0	☑	七天工作制	20-4-7 8
初步设计				100%	48d			16d	0d	¥26,840	¥26,840	¥5,240	¥21,600	¥0	¥0	¥0			20-4-14
初步设计	实际	任务相关	固定资源用量	100%	48d	100%	E1020	8d	0d	¥24,840	¥24,840	¥3,240	¥21,600	¥0	¥0	¥0	☑	七天工作制	20-4-14
初步设计报审	实际	任务相关	固定资源用量	100%	0d	100%	E1030	6d	0d	¥2,000	¥2,000	¥2,000	¥0	¥0	¥0	¥0	☑	五天工作制	20-4-22
施工图设计				4.75%	300d			57d	56d	¥163,249	¥3,335	¥28,250	¥134,939	¥0	¥0	¥0			20-4-30
基础施工图设计	实际	任务相关	固定资源用量	5%	100d	5%	E1040	50d	49d	¥51,750	¥1,035	¥6,750	¥45,000	¥0	¥0	¥0	☐	七天工作制	20-4-30
地下室施工图设计	实际	任务相关	固定资源用量	5%	100d	5%	E1050	45d	44d	¥51,750	¥1,150	¥6,750	¥45,000	¥0	¥0	¥0	☐	七天工作制	20-4-30
地上部分施工图设计	实际	任务相关	固定资源用量	5%	100d	5%	E1060	45d	44d	¥51,750	¥1,150	¥6,750	¥45,000	¥0	¥0	¥0	☐	七天工作制	20-4-30
建筑结构施工图报审	实际	任务相关	固定工期和资源用量	0%	0d	0%	E1070	6d	6d	¥2,000	¥0	¥2,000	¥0	¥0	¥0	¥0	☐	五天工作制	20-6-24
消防施工图报审	实际	任务相关	固定工期和资源用量	0%	0d	0%	E1080	6d	6d	¥2,000	¥0	¥2,000	¥0	¥0	¥0	¥0	☐	五天工作制	20-6-24
人防施工图报审	实际	任务相关	固定工期和资源用量	0%	0d	0%	E1090	6d	6d	¥2,000	¥0	¥2,000	¥0	¥0	¥0	¥0	☐	五天工作制	20-6-24
节能报审	实际	任务相关	固定工期和资源用量	0%	0d	0%	E1100	6d	6d	¥2,000	¥0	¥2,000	¥0	¥0	¥0	¥0	☐	五天工作制	20-6-24
采购阶段				0%	0d			131d	131d	¥2,400,000	¥0	¥2,400,000	¥0	¥0	¥0	¥0		七天工作制	20-10-2[illegible]
电气设备采购				0%	0d			41d	41d	¥800,000	¥0	¥800,000	¥0	¥0	¥0	¥0		七天工作制	20-11-5
电气设备采购	实际	任务相关	固定工期和资源用量	0%	0d	0%	PA1000	41d	41d	¥800,000	¥0	¥800,000	¥0	¥0	¥0	¥0	☐	七天工作制	20-11-5
暖通设备采购				0%	0d			56d	56d	¥400,000	¥0	¥400,000	¥0	¥0	¥0	¥0		七天工作制	20-12-1[illegible]
暖通设备采购	实际	任务相关	固定工期和资源用量	0%	0d	0%	PA1230	56d	56d	¥400,000	¥0	¥400,000	¥0	¥0	¥0	¥0	☐	七天工作制	20-12-1[illegible]
电梯采购				0%	0d			131d	131d	¥400,000	¥0	¥400,000	¥0	¥0	¥0	¥0		七天工作制	20-10-2[illegible]
电梯设备采购	实际	任务相关	固定工期和资源用量	0%	0d	0%	P1A230	131d	131d	¥400,000	¥0	¥400,000	¥0	¥0	¥0	¥0	☐	七天工作制	20-10-2[illegible]

Qtr 2, 2020
五月
地质勘察
20-4-29 17:00 A, 初步设计
初步设计报审

图 5-19　设置 5 月份的作业数据选项

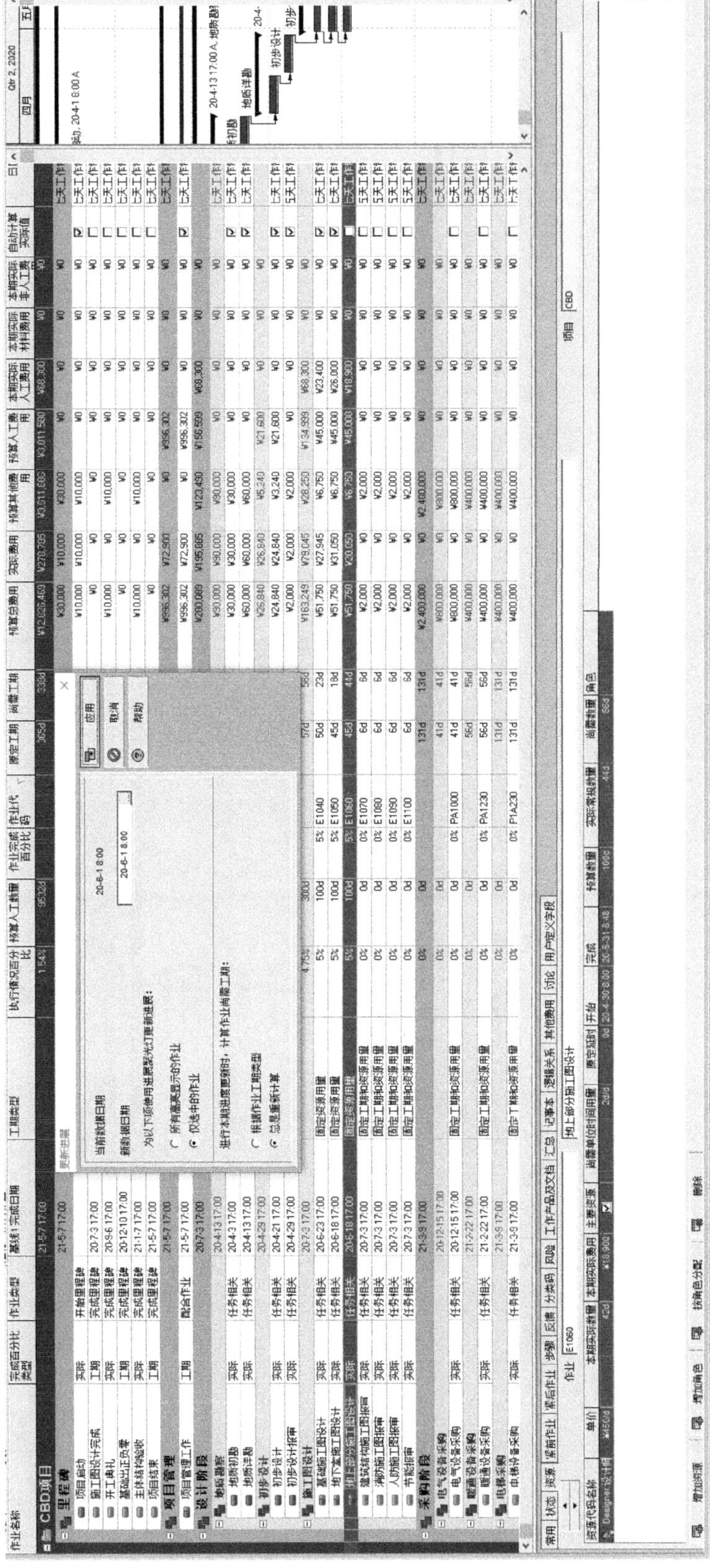

图 5-20　利用“更新进展”更新 5 月份部分数据

图 5-21 “地上部分施工图设计”本期实际值录入

图 5-22 显示进度差值结果

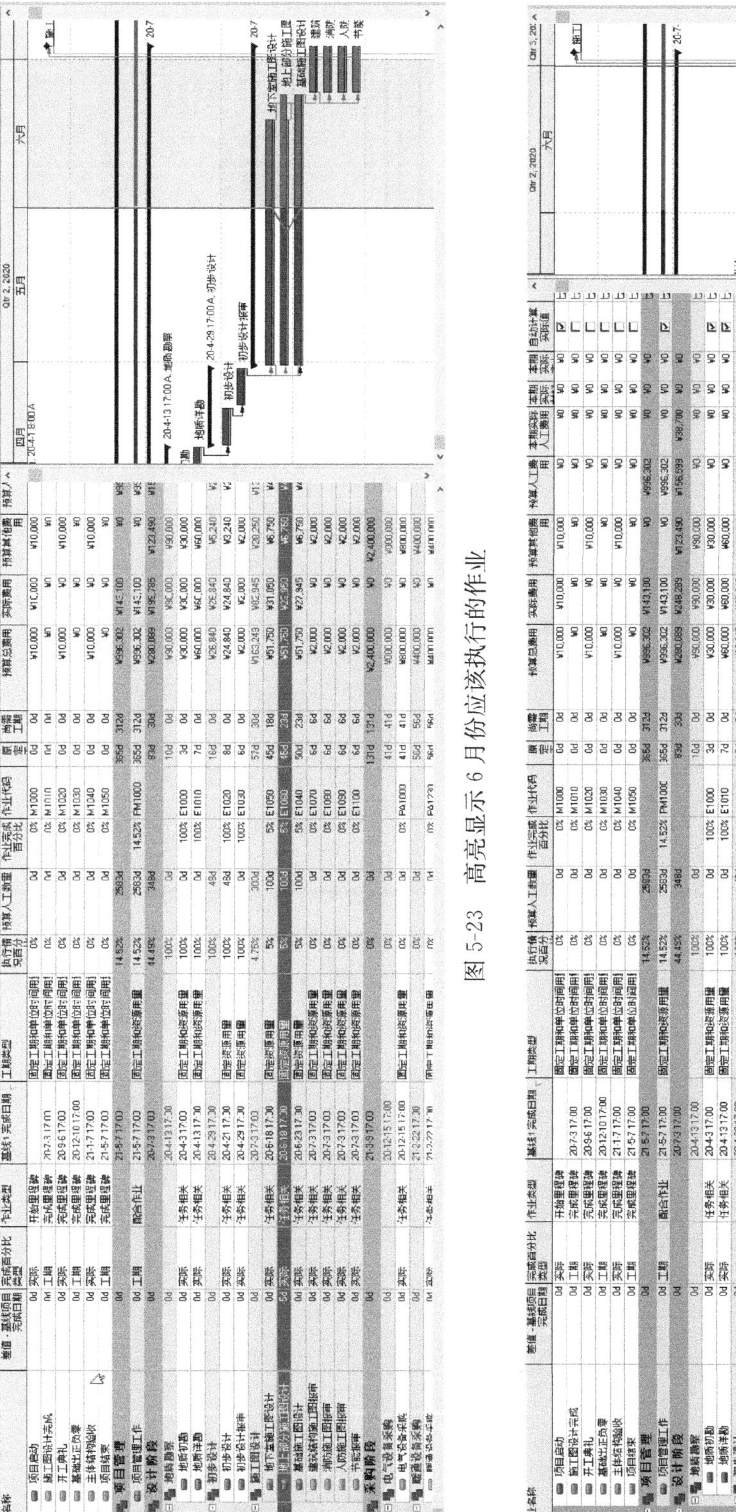

图 5-23　高亮显示 6 月份应该执行的作业

图 5-24　利用“更新进展”更新 6 月份部分作业实际值

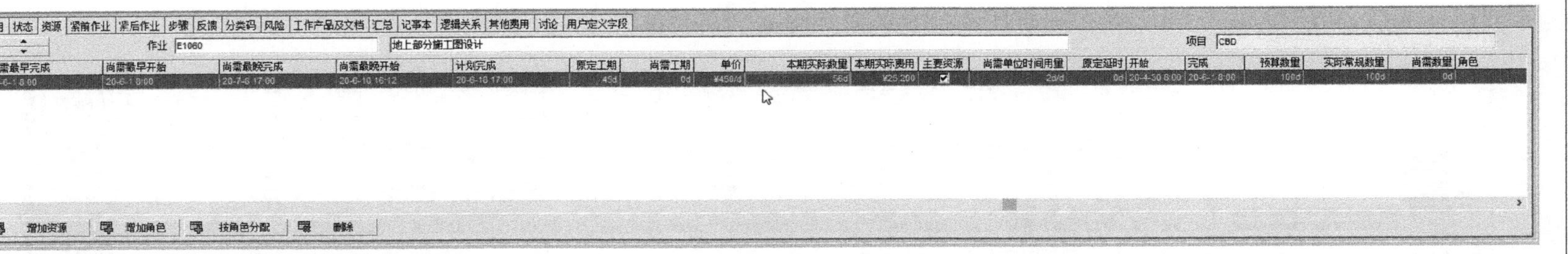

作业 E1060 地上部分施工图设计 项目 CBD

尚需最早完成	尚需最早开始	尚需最晚完成	尚需最晚开始	计划完成	原定工期	尚需工期	单价	本期实际数量	本期实际费用	主要资源	尚需单位时间用量	原定延时	开始	完成	预算数量	实际常规数量	尚需数量	角色
20-6-1 8:00	20-6-1 8:00	20-7-6 17:00	20-6-10 16:12	20-6-18 17:00	45d	0d	¥450/d	56d	¥25,200	✓	2d/d	0d	20-4-30 8:00	20-6-1 8:00	100d	100d	0d	

图 5-25　手动更新“地上部分施工图设计”数据

作业名称	基线项目尚需工期	差值-基线项目完成日期	完成百分比类型	作业类型	基线1完成日期	工期类型	执行情况百分比	预算人工数量	作业完成百分比	作业代码	原定工期	尚需工期	预算总费用	实际费用	预算其他费用	预算人工费用	本期实际人工费用
CBD项目		0d			21-5-7 17:00		3.83%	9532d			365d	285d	¥12,826,469	¥502,190	¥3,611,886	¥3,011,580	¥0
里程碑		0d			21-5-7 17:00		0%	0d			365d	282d	¥30,000	¥10,000	¥30,000	¥0	¥0
项目启动	0d	0d	实际	开始里程碑		固定工期和单位时间用量	0%	0d	0%	M1000	0d	0d	¥10,000	¥10,000	¥10,000	¥0	¥0
施工图设计完成	0d	0d	工期	完成里程碑	20-7-3 17:00	固定工期和单位时间用量	0%	0d	0%	M1010	0d	0d	¥0	¥0	¥0	¥0	¥0
开工典礼	0d	0d	实际	完成里程碑	20-9-6 17:00	固定工期和单位时间用量	0%	0d	0%	M1020	0d	0d	¥10,000	¥0	¥10,000	¥0	¥0
基础出正负零	0d	0d	工期	完成里程碑	20-12-10 17:00	固定工期和单位时间用量	0%	0d	0%	M1030	0d	0d	¥0	¥0	¥0	¥0	¥0
主体结构验收	0d	0d	实际	完成里程碑	21-1-7 17:00	固定工期和单位时间用量	0%	0d	0%	M1040	0d	0d	¥10,000	¥0	¥10,000	¥0	¥0
项目结束	0d	0d	工期	完成里程碑	21-5-7 17:00	固定工期和单位时间用量	0%	0d	0%	M1050	0d	0d	¥0	¥0	¥0	¥0	¥0
项目管理		0d			21-5-7 17:00		21.92%	2583d			365d	285d	¥996,302	¥216,000	¥0	¥996,302	¥0
项目管理工作	365d	0d	工期	配合作业	21-5-7 17:00	固定工期和资源用量	21.92%	2583d	21.92%	PM1000	365d	285d	¥996,302	¥216,000	¥0	¥996,302	¥0
设计阶段		0d			20-7-3 17:00		97.43%	348d			83d	3d	¥280,089	¥276,189	¥123,490	¥156,599	¥0
地质勘察		0d			20-4-13 17:00		100%	0d			10d	0d	¥90,000	¥90,000	¥90,000	¥0	¥0
地质初勘	3d	0d	实际	任务相关	20-4-3 17:00	固定工期和资源用量	100%	0d	100%	E1000	3d	0d	¥30,000	¥30,000	¥30,000	¥0	¥0
地质详勘	7d	0d	实际	任务相关	20-4-13 17:00	固定工期和资源用量	100%	0d	100%	E1010	7d	0d	¥60,000	¥60,000	¥60,000	¥0	¥0
初步设计		0d			20-4-29 17:00		100%	48d			16d	0d	¥26,840	¥26,840	¥5,240	¥21,600	¥0
初步设计	8d	0d	实际	任务相关	20-4-21 17:00	固定资源用量	100%	48d	100%	E1020	8d	0d	¥24,840	¥24,840	¥3,240	¥21,600	¥0
初步设计报审	6d	0d	实际	任务相关	20-4-29 17:00	固定资源用量	100%	0d	100%	E1030	6d	0d	¥2,000	¥2,000	¥2,000	¥0	¥0
施工图设计		0d			20-7-3 17:00		95.59%	300d			57d	3d	¥163,249	¥159,349	¥28,250	¥134,999	¥0
地下室施工图设计	45d	0d	实际	任务相关	20-6-18 17:00	固定资源用量	100%	100d	100%	E1050	45d	0d	¥51,750	¥51,750	¥6,750	¥45,000	¥0
地上部分施工图设计	45d	0d	实际	任务相关	20-6-18 17:00	固定资源用量	100%	100d	100%	E1060	45d	0d	¥51,750	¥51,850	¥6,750	¥45,000	¥0
基础施工图设计	50d	0d	实际	任务相关	20-6-23 17:00	固定资源用量	100%	100d	100%	E1040	50d	0d	¥51,750	¥51,750	¥6,750	¥45,000	¥0
建筑结构施工图报审	6d	0d	实际	任务相关	20-7-3 17:00	固定工期和资源用量	10%	0d	10%	E1070	6d	3d	¥2,000	¥1,000	¥2,000	¥0	¥0
消防施工图报审	6d	0d	实际	任务相关	20-7-3 17:00	固定工期和资源用量	10%	0d	10%	E1080	6d	3d	¥2,000	¥1,000	¥2,000	¥0	¥0
人防施工图报审	6d	0d	实际	任务相关	20-7-3 17:00	固定工期和资源用量	10%	0d	10%	E1090	6d	3d	¥2,000	¥1,000	¥2,000	¥0	¥0
节能报审	6d	0d	实际	任务相关	20-7-3 17:00	固定工期和资源用量	10%	0d	10%	E1100	6d	3d	¥2,000	¥1,000	¥2,000	¥0	¥0
采购阶段		0d			21-3-9 17:00		0%	0d			131d	131d	¥2,400,000	¥0	¥2,400,000	¥0	¥0
电气设备采购		0d			20-12-15 17:00		0%	0d			41d	41d	¥800,000	¥0	¥800,000	¥0	¥0

图 5-26　7 月 1 日进度计算结果

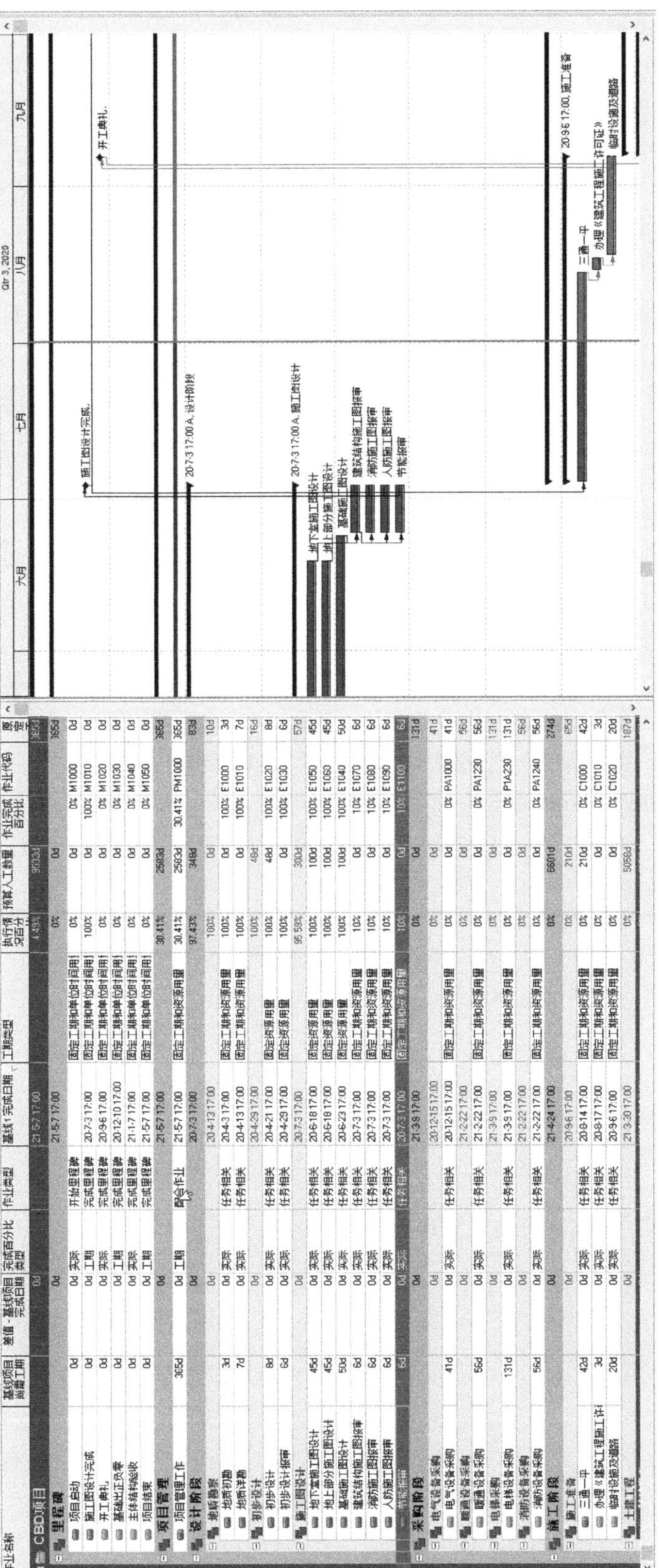

作业名称	基线项目尚需工期	差值 - 基线项目完成日期	完成百分比类型	作业类型	基线1 完成日期	工期类型	执行情况百分	预算人工数量	作业完成百分比	作业代码	原定
CBD项目		0d			21-5-7 17:00		4.49%	9532d			365d
里程碑		0d			21-5-7 17:00		0%	0d			365d
项目启动	0d	0d	实际	开始里程碑		固定工期和单位时间用量	0%	0d	0%	M1000	0d
施工图设计完成	0d	0d	工期	完成里程碑	20-7-3 17:00	固定工期和单位时间用量	100%	0d	100%	M1010	0d
开工典礼	0d	0d	实际	完成里程碑	20-9-6 17:00	固定工期和单位时间用量	0%	0d	0%	M1020	0d
基础出正负零	0d	0d	工期	完成里程碑	20-12-10 17:00	固定工期和单位时间用量	0%	0d	0%	M1030	0d
主体结构验收	0d	0d	实际	完成里程碑	21-1-7 17:00	固定工期和单位时间用量	0%	0d	0%	M1040	0d
项目结束	0d	0d	工期	完成里程碑	21-5-7 17:00	固定工期和单位时间用量	0%	0d	0%	M1050	0d
项目管理		0d			21-5-7 17:00		30.41%	2583d			365d
项目管理工作	365d	0d	工期	配合作业	21-5-7 17:00	固定工期和资源用量	30.41%	2583d	30.41%	PM1000	365d
设计阶段		0d			20-7-3 17:00		97.43%	348d			83d
地质勘察		0d			20-4-13 17:00		100%	0d			10d
地质初勘	3d	0d	实际	任务相关	20-4-3 17:00	固定工期和资源用量	100%	0d	100%	E1000	3d
地质详勘	7d	0d	实际	任务相关	20-4-13 17:00	固定工期和资源用量	100%	0d	100%	E1010	7d
初步设计		0d			20-4-29 17:00		100%	48d			16d
初步设计	8d	0d	实际	任务相关	20-4-21 17:00	固定资源用量	100%	48d	100%	E1020	8d
初步设计报审	6d	0d	实际	任务相关	20-4-29 17:00	固定资源用量	100%	0d	100%	E1030	6d
施工图设计		0d			20-7-3 17:00		95.59%	300d			57d
地下室施工图设计	45d	0d	实际	任务相关	20-6-18 17:00	固定资源用量	100%	100d	100%	E1050	45d
地上部分施工图设计	45d	0d	实际	任务相关	20-6-18 17:00	固定资源用量	100%	100d	100%	E1060	45d
基础施工图设计	50d	0d	实际	任务相关	20-6-23 17:00	固定资源用量	100%	100d	100%	E1040	50d
建筑结构施工图报审	6d	0d	实际	任务相关	20-7-3 17:00	固定工期和资源用量	10%	0d	10%	E1070	6d
消防施工图报审	6d	0d	实际	任务相关	20-7-3 17:00	固定工期和资源用量	10%	0d	10%	E1080	6d
人防施工图报审	6d	0d	实际	任务相关	20-7-3 17:00	固定工期和资源用量	10%	0d	10%	E1090	6d
节能报审	6d	0d	实际	任务相关	20-7-3 17:00	固定工期和资源用量	10%	0d	10%	E1100	6d
采购阶段		0d			21-3-9 17:00		0%	0d			131d
电气设备采购		0d			20-12-15 17:00		0%	0d			41d
电气设备采购	41d	0d	实际	任务相关	20-12-15 17:00	固定工期和资源用量	0%	0d	0%	PA1000	41d
暖通设备采购		0d			21-2-22 17:00		0%	0d			56d
暖通设备采购	56d	0d	实际	任务相关	21-2-22 17:00	固定工期和资源用量	0%	0d	0%	PA1230	56d
电梯采购		0d			21-3-9 17:00		0%	0d			131d
电梯设备采购	131d	0d	实际	任务相关	21-3-9 17:00	固定工期和资源用量	0%	0d	0%	P1A230	131d
消防设备采购		0d			21-2-22 17:00		0%	0d			56d
消防设备采购	56d	0d	实际	任务相关	21-2-22 17:00	固定工期和资源用量	0%	0d	0%	PA1240	56d
施工阶段		0d			21-4-24 17:00		0%	6601d			274d
施工准备		0d			20-9-6 17:00		0%	210d			65d
三通一平	42d	0d	实际	任务相关	20-8-14 17:00	固定工期和资源用量	0%	210d	0%	C1000	42d
办理《建筑工程施工许可	3d	0d	实际	任务相关	20-8-17 17:00	固定工期和资源用量	0%	0d	0%	C1010	3d
临时设施及道路	20d	0d	实际	任务相关	20-9-6 17:00	固定工期和资源用量	0%	0d	0%	C1020	20d
土建工程		0d			21-3-30 17:00		0%	5058d			187d

图 5-27　自动更新 7 月份数据

5. 更新项目 8 月份进展

8 月份项目依旧按照计划执行。8 月份按照计划执行的作业包括“三通一平”“办理《建筑施工许可证》”以及“临时设施及道路”等作业。勾选相关作业，将相关作业的自动计算实际值勾选，通过“更新进展”更新本期项目实际值，然后通过“本期进度更新”以及“保存本期完成值”实现本期值数据累加到项目实际值中。最后选择新的数据日期“9 月 1 日 8：00”进行进度更新，结果见图 5-28。

6. 更新基线

目前项目按照计划执行到 9 月份，本期的作业“临时设施及道路”按照计划完成，“开工典礼”按照计划执行。这里将“开工典礼”工作设定为开始里程碑作业，则作业实际开始日期为“9 月 6 日 8：00”，设定为完成里程碑作业，则作业实际完成日期为“9 月 6 日 17：00”。另外需要开始的作业为“基础施工”，需要完成的作业“临时设施及道路”。其中，“临时设施及道路”按照计划完成。按照计划执行的两道作业可以通过“更新进展”和勾选“自动计算实际值”进行本期实际数据的更新。

基础施工过程中发现文物且需要处理。从 9 月 10 日开始停工，停工 10d，9 月 20 日复工，期望完成日期比计划推迟 10d，见图 5-29。

“基础施工”作业资源的本期实际数据见图 5-30。

更新完上述数据后，选择新的数据日期“10 月 1 日”，执行“本期进度更新”“保存本期完成值”和“进度计算”，结果见图 5-31。

这里由于关键作业“基础施工”作业比计划推迟了 10d，导致后续关键作业“一层结构施工”等作业相应地推迟 10d，见图 5-32。

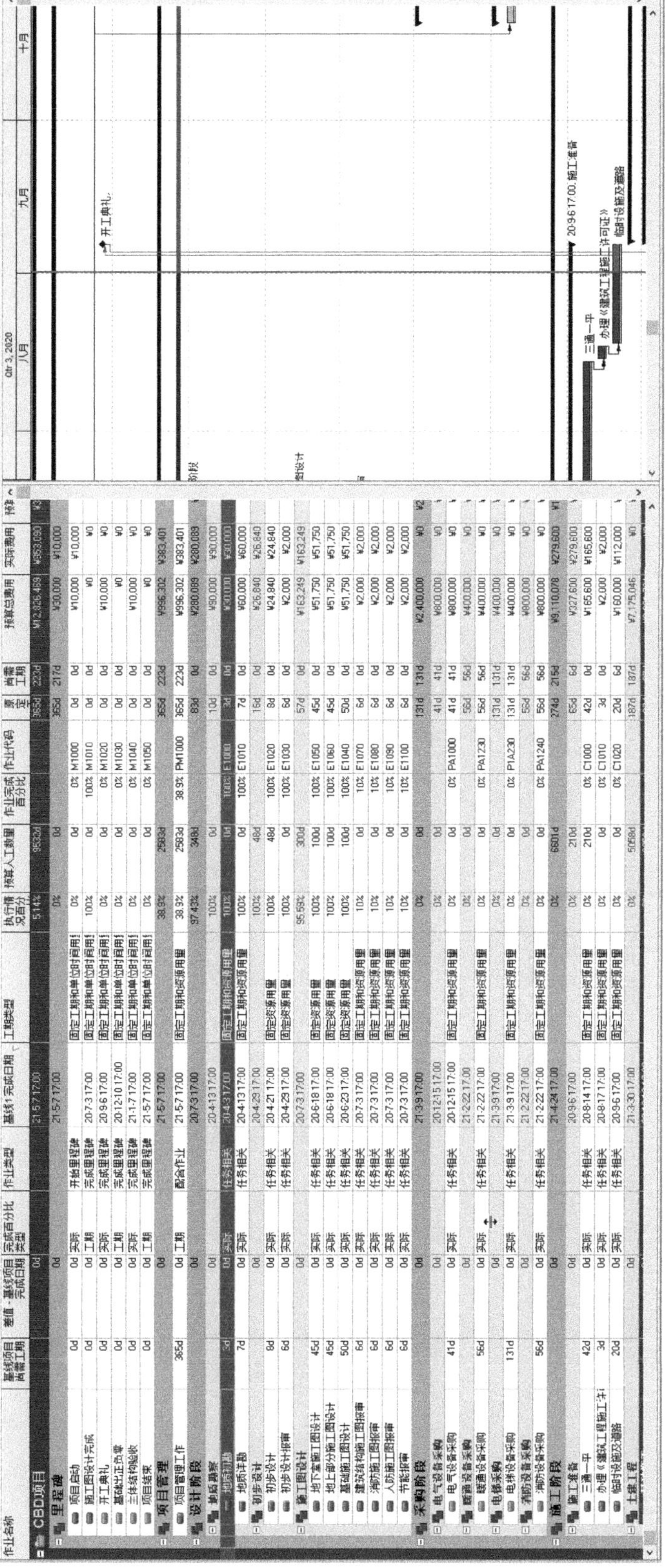

图 5-28　自动更新 8 月份数据

常用 | 状态 | 资源 | 紧前作业 | 紧后作业 | 步骤 | 反馈 | 分类码 | 风险 | 工作产品及文档 | 汇总 | 记事本 | 逻辑关系 | 其他费用 | 讨论 | 用户定义字段

作业 CA1002 基础施工 项目 CBD

工期
- 原定 87d
- 实际 0d
- 尚需 87d
- 完成时 77d
- 总浮时 13d
- 自由浮时 0d

状态
- ☑ 已开始 20-9-7 8:00
- ☐ 已完成 20-12-10 17:00
- 期望完成 20-12-20 17:00
- 实际完成百分比 0%
- 停工 20-9-10 8:00
- 复工 20-9-20 8:00

限制条件
- 主要 <无>
- 日期
- 第二 <无>
- 日期

人工数量
- 预算 3250d
- 实际 0d
- 尚需 3250d
- 完成时 3250d

图 5-29 更新“基础施工”作业状态

常用 | 状态 | 资源 | 紧前作业 | 紧后作业 | 步骤 | 反馈 | 分类码 | 风险 | 工作产品及文档 | 汇总 | 记事本 | 逻辑关系 | 其他费用 | 讨论 | 用户定义字段

作业 CA1002 基础施工 项目 CBD

控作业日期	尚需最早完成	尚需最早开始	尚需最晚完成	尚需最晚开始	计划完成	原定工期	尚需工期	单价	本期实际数量	本期实际费用	主要资源	尚需单位时间用量	原定延时	开始	完成	预算数量	实际常规数量	尚需数量	角色
☐	20-12-10 17:00	20-9-7 8:00	20-12-23 17:00	20-9-20 8:00	20-12-10 17:00	87d	87d	¥300/d	462d	¥138,600	☑	27d/d	0d	20-9-7 8:00 A	20-12-10 17:	2850d	462d	2388d	
☐	20-10-12 17:00	20-9-7 8:00	20-12-23 17:00	20-11-26 8:00	20-10-12 17:00	28d	28d	¥2,500/d	14d	¥35,000	☐	0d/d	0d	20-9-7 8:00 A	20-10-12 17:	20d	14d	6d	
☐	20-12-10 17:00	20-9-7 8:00	20-12-23 17:00	20-9-20 8:00	20-12-10 17:00	87d	87d	¥200/d	70d	¥14,000	☐	4d/d	0d	20-9-7 8:00 A	20-12-10 17:	400d	70d	330d	
☐	20-11-26 17:00	20-9-23 8:00	20-12-23 17:00	20-10-28 8:00	20-12-10 17:00	57d	57d	¥500/m3	518m3	¥259,000	☐	28m3/d	30d	20-9-23 8:00	20-11-26 17:	2100m3	518m3	1582m3	
☐	20-12-10 17:00	20-9-7 8:00	20-12-23 17:00	20-9-20 8:00	20-12-10 17:00	87d	87d	¥160/m	434m	¥69,440	☐	26m/d	0d	20-9-7 8:00 A	20-12-10 17:	2700m	434m	2266m	
☐	20-12-10 17:00	20-9-7 8:00	20-12-23 17:00	20-9-20 8:00	20-12-10 17:00	87d	87d	¥80/m	560m	¥44,800	☐	34m/d	0d	20-9-7 8:00 A	20-12-10 17:	3510m	560m	2950m	
☐	20-10-12 17:00	20-9-7 8:00	20-12-23 17:00	20-11-26 8:00	20-10-12 17:00	28d	28d	¥600/d	14d	¥8,400	☐	1d/d	0d	20-9-7 8:00 A	20-10-12 17:	40d	14d	26d	
☐	20-12-10 17:00	20-9-7 8:00	20-12-23 17:00	20-9-20 8:00	20-12-10 17:00	87d	87d	¥4,200/t	28t	¥117,600	☐	2t/d	0d	20-9-7 8:00 A	20-12-10 17:	160t	28t	132t	

增加资源 | 增加角色 | 按角色分配 | 删除

图 5-30 更新资源实际数据

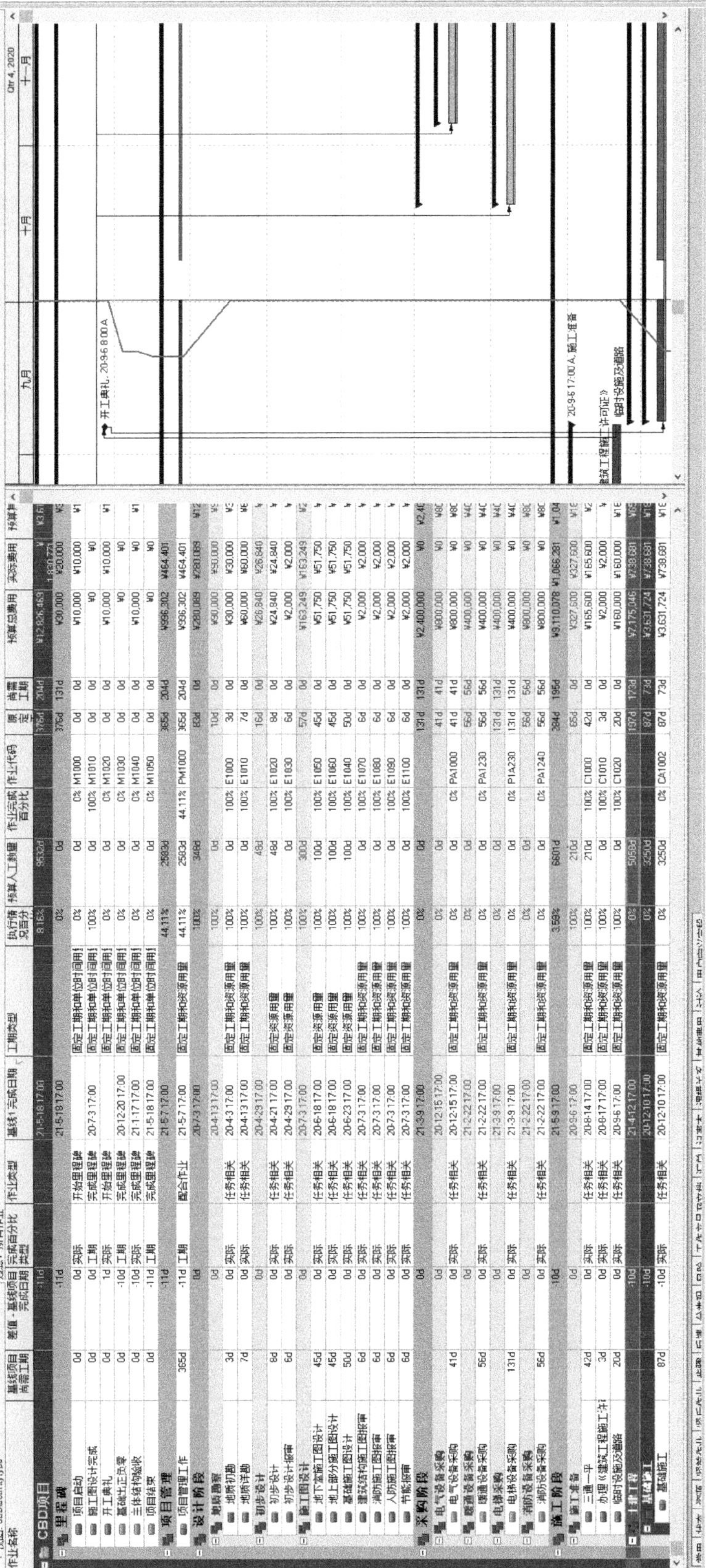

图 5-31　10 月 1 日进度计算结果

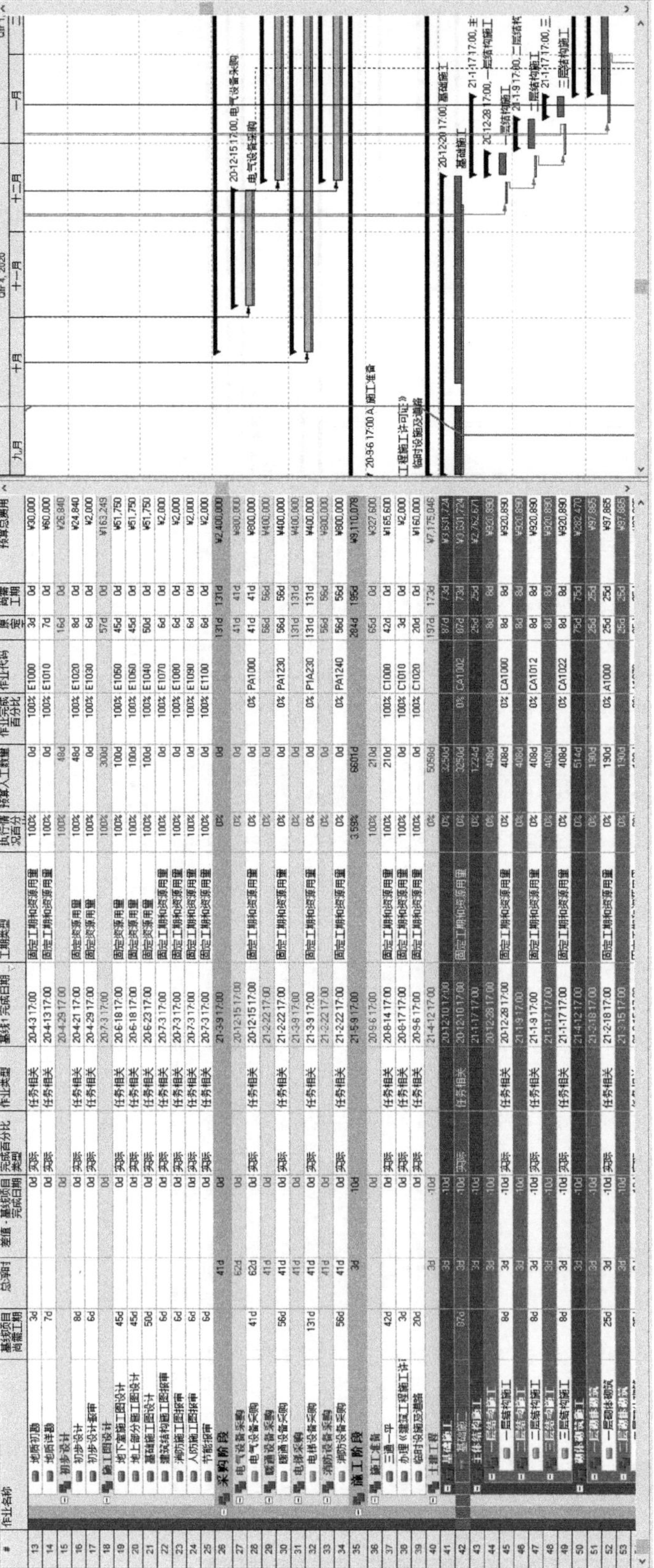

图 5-32 “基础施工”停工的影响

5.4　项目绩效的监控与更新

实验目的

➢ 掌握利用跟踪窗口、作业使用直方图以及栏位数据查看与监控看项目的绩效；
➢ 熟悉基线更新的几种方案。

实验内容

➢ 项目绩效分析；
➢ 项目绩效监控；
➢ 项目基线更新。

1. 项目绩效分析与监控

（1）项目绩效分析

对于项目绩效的分析，包括成本绩效分析和进度绩效分析。资源加载下的项目绩效分析主要还是利用赢得值技术评价项目的成本绩效和进度绩效。

1）利用“跟踪”页面监控项目绩效。

可以利用“跟踪”页面，查看项目进度绩效和成本绩效，见图 5-33。

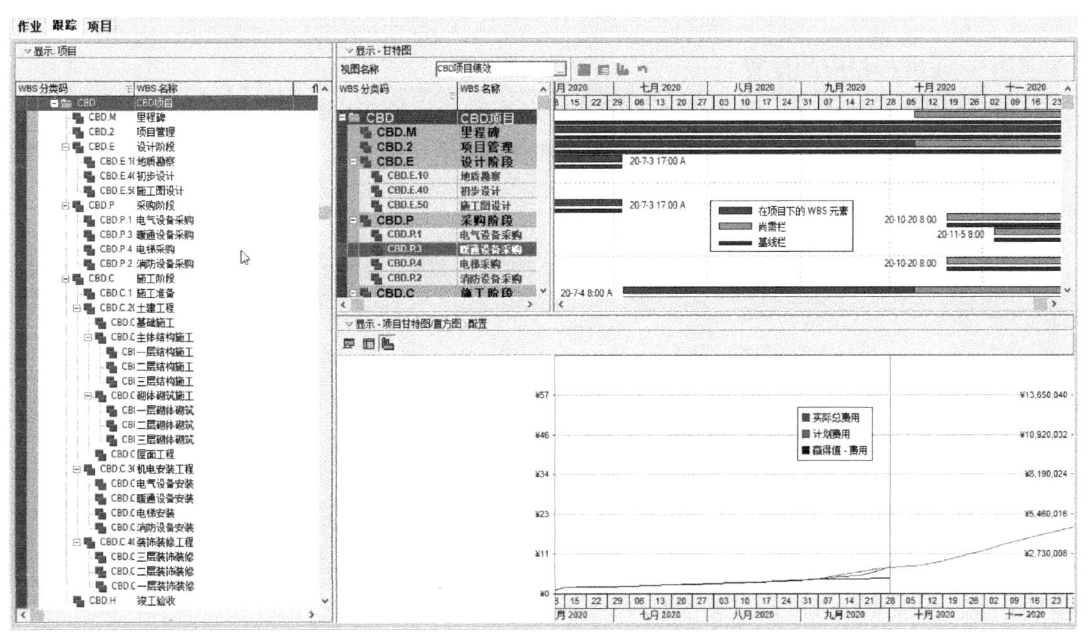

图 5-33　利用“跟踪”页面监控项目绩效

如图 5-33 所示，为了显示赢得值、实际值以及计划值曲线，需要在绘图区域单击鼠标右键，选择“直方图设置”，打开对应的“项目直方图选项”对话框，见图 5-34。

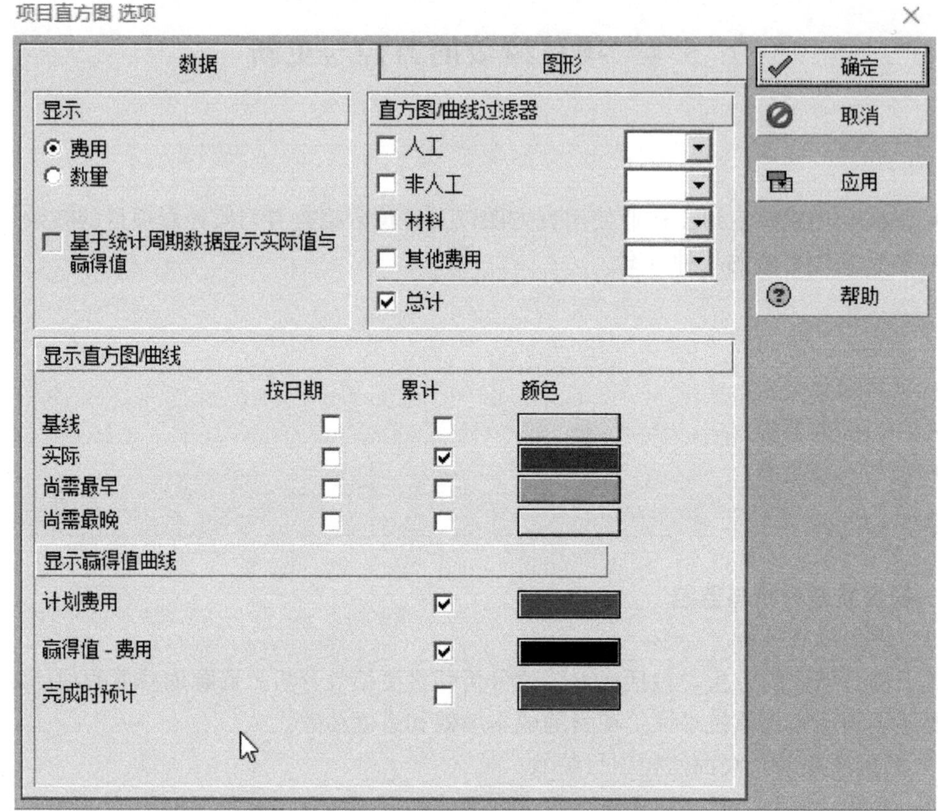

图 5-34 “项目直方图选项”对话框

按照图 5-34 进行相应的设置。

2）利用作业使用直方图和作业使用剖析表查看项目的费用绩效。

在作业窗口，通过显示作业使用剖析表和作业使用直方图，利用作业使用直方图和作业使用剖析表查看项目的费用绩效，见图 5-35。

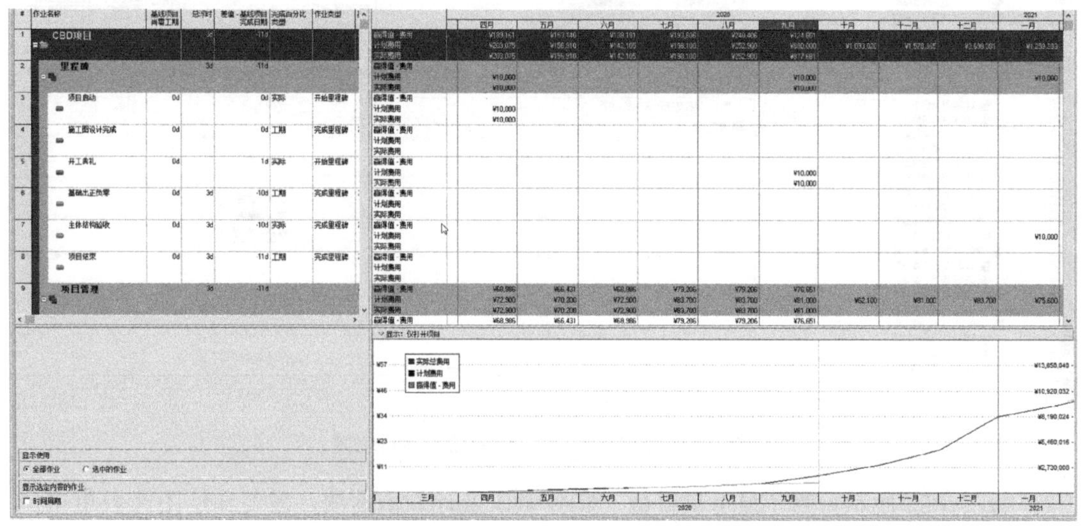

图 5-35 利用作业使用直方图和作业使用剖析表查看项目的费用绩效

对于作业使用剖析表可以在“剖析表字段”区域单击鼠标右键，通过弹出的快捷菜单选择“时间标尺”“剖析表字段”等进行设置，见图 5-36。

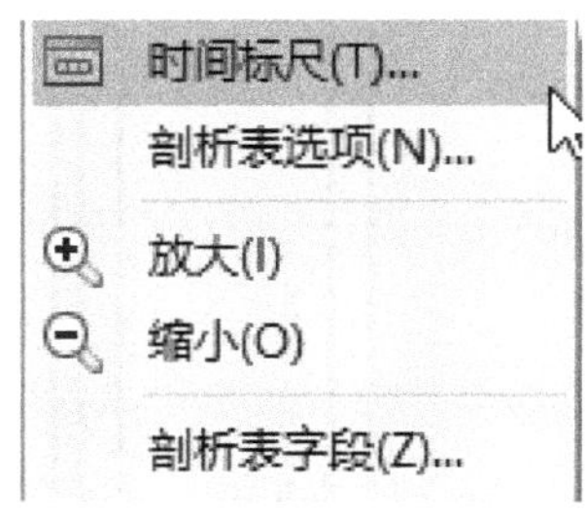

图 5-36　剖析表字段设置

也可以对作业使用直方图进行设置，在“直方图”区域单击鼠标右键，在快捷菜单中选择“作业使用直方图选项”，打开“作业使用直方图选项”对话框，见图 5-37。在该对话框中可以选择直方图数据的显示内容和显示方式。

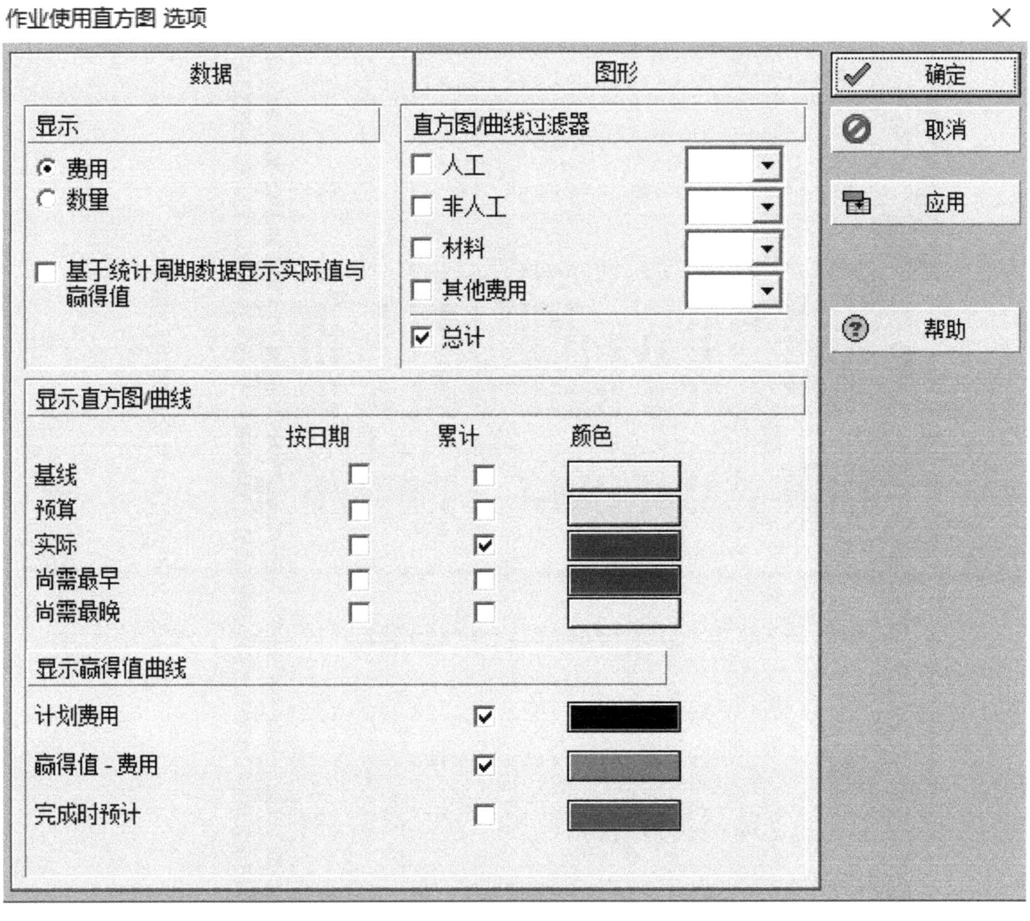

图 5-37　“作业使用直方图选项”对话框

（2）项目绩效监控

项目绩效监控包括进度绩效的监控和成本绩效的监控。项目绩效的监控利用赢得值技术进行。进度监控指的是参照进度基准计划，监控任务是否按照基线计划执行。进度绩效的监控要综合考虑关键路径作业的执行情况和进度绩效指标的监控结果。对于成本绩效的监控主要是对照基线，监控项目是否超支或者节支。

对“CBD”项目 9 月份的执行数据进行监控，可以利用临界值进行监控，也可以直接监控，见图 5-38。

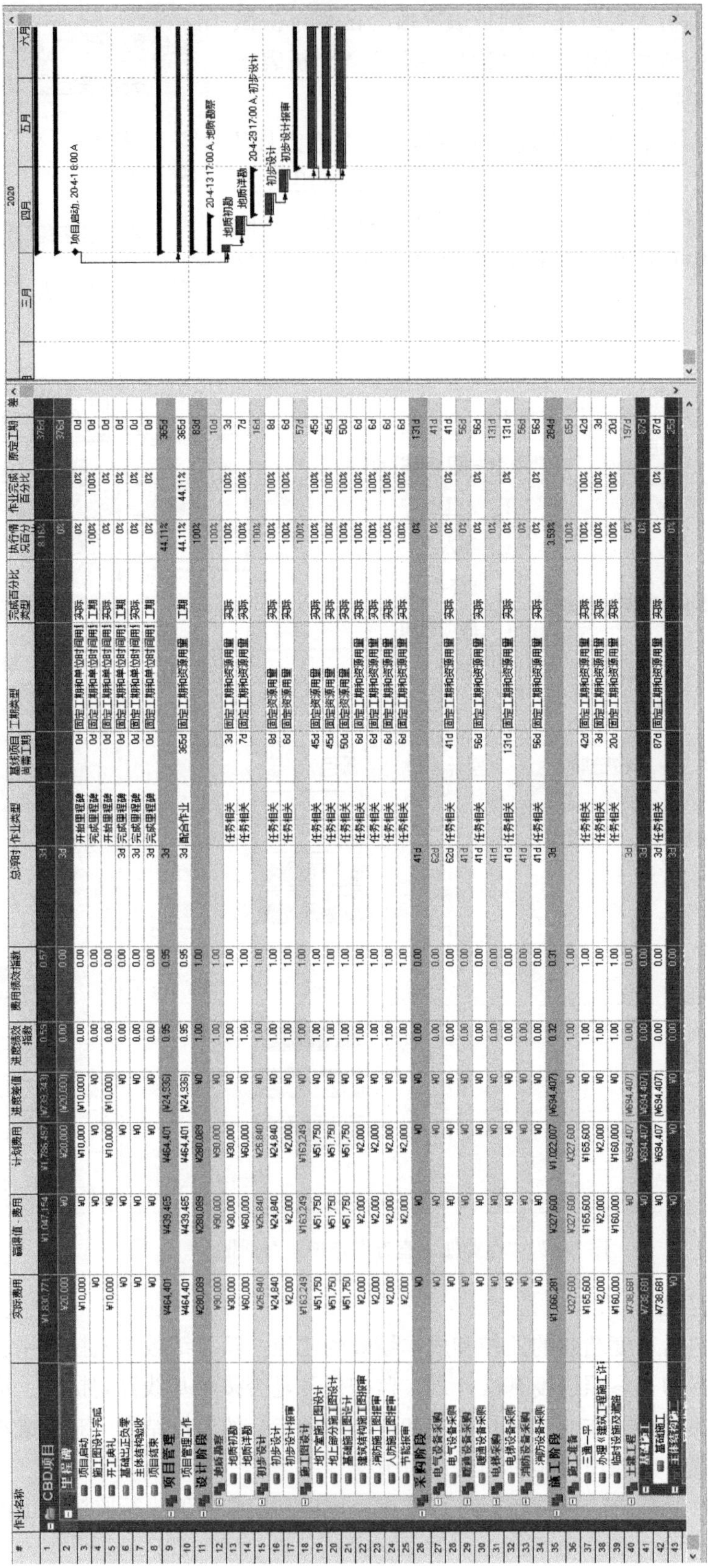

#	作业名称	实际费用	赢得值·费用	计划费用	进度差值	进度绩效指数	费用绩效指数	总浮时	作业类型	基线项目尚需工期	工期类型	完成百分比类型	执行情况百分比	作业完成百分比	原定工期
1	CBD项目	¥1,830,771	¥1,047,154	¥1,786,457	(¥739,343)	0.59	0.57	3d					8.16%		376d
2	里程碑	¥20,000	¥0	¥20,000	(¥20,000)	0.00	0.00	3d					0%		376d
3	项目启动	¥10,000	¥0	¥10,000	(¥10,000)	0.00	0.00		开始里程碑	0d	固定工期和单位时间用	实际	0%	0%	0d
4	施工图设计完成	¥0	¥0	¥0	¥0	0.00	0.00		完成里程碑	0d	固定工期和单位时间用	工期	100%	100%	0d
5	开工典礼	¥10,000	¥0	¥10,000	(¥10,000)	0.00	0.00		开始里程碑	0d	固定工期和单位时间用	实际	0%	0%	0d
6	基础出正负零	¥0	¥0	¥0	¥0	0.00	0.00	3d	完成里程碑	0d	固定工期和单位时间用	工期	0%	0%	0d
7	主体结构验收	¥0	¥0	¥0	¥0	0.00	0.00	3d	完成里程碑	0d	固定工期和单位时间用	实际	0%	0%	0d
8	项目结束	¥0	¥0	¥0	¥0	0.00	0.00	3d	完成里程碑	0d	固定工期和单位时间用	工期	0%	0%	0d
9	项目管理	¥464,401	¥439,465	¥464,401	(¥24,936)	0.95	0.95	3d					44.11%		365d
10	项目管理工作	¥464,401	¥439,465	¥464,401	(¥24,936)	0.95	0.95	3d	配合作业	365d	固定工期和资源用量	工期	44.11%	44.11%	365d
11	设计阶段	¥280,089	¥280,089	¥280,089	¥0	1.00	1.00						100%		83d
12	地质勘察	¥90,000	¥90,000	¥90,000	¥0	1.00	1.00						100%		10d
13	地质初勘	¥30,000	¥30,000	¥30,000	¥0	1.00	1.00		任务相关	3d	固定工期和资源用量	实际	100%	100%	3d
14	地质详勘	¥60,000	¥60,000	¥60,000	¥0	1.00	1.00		任务相关	7d	固定工期和资源用量	实际	100%	100%	7d
15	初步设计	¥26,840	¥26,840	¥26,840	¥0	1.00	1.00						100%		16d
16	初步设计	¥24,840	¥24,840	¥24,840	¥0	1.00	1.00		任务相关	8d	固定资源用量	实际	100%	100%	8d
17	初步设计报审	¥2,000	¥2,000	¥2,000	¥0	1.00	1.00		任务相关	6d	固定资源用量	实际	100%	100%	6d
18	施工图设计	¥163,249	¥163,249	¥163,249	¥0	1.00	1.00						100%		57d
19	地下室施工图设计	¥51,750	¥51,750	¥51,750	¥0	1.00	1.00		任务相关	45d	固定资源用量	实际	100%	100%	45d
20	地上部分施工图设计	¥51,750	¥51,750	¥51,750	¥0	1.00	1.00		任务相关	45d	固定资源用量	实际	100%	100%	45d
21	基础施工图设计	¥51,750	¥51,750	¥51,750	¥0	1.00	1.00		任务相关	50d	固定资源用量	实际	100%	100%	50d
22	建筑结构施工图报审	¥2,000	¥2,000	¥2,000	¥0	1.00	1.00		任务相关	6d	固定工期和资源用量	实际	100%	100%	6d
23	消防施工图报审	¥2,000	¥2,000	¥2,000	¥0	1.00	1.00		任务相关	6d	固定工期和资源用量	实际	100%	100%	6d
24	人防施工图报审	¥2,000	¥2,000	¥2,000	¥0	1.00	1.00		任务相关	6d	固定工期和资源用量	实际	100%	100%	6d
25	节能报审	¥2,000	¥2,000	¥2,000	¥0	1.00	1.00		任务相关	6d	固定工期和资源用量	实际	100%	100%	6d
26	采购阶段	¥0	¥0	¥0	¥0	0.00	0.00	41d					0%		131d
27	电气设备采购	¥0	¥0	¥0	¥0	0.00	0.00	62d					0%		41d
28	电气设备采购	¥0	¥0	¥0	¥0	0.00	0.00	62d	任务相关	41d	固定工期和资源用量	实际	0%	0%	41d
29	暖通设备采购	¥0	¥0	¥0	¥0	0.00	0.00	41d					0%		56d
30	暖通设备采购	¥0	¥0	¥0	¥0	0.00	0.00	41d	任务相关	56d	固定工期和资源用量	实际	0%	0%	56d
31	电梯采购	¥0	¥0	¥0	¥0	0.00	0.00	41d					0%		131d
32	电梯设备采购	¥0	¥0	¥0	¥0	0.00	0.00	41d	任务相关	131d	固定工期和资源用量	实际	0%	0%	131d
33	消防设备采购	¥0	¥0	¥0	¥0	0.00	0.00	41d					0%		56d
34	消防设备采购	¥0	¥0	¥0	¥0	0.00	0.00	41d	任务相关	56d	固定工期和资源用量	实际	0%	0%	56d
35	施工阶段	¥1,066,281	¥327,600	¥1,022,007	(¥694,407)	0.32	0.31	3d					3.59%		264d
36	施工准备	¥327,600	¥327,600	¥327,600	¥0	1.00	1.00						100%		65d
37	三通一平	¥165,600	¥165,600	¥165,600	¥0	1.00	1.00		任务相关	42d	固定工期和资源用量	实际	100%	100%	42d
38	办理《建筑工程施工许	¥2,000	¥2,000	¥2,000	¥0	1.00	1.00		任务相关	3d	固定工期和资源用量	实际	100%	100%	3d
39	临时设施及道路	¥160,000	¥160,000	¥160,000	¥0	1.00	1.00		任务相关	20d	固定工期和资源用量	实际	100%	100%	20d
40	土建工程	¥738,681	¥0	¥694,407	(¥694,407)	0.00	0.00	3d					0%		197d
41	基础施工	¥738,681	¥0	¥694,407	(¥694,407)	0.00	0.00	3d					0%		87d
42	基础施工	¥738,681	¥0	¥694,407	(¥694,407)	0.00	0.00	3d	任务相关	87d	固定工期和资源用量	实际	0%	0%	87d
43	主体结构施工	¥0	¥0	¥0	¥0	0.00	0.00	3d					0%		25d

图 5-38　CBD 项目 9 月份计划执行情况监控

如图 5-38 所示，目前进度绩效指数和费用绩效指数都是小于 1 的，所以单纯按照赢得值的判断标准，项目成本超支和进度落后。对于进度绩效大于 1 的情况，用 SPI 测度项目的进度绩效需要综合考虑关键路径的作业，如果关键路径的作业的 TF 变小，则说明项目进展绩效落后于计划。只要是关键路径上的作业进度提前，即使 $SPI<1$，项目进度比计划还是提前的。$SPI<1$ 只是反映了项目完成了比基线计划少的工作。P6 用于计算项目赢得值三个基本参数的公式为：

$$ACWP=\sum_{i=1}^{n} ACWP_i \tag{5-1}$$

$$BCWP=\sum_{i=1}^{n} BCWP_i \tag{5-2}$$

$$BCWS=\sum_{i=1}^{n} BCWS_i \tag{5-3}$$

据此，可以计算 CPI 和 SPI 等成本绩效和进度绩效的指标。

其中：

$$CPI=\frac{\sum_{i=1}^{n} BCWP_i}{\sum_{i=1}^{n} ACWP_i} \tag{5-4}$$

$$SPI=\frac{\sum_{i=1}^{n} BCWP_i}{\sum_{i=1}^{n} BCWS_i} \tag{5-5}$$

$$ETC=\sum_{i=1}^{n} \text{作业尚需费用} \tag{5-6}$$

或

$$ETC=\sum_{i=1}^{n} PF_i(BAC_i-BCWP_i)=\sum_{i=1}^{n} ETC_i \tag{5-7}$$

在计算 ETC 时，未开始作业的 CPI 默认为 1。“i” 表示第 i 道作业，“n” 表示作业总数。

在计算 $BCWP$ 等指标时，并没有考虑关键路径作业和非关键路径作业。所以即使 $SPI>1$，只能说明比计划做了更多的工作，并没有区分完成的工作是关键路径的作业还是非关键路径的作业。

2. 基线更新

假如该项目在 9 月份获批更新基线，通过“项目/维护基线/更新”打开“更新基线”对话框。

对加载资源的项目基线进行更新，除了更新作业的时间数据外，还需要更新作业的资源和费用的数据，更新的选项见图 5-39。

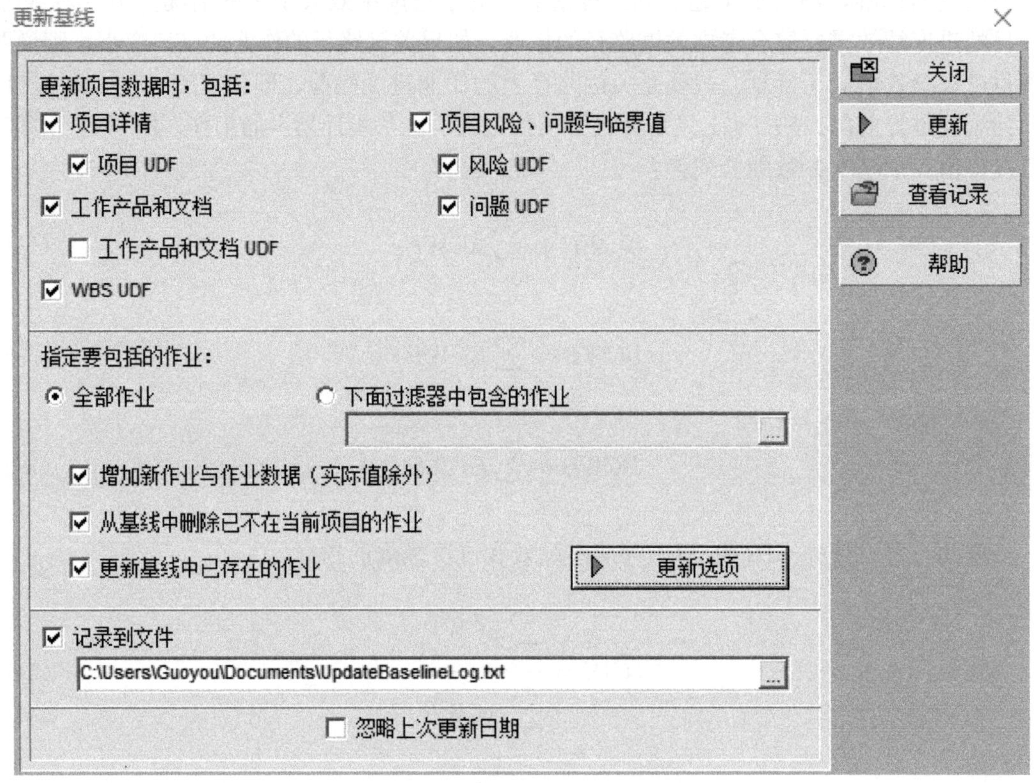

图 5-39 “更新基线”对话框

对已经存在的作业进行更新，点击“更新选项”，见图 5-40。

图 5-40 “更新选项”功能

这里可以选择的更新包括作业的预算数据、实际数据、资源数据等。如果全部勾选，相当于把当前项目的副本作为基线重新分配给当前项目。执行“更新”命令后，结果见图 5-41。

更新基线后的结果显示“基线项目完成日期”差值为 0。

将项目必须完成日期从“21-5-21 17：00”延长 10d，变成“21-5-31 17：00”，执行“进度计算”，结果见图 5-42。

如图 5-42 所示，项目的总浮时增加到 13d。

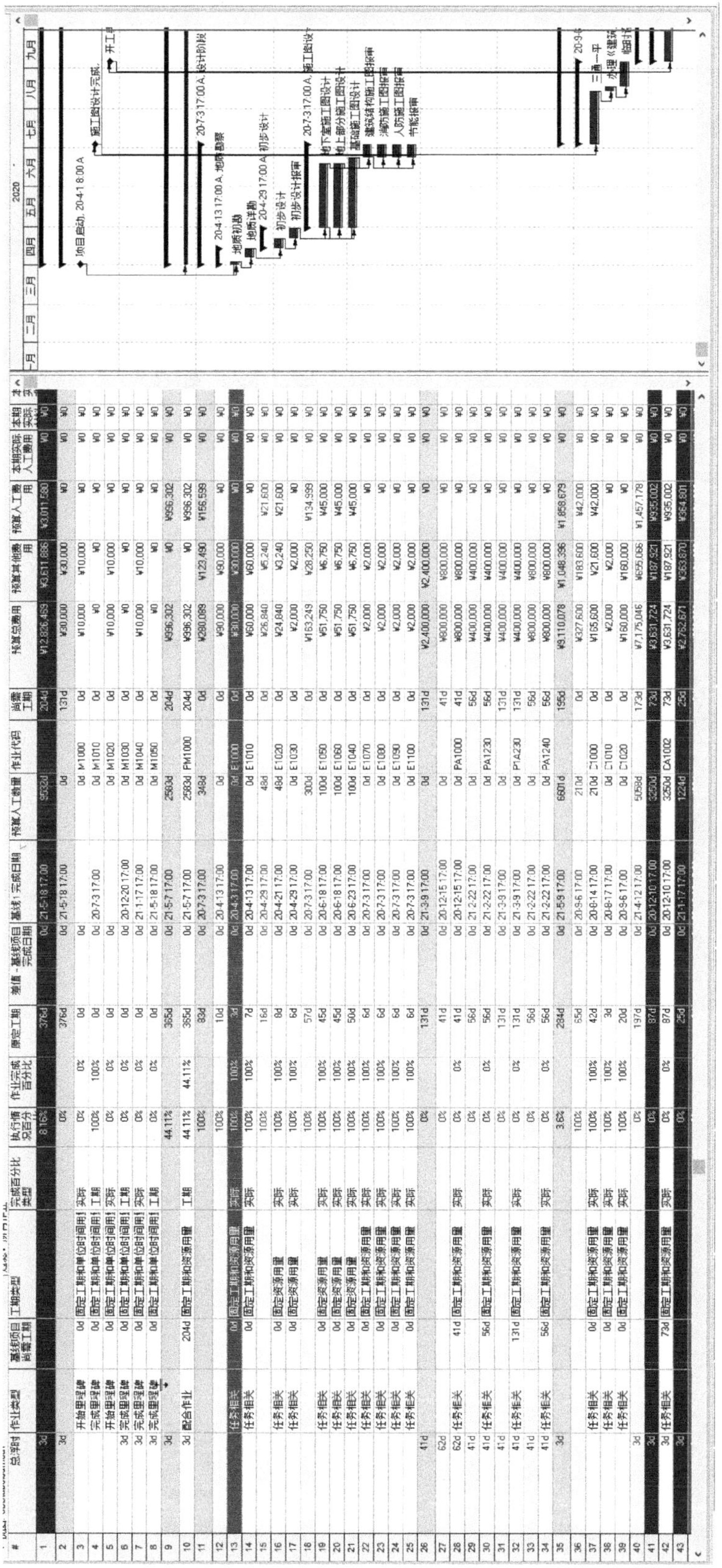

#	总浮时	作业类型	基线项目尚需工期	工期类型	完成百分比类型	执行情况百分比	作业完成百分比	原定工期	差值-基线项目完成日期	基线1完成日期	预算人工数量	作业代码	尚需工期	预算总费用	预算其他费用	预算人工费用	本期实际人工费用	本期实际
1	3d					8.16%		376d	0d	21-5-18 17:00	9532d		204d	¥12,826,469	¥3,611,886	¥3,011,580	¥0	¥0
2	3d					0%		376d	0d	21-5-18 17:00	0d		131d	¥30,000	¥30,000	¥0	¥0	¥0
3		开始里程碑	0d	固定工期和单位时间用量	实际	0%	0%	0d	0d		0d	M1000	0d	¥10,000	¥10,000	¥0	¥0	¥0
4		完成里程碑	0d	固定工期和单位时间用量	工期	100%	100%	0d	0d	20-7-3 17:00	0d	M1010	0d	¥0	¥0	¥0	¥0	¥0
5		开始里程碑	0d	固定工期和单位时间用量	实际	0%	0%	0d	0d		0d	M1020	0d	¥10,000	¥10,000	¥0	¥0	¥0
6	3d	完成里程碑	0d	固定工期和单位时间用量	工期	0%	0%	0d	0d	20-12-20 17:00	0d	M1030	0d	¥0	¥0	¥0	¥0	¥0
7	3d	完成里程碑	0d	固定工期和单位时间用量	实际	0%	0%	0d	0d	21-1-17 17:00	0d	M1040	0d	¥10,000	¥10,000	¥0	¥0	¥0
8	3d	完成里程碑	0d	固定工期和单位时间用量	工期	0%	0%	0d	0d	21-5-18 17:00	0d	M1050	0d	¥0	¥0	¥0	¥0	¥0
9	3d					44.11%		365d	0d	21-5-7 17:00	2583d		204d	¥996,302	¥0	¥996,302	¥0	¥0
10	3d	配合作业	204d	固定工期和资源用量	工期	44.11%	44.11%	365d	0d	21-5-7 17:00	2583d	PM1000	204d	¥996,302	¥0	¥996,302	¥0	¥0
11						100%		83d	0d	20-7-3 17:00	348d		0d	¥280,089	¥123,490	¥156,599	¥0	¥0
12						100%		10d	0d	20-4-13 17:00	0d		0d	¥90,000	¥90,000	¥0	¥0	¥0
13		任务相关	0d	固定工期和资源用量	实际	100%	100%	3d	0d	20-4-3 17:00	0d	E1000	0d	¥30,000	¥30,000	¥0	¥0	¥0
14		任务相关	0d	固定工期和资源用量	实际	100%	100%	7d	0d	20-4-13 17:00	0d	E1010	0d	¥60,000	¥60,000	¥0	¥0	¥0
15						100%		16d	0d	20-4-29 17:00	48d		0d	¥26,840	¥5,240	¥21,600	¥0	¥0
16		任务相关	0d	固定资源用量	实际	100%	100%	8d	0d	20-4-21 17:00	48d	E1020	0d	¥24,840	¥3,240	¥21,600	¥0	¥0
17		任务相关	0d	固定资源用量	实际	100%	100%	6d	0d	20-4-29 17:00	0d	E1030	0d	¥2,000	¥2,000	¥0	¥0	¥0
18						100%		57d	0d	20-7-3 17:00	300d		0d	¥163,249	¥28,250	¥134,999	¥0	¥0
19		任务相关	0d	固定资源用量	实际	100%	100%	45d	0d	20-6-18 17:00	100d	E1050	0d	¥51,750	¥6,750	¥45,000	¥0	¥0
20		任务相关	0d	固定资源用量	实际	100%	100%	45d	0d	20-6-18 17:00	100d	E1060	0d	¥51,750	¥6,750	¥45,000	¥0	¥0
21		任务相关	0d	固定资源用量	实际	100%	100%	50d	0d	20-6-23 17:00	100d	E1040	0d	¥51,750	¥6,750	¥45,000	¥0	¥0
22		任务相关	0d	固定工期和资源用量	实际	100%	100%	6d	0d	20-7-3 17:00	0d	E1070	0d	¥2,000	¥2,000	¥0	¥0	¥0
23		任务相关	0d	固定工期和资源用量	实际	100%	100%	6d	0d	20-7-3 17:00	0d	E1080	0d	¥2,000	¥2,000	¥0	¥0	¥0
24		任务相关	0d	固定工期和资源用量	实际	100%	100%	6d	0d	20-7-3 17:00	0d	E1090	0d	¥2,000	¥2,000	¥0	¥0	¥0
25		任务相关	0d	固定工期和资源用量	实际	100%	100%	6d	0d	20-7-3 17:00	0d	E1100	0d	¥2,000	¥2,000	¥0	¥0	¥0
26	41d					0%		131d	0d	21-3-9 17:00	0d		131d	¥2,400,000	¥2,400,000	¥0	¥0	¥0
27	62d					0%		41d	0d	20-12-15 17:00	0d		41d	¥800,000	¥800,000	¥0	¥0	¥0
28	62d	任务相关	41d	固定工期和资源用量	实际	0%	0%	41d	0d	20-12-15 17:00	0d	PA1000	41d	¥800,000	¥800,000	¥0	¥0	¥0
29	41d					0%		56d	0d	21-2-22 17:00	0d		56d	¥400,000	¥400,000	¥0	¥0	¥0
30	41d	任务相关	56d	固定工期和资源用量	实际	0%	0%	56d	0d	21-2-22 17:00	0d	PA1230	56d	¥400,000	¥400,000	¥0	¥0	¥0
31	41d					0%		131d	0d	21-3-9 17:00	0d		131d	¥400,000	¥400,000	¥0	¥0	¥0
32	41d	任务相关	131d	固定工期和资源用量	实际	0%	0%	131d	0d	21-3-9 17:00	0d	P1A230	131d	¥400,000	¥400,000	¥0	¥0	¥0
33	41d					0%		56d	0d	21-2-22 17:00	0d		56d	¥800,000	¥800,000	¥0	¥0	¥0
34	41d	任务相关	56d	固定工期和资源用量	实际	0%	0%	56d	0d	21-2-22 17:00	0d	PA1240	56d	¥800,000	¥800,000	¥0	¥0	¥0
35	3d					3.6%		284d	0d	21-5-9 17:00	6601d		195d	¥9,110,078	¥1,048,396	¥1,858,679	¥0	¥0
36						100%		65d	0d	20-9-6 17:00	210d		0d	¥327,600	¥183,600	¥42,000	¥0	¥0
37		任务相关	0d	固定工期和资源用量	实际	100%	100%	42d	0d	20-8-14 17:00	210d	C1000	0d	¥165,600	¥21,600	¥42,000	¥0	¥0
38		任务相关	0d	固定工期和资源用量	实际	100%	100%	3d	0d	20-8-17 17:00	0d	C1010	0d	¥2,000	¥2,000	¥0	¥0	¥0
39		任务相关	0d	固定工期和资源用量	实际	100%	100%	20d	0d	20-9-6 17:00	0d	C1020	0d	¥160,000	¥160,000	¥0	¥0	¥0
40	3d					0%		197d	0d	21-4-12 17:00	5058d		173d	¥7,175,046	¥655,066	¥1,457,178	¥0	¥0
41	3d					0%		87d	0d	20-12-10 17:00	3250d		73d	¥3,631,724	¥187,921	¥935,002	¥0	¥0
42	3d	任务相关	73d	固定工期和资源用量	实际	0%	0%	87d	0d	20-12-10 17:00	3250d	CA1002	73d	¥3,631,724	¥187,921	¥935,002	¥0	¥0
43	3d					0%		25d	0d	21-1-17 17:00	1224d		25d	¥2,762,671	¥363,870	¥364,801	¥0	¥0

图 5-41　基线更新结果

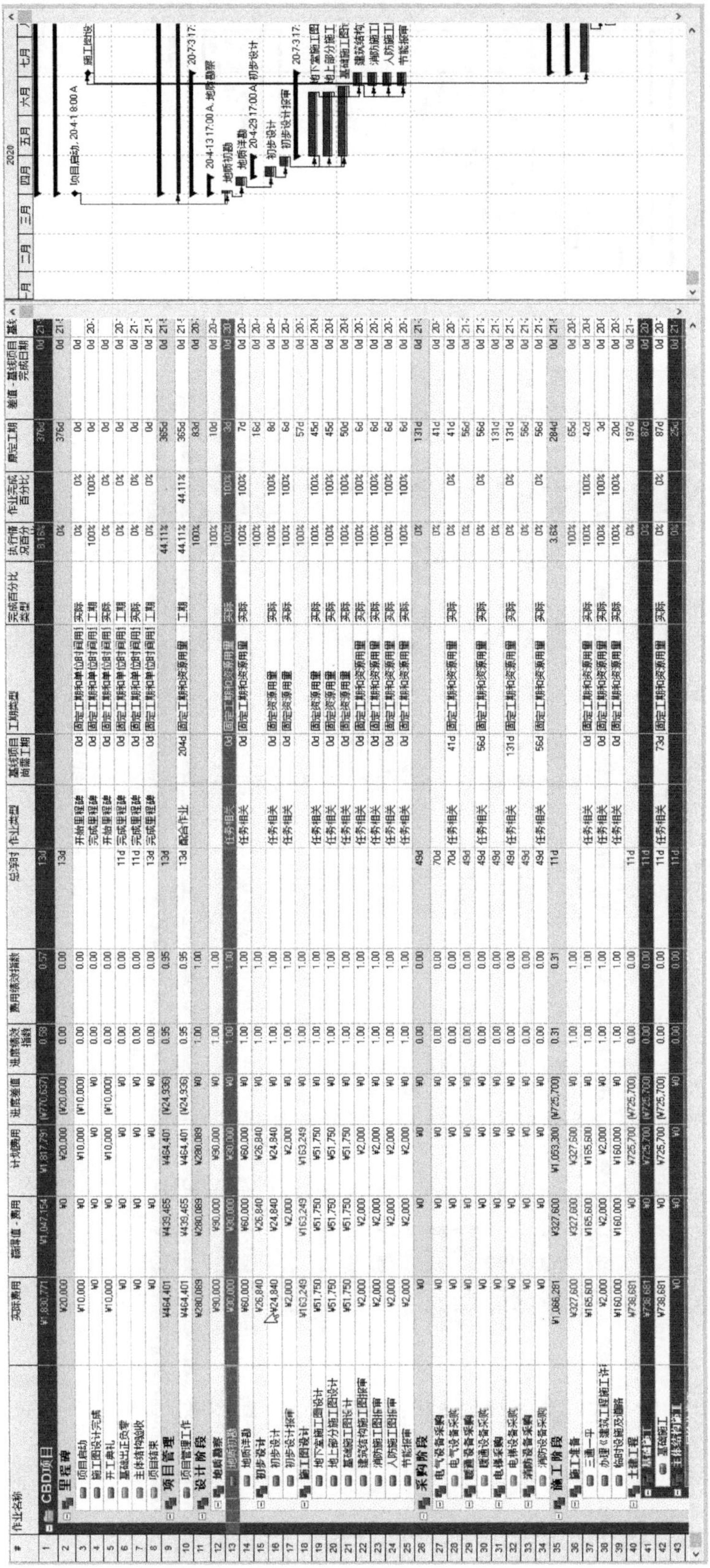

图 5-42　修改项目最迟完成日期为“20-5-31 17：00”，进度计算结果